釉藥配方範例的燒成

素坯與燒成方法

此為第四章p.149～159釉藥配方範例的樣本。此部分編號對應至表4-8(p.149～159)的編號，各有氧化焰燒成和還原焰燒成的範例(部分配方範例缺少樣本)。

不過，這裡所刊載的燒成樣本，僅做為參考範例。根據素坯種類、釉藥原料、施釉方法及燒成條件等，燒成的狀態各有差異。

※燒成樣本的素坯是使用質地細緻的白土。

※燒成樣本的氧化焰燒成，多數是以電氣窯或瓦斯窯燒成，約需12～18小時。以溫度計量測最高溫度為1210～1230℃，高溫精煉時間為15～30分鐘。不過，以最高溫度進行高溫精煉時容易產生針孔，因此大多會將最高溫度下調15～20℃。由於是自然冷卻，而冷卻速度取決於窯爐的性能。

※燒成樣本的還原焰燒成，多數是以瓦斯窯燒成，約需12～18小時。開始還原焰時溫度約為945℃，結束還原焰時則為1150℃。從這個時間點起，到最高溫度為止，通常會每隔20～30分鐘，交替使用中性焰和還原焰。最高溫度、高溫精煉時間、冷卻速度等，與上述的氧化焰燒成相同。

※p.16、100～107號的釉是以1160～1180℃的氧化焰燒成。

※關於各種釉藥的詳細燒成條件，請參閱p.149～159。

※各原料的數值是原料之間的比例。

4 乳白色光澤釉		原料		原料	
氧化焰燒成	還原焰燒成	矽石	36.70	滑石	4.60
		鉀長石	36.70	骨灰	1.8
		高嶺土	1.80		
		石灰石	18.30		
		鍛燒氧化鋅	1.80		

5 乳白光澤釉		原料		原料	
氧化焰燒成	還原焰燒成	矽石	30	滑石	5
		鉀長石	34	骨灰	4
		高嶺土	4		
		石灰石	20		
		鍛燒氧化鋅	8		

6 白色啞光釉		原料	
氧化焰燒成	還原焰燒成	矽石	20
		鉀長石	42
		高嶺土	8
		石灰石	10
		滑石	20

7 白色半啞光釉		原料	
氧化焰燒成	還原焰燒成	矽石	27.5
		鉀長石	36.7
		高嶺土	3.4
		石灰石	11.0
		鍛燒氧化鋅	21.5

8 白色啞光釉		原料		原料	
氧化焰燒成	還原焰燒成	矽石	14	碳酸鎂	12
		鉀長石	50	二氧化錫	10
		高嶺土	6		
		石灰石	18		

9 灰白啞光釉		原料	
氧化焰燒成	還原焰燒成	矽石	14
		鉀長石	60
		高嶺土	6
		石灰石	12
		碳酸鎂	8

10 極淡綠白半啞光釉		原料		原料	
氧化焰燒成		矽石	21	二氧化錫	10
		鉀長石	50	碳酸銅	3
		高嶺土	9		
		碳酸鎂	8		
		滑石	12		

11 飴釉		原料		原料	
氧化焰燒成	還原焰燒成	矽石	23.5	骨灰	1.5
		鉀長石	42.4	三氧化二鐵	8
		高嶺土	6.2	二氧化錳	6
		石灰石	21.7		
		滑石	6.2		

12 飴釉		原料		原料	
氧化焰燒成	還原焰燒成	矽石	21	二氧化錫	5
		鉀長石	40	三氧化二鐵	6
		高嶺土	9		
		石灰石	18		
		碳酸鋇	12		

13 黑天目釉		原料	
氧化焰燒成	還原焰燒成	矽石	21.7
		鉀長石	57.5
		高嶺土	7.2
		石灰石	13.6
		三氧化二鐵	9

14 黑天目釉		原料		原料	
氧化焰燒成	還原焰燒成	矽石	22.2	骨灰	1.5
		鉀長石	56.0	三氧化二鐵	8
		高嶺土	8.2		
		石灰石	12.1		
		滑石	1.4		

15 油滴天目釉		原料		原料	
氧化焰燒成		矽石	33.35	三氧化二鐵	8
		鉀長石	52.85	二氧化錳	4
		高嶺土	5.66	氧化鈷	0.5
		石灰石	4.75		
		碳酸鎂	3.39		

16 柿／鐵紅釉		原料		原料	
氧化焰燒成	還原焰燒成	矽石	30.67	骨灰	14
		鉀長石	47.76	三氧化二鐵	14
		高嶺土	8.30		
		碳酸鎂	9.04		
		碳酸鋇	4.23		

17 鐵砂釉		原料		原料	
氧化焰燒成	還原焰燒成	矽石	34	碳酸鎂	2
		鉀長石	30	三氧化二鐵	12
		高嶺土	16		
		石灰石	18		

18 鐵紅結晶釉		原料		原料	
氧化焰燒成	還原焰燒成	矽石	15.39	骨灰	12.82
		鉀長石	58.97	三氧化二鐵	15.39
		石灰石	11.54		
		滑石	14.10		

19 金彩結晶釉		原料		原料	
氧化焰燒成	還原焰燒成	矽石	24.5	二氧化鈦	11
		鉀長石	42.8	三氧化二鐵	7
		石灰石	23.5		
		滑石	9.2		
		骨灰	2		

20 金茶結晶釉		原料		原料	
氧化焰燒成	還原焰燒成	矽石	20.56	二氧化鈦	6
		鉀長石	47.60	三氧化二鐵	12
		石灰石	21.40		
		碳酸鎂	10.44		

21 柿紅釉		原料		原料	
氧化焰燒成	還原焰燒成	矽石	12	骨灰	12
		鉀長石	50	三氧化二鐵	15
		高嶺土	11		
		石灰石	20		
		滑石	7		

22 青瓷釉		原料		原料	
	還原焰燒成	矽石	13	骨灰	3
		鉀長石	56	三氧化二鐵	0.8
		高嶺土	5		
		石灰石	14		
		碳酸鋇	12		

23 青瓷釉		原料		原料	
氧化焰燒成	還原焰燒成	矽石	16.9	滑石	0.8
		鉀長石	52.8	骨灰	0.3
		高嶺土	4.5	二氧化錫	2.5
		石灰石	14.7	三氧化二鐵	0.7
		碳酸鋇	10.0	矽酸鐵	0.5
		鍛燒氧化鋅	0.3		

24 鉻青瓷釉		原料		原料	
氧化焰燒成	還原焰燒成	矽石	28.8	滑石	9.6
		鉀長石	42.4	三氧化鉻	1
		高嶺土	3.9		
		石灰石	15.3		

25 民藝青瓷釉		原料		原料	
氧化焰燒成	還原焰燒成	矽石	21	碳酸鋇	12
		鉀長石	40	三氧化鉻	0.3
		高嶺土	9		
		石灰石	18		

26 銅綠青瓷釉		原料		原料	
氧化焰燒成	還原焰燒成	矽石	21	碳酸鋇	12
		鉀長石	40	金紅石	10
		高嶺土	9	碳酸銅	3
		石灰石	18		

27 織部釉		原料		原料	
氧化焰燒成	還原焰燒成	矽石	17.7	滑石	4.4
		鉀長石	44.6	骨灰	2
		高嶺土	2.0	三氧化二鐵	1.2
		石灰石	17.5	碳酸銅	7
		碳酸鋇	13.8		

28 織部釉		原料		原料	
氧化焰燒成	還原焰燒成	矽石	18.59	碳酸鋇	6.03
		鉀長石	56.28	滑石	5.53
		高嶺土	0.50	骨灰	2
		石灰石	13.07	碳酸銅	7

29 民藝青釉		原料		原料	
氧化焰燒成	還原焰燒成	矽石	14	二氧化鈦	10
		鉀長石	50	氧化鈷	3
		高嶺土	6		
		石灰石	18		
		碳酸鎂	12		

30 伊羅保～灰釉風格		原料		原料	
氧化焰燒成	還原焰燒成	矽石	28.1	二氧化錫	5
		鉀長石	26.7	三氧化二鐵	4
		高嶺土	16.5		
		石灰石	21.4		
		滑石	7.3		

31 志野釉		原料	
氧化焰燒成	還原焰燒成	霞石正長岩	58.7
		皂土	3.7
		氧化鋁	28.7
		石灰石	0.8
		鋰輝石	8.2

32 紫均窯釉		原料		原料	
氧化焰燒成	還原焰燒成	矽石	28.7	滑石	2.9
		鉀長石	30.4	骨灰	1.3
		高嶺土	1.2	二氧化錫	2.6
		石灰石	10.4	二氧化鈦	2.2
		碳酸鋇	8.7	碳酸銅	1.1
		鍛燒氧化鋅	17.7	氧化鈷	0.05

33　淡紫均窯釉		原料		原料	
氧化焰燒成	還原焰燒成	矽石	25.20	滑石	7.87
		鉀長石	39.37	骨灰	1.55
		高嶺土	4.72	二氧化錫	2.33
		石灰石	12.60	二氧化鈦	6.06
		碳酸鋇	7.87	三氧化二鐵	0.16
		鍛燒氧化鋅	2.37	碳酸銅	1.16

34　赤紫均窯釉		原料		原料	
氧化焰燒成	還原焰燒成	矽石	30.4	鍛燒氧化鋅	15.1
		鉀長石	28.1	滑石	1.2
		高嶺土	4.0	骨灰	1.2
		石灰石	13.4	二氧化錫	2.2
		碳酸鎂	0.5	二氧化鈦	1.9
		碳酸鋇	7.3	碳酸銅	1

35　淡水藍色均窯釉		原料		原料	
氧化焰燒成	還原焰燒成	矽石	14	鍛燒氧化鋅	8
		鉀長石	60	五氧化二釩	5
		高嶺土	6		
		石灰石	12		

36　海鼠釉（海參釉）		原料		原料	
氧化焰燒成	還原焰燒成	矽石	14	碳酸鎂	8
		鉀長石	60	二氧化鈦	5
		高嶺土	6	氧化鈷	3
		石灰石	12		

37　淡青海鼠釉		原料		原料	
氧化焰燒成	還原焰燒成	矽石	30.24	二氧化鈦	5
		鉀長石	46.70	氧化鈷	0.5
		石灰石	13.77		
		鍛燒氧化鋅	9.29		

38　硃砂釉		原料		原料	
氧化焰燒成	還原焰燒成	矽石	25.20	滑石	7.87
		鉀長石	39.37	骨灰	1.55
		高嶺土	4.72	二氧化錫	2.33
		石灰石	12.60	三氧化二鐵	0.16
		碳酸鋇	7.87	碳酸銅	1.16
		鍛燒氧化鋅	2.37		

39 硃砂釉		原料		原料	
氧化焰燒成	還原焰燒成	矽石	19.9	滑石	3.9
		鉀長石	43.8	骨灰	1.5
		高嶺土	8.0	二氧化錫	1.9
		石灰石	13.6	三氧化二鐵	0.16
		碳酸鋇	9.6	碳酸銅	1.3
		鍛燒氧化鋅	1.2		

40 硃砂釉		原料		原料	
氧化焰燒成	還原焰燒成	矽石	7	鍛燒氧化鋅	8
		鉀長石	70	二氧化錫	5
		高嶺土	3	氧化銅	3
		石灰石	12		

41 琉璃青釉		原料		原料	
氧化焰燒成	還原焰燒成	矽石	18.8	滑石	3.4
		鉀長石	59.6	三氧化二鐵	0.5
		高嶺土	3.5	二氧化錳	0.5
		石灰石	14.7	氧化鈷	0.6

42 濃鈷青釉		原料		原料	
氧化焰燒成	還原焰燒成	矽石	14	白雲石	8
		鉀長石	60	二氧化鈦	5
		高嶺土	6	氧化鈷	3
		石灰石	12		

43 淡鈷青釉		原料		原料	
氧化焰燒成	還原焰燒成	矽石	14	白雲石	8
		鉀長石	60	氧化鈷	0.5
		高嶺土	6		
		石灰石	12		

44 群青啞光釉		原料		原料	
氧化焰燒成	還原焰燒成	鉀長石	53.0	鍛燒氧化鋅	12.5
		高嶺土	11.7	氧化鈷	5
		氧化鋁	3.7	三氧化鉻	3
		石灰石	19.1		

45 深祖母綠青啞光釉		原料		原料	
	還原焰燒成	矽石	5.4	碳酸鋇	20.1
		鉀長石	41.5	白雲石	19.5
		高嶺土	13.2	氧化銅	4.5
		碳酸鎂	0.3	氧化鈷	0.5

46 翡翠青釉		原料		原料	
	還原焰燒成	矽石	5.4	碳酸鋇	20.1
		鉀長石	41.5	白雲石	19.5
		高嶺土	13.2	氧化銅	2
		碳酸鎂	0.3	氧化鈷	0.1

47 藤色乳濁釉		原料		原料	
氧化焰燒成	還原焰燒成	矽石	33.66	鍛燒氧化鋅	1.86
		鉀長石	36.22	滑石	8.39
		高嶺土	2.47	骨灰	1.6
		石灰石	17.14	二氧化鈦	5
		碳酸鋇	0.26	氧化鈷	0.5

48 紫丁香紫啞光釉		原料		原料	
氧化焰燒成	還原焰燒成	矽石	22.39	碳酸鎂	12.56
		鉀長石	41.48	氧化鈷	2
		高嶺土	8.66		
		石灰石	14.91		

49 淡青啞光釉		原料		原料	
氧化焰燒成	還原焰燒成	矽石	14	碳酸鎂	8
		鉀長石	60	氧化鈷	0.25
		高嶺土	6	氧化鎳	5
		石灰石	12		

50 淡青啞光釉		原料		原料	
氧化焰燒成	還原焰燒成	矽石	5.4	碳酸鋇	20.1
		鉀長石	41.5	白雲石	19.5
		高嶺土	13.2	氧化鈷	0.5
		碳酸鎂	0.3		

51 淡紫啞光釉		原料		原料	
氧化焰燒成	還原焰燒成	矽石	20.9	滑石	19.8
		鉀長石	40.0	氧化鈷	0.45
		高嶺土	9.9		
		石灰石	9.3		

52 綠青啞光釉		原料		原料	
氧化焰燒成	還原焰燒成	鉀長石	58.6	骨灰	10.1
		高嶺土	5.7	氧化鈷	0.25
		氧化鋁	2.2	三氧化鉻	0.25
		白雲石	23.4		

53 綠青半啞光釉		原料		原料	
氧化焰燒成	還原焰燒成	矽石	21	碳酸鎂	8
		鉀長石	50	二氧化鈦	7
		高嶺土	9	氧化鈷	2.5
		石灰石	12		

54 灰藍乳濁釉		原料		原料	
氧化焰燒成	還原焰燒成	矽石	32.29	鍛燒氧化鋅	1.78
		鉀長石	34.75	滑石	8.05
		高嶺土	2.37	骨灰	1.53
		石灰石	16.44	二氧化鈦	5
		碳酸鋇	0.25	三氧化二鐵	1
		碳酸鋰	2.54	氧化鈷	0.3

55 灰藍色釉		原料		原料	
氧化焰燒成	還原焰燒成	矽石	14	碳酸鎂	12
		鉀長石	50	二氧化鈦	5.1
		高嶺土	6	氧化鈷	0.5
		石灰石	18		

56 藍灰色啞光釉		原料		原料	
氧化焰燒成	還原焰燒成	矽石	28	碳酸鎂	12
		鉀長石	30	二氧化鈦	5
		高嶺土	12	氧化鈷	3
		石灰石	18		

57 藍灰色斑紋啞光釉		原料		原料	
	還原焰燒成	矽石	5.4	碳酸鋇	20.1
		鉀長石	41.5	白雲石	19.5
		高嶺土	13.2	氧化鈷	1
		碳酸鎂	0.3		

58 鈷結晶釉		原料		原料	
氧化焰燒成	還原焰燒成	矽石	24.75	鍛燒氧化鋅	20.95
		鉀長石	35.82	氧化鈷	1
		高嶺土	7.75		
		石灰石	10.73		

59 土耳其藍透明釉		原料		原料	
氧化焰燒成		矽石	27.58	碳酸鋰	10.16
		鉀長石	42.58	碳酸銅	4
		氧化鋁	1.56		
		碳酸鋇	18.10		

60 濃土耳其藍透明釉		原料		原料	
氧化焰燒成		矽石	31.83	碳酸鋰	9.27
		鉀長石	38.80	碳酸銅	4
		高嶺土	3.60		
		碳酸鋇	16.50		

61 淡土耳其藍透明釉		原料		原料	
氧化焰燒成		矽石	23.28	碳酸鋰	9.91
		鉀長石	41.48	碳酸銅	4
		高嶺土	7.69		
		碳酸鋇	17.64		

62 土耳其藍啞光釉		原料		原料	
氧化焰燒成		矽石	19.52	碳酸鋰	10.82
		鉀長石	45.32	碳酸銅	4
		氧化鋁	4.98		
		碳酸鋇	19.29		

63 濃土耳其藍啞光釉		原料		原料	
氧化焰燒成		矽石	13.46	碳酸鋰	10.64
		鉀長石	44.55	碳酸銅	4
		高嶺土	12.40		
		碳酸鋇	18.94		

64 淡土耳其藍啞光釉		原料		原料	
氧化焰燒成		矽石	14.05	碳酸鋰	11.10
		鉀長石	46.47	碳酸銅	2
		高嶺土	8.62		
		碳酸鋇	19.76		

65 黑色光澤釉		原料		原料	
氧化焰燒成	還原焰燒成	矽石	21	碳酸鋇	8
		鉀長石	50	三氧化二鐵	7
		高嶺土	9	氧化鈷	3
		石灰石	12		

66 黑色光澤～啞光釉		原料		原料	
氧化焰燒成	還原焰燒成	矽石	14	碳酸鎂	8
		鉀長石	60	三氧化二鐵	7
		高嶺土	6	氧化鈷	3
		石灰石	12		

67 黑色半光澤釉		原料		原料	
氧化焰燒成	還原焰燒成	矽石	7	鍛燒氧化鋅	8
		鉀長石	70	三氧化二鐵	7
		高嶺土	3	氧化鈷	3
		石灰石	12		

68 黑色啞光釉		原料		原料	
氧化焰燒成	還原焰燒成	矽石	20	滑石	20
		鉀長石	42	三氧化二鐵	6
		高嶺土	8	氧化鈷	3
		石灰石	10		

69 濃青綠啞光釉		原料		原料	
	還原焰燒成	矽石	5.4	碳酸鋇	20.1
		鉀長石	41.5	白雲石	19.5
		高嶺土	13.2	氧化鈷	0.5
		碳酸鎂	0.3	三氧化鉻	2

70 深青綠啞光釉		原料		原料	
	還原焰燒成	矽石	5.4	碳酸鋇	20.1
		鉀長石	41.5	白雲石	19.5
		高嶺土	13.2	氧化鈷	0.1
		碳酸鎂	0.3	三氧化鉻	0.5

71 鉻綠釉		原料		原料	
	還原焰燒成	矽石	24	碳酸鋇	7
		鉀長石	39	碳酸鋰	4
		高嶺土	9	二氧化錫	6
		石灰石	15	三氧化鉻	3

72 鉻綠釉		原料		原料	
氧化焰燒成	還原焰燒成	矽石	20.59	滑石	5.66
		鉀長石	39.47	三氧化鉻	1.4
		高嶺土	7.18		
		石灰石	27.10		

73 鉻綠釉		原料		原料	
氧化焰燒成	還原焰燒成	矽石	7	碳酸鋇	16
		鉀長石	50	三氧化鉻	3
		高嶺土	3		
		石灰石	24		

74　青銅綠釉		原料		原料	
氧化焰燒成	還原焰燒成	矽石	23.6	碳酸鎂	7.2
		鉀長石	53.7	二氧化鈦	10
		高嶺土	4.8	氧化鈷	3
		石灰石	10.7		

75　深綠青釉		原料		原料	
氧化焰燒成	還原焰燒成	矽石	10.1	碳酸鎂	8.8
		鉀長石	66.4	二氧化鈦	10
		高嶺土	1.4	氧化鈷	3
		石灰石	13.3		

76　嫩草綠釉		原料		原料	
氧化焰燒成	還原焰燒成	矽石	20.6	滑石	5.7
		鉀長石	39.5	三氧化鉻	1.5
		高嶺土	7.2		
		石灰石	27.1		

77　黃綠斑紋釉		原料		原料	
氧化焰燒成		矽石	21	鍛燒氧化鋅	8
		鉀長石	50	金紅石	5
		高嶺土	9	氧化鎳	3
		石灰石	12		

78　綠／青斑紋釉		原料		原料	
氧化焰燒成	還原焰燒成	矽石	28	白雲石	12
		鉀長石	30	二氧化鈦	10
		高嶺土	12	氧化鈷	3
		石灰石	18		

79　蘋果色釉		原料		原料	
氧化焰燒成	還原焰燒成	鉀長石	82.17	鍛燒氧化鋅	2.64
		氧化鋁	4.52	氧化銅	2
		石灰石	7.68		
		碳酸鎂	2.99		

80　橙黃色光澤釉		原料		原料	
氧化焰燒成	還原焰燒成	矽石	29.17	滑石	11.12
		鉀長石	31.18	二氧化鈦	10
		高嶺土	16.52	三氧化鉻	0.5
		石灰石	12.01	三氧化二銻	3

81 鉻紅釉		原料		原料	
氧化焰燒成	還原焰燒成	矽石	25.5	碳酸鋇	7.1
		鉀長石	40.8	碳酸鋰	4.0
		高嶺土	6.1	二氧化錫	6
		石灰石	16.5	三氧化鉻	0.3

82 紅酒紅釉		原料		原料	
氧化焰燒成		矽石	37.8	矽石	18
		鉀長石	25.9	石灰石	25
		高嶺土	18.0	硼砂	4
		石灰石	16.3	二氧化錫	50
		碳酸鎂	2.0	三氧化鉻	3

83 鉻粉紅釉		原料		原料	
氧化焰燒成		矽石	37.8	矽石	30
		鉀長石	25.9	石灰石	10
		高嶺土	18.0	二氧化錫	58.3
		石灰石	16.3	三氧化鉻	1.7
		碳酸鎂	2.0		

84 淡粉紅釉		原料		原料	
氧化焰燒成		矽石	37.8	矽石	19.7
		鉀長石	25.9	石灰石	34.8
		高嶺土	18.0	二氧化錫	45
		石灰石	16.3	三氧化鉻	0.5
		碳酸鎂	2.0		

85 鈷／粉紅結晶釉		原料		原料	
氧化焰燒成	還原焰燒成	矽石	34	碳酸鎂	2
		鉀長石	30	氧化鈷	17-18
		高嶺土	16		
		石灰石	18		

86 濃褐啞光釉		原料		原料	
氧化焰燒成	還原焰燒成	矽石	20	滑石	20
		鉀長石	42	三氧化二鐵	4
		高嶺土	8		
		石灰石	10		

87 亮褐啞光釉		原料		原料	
氧化焰燒成	還原焰燒成	矽石	20	滑石	20
		鉀長石	42	三氧化二鐵	2.5
		高嶺土	8		
		石灰石	10		

88 栗色斑點啞光釉		原料		原料	
還原焰燒成		矽石	5.4	碳酸鋇	20.1
		鉀長石	41.5	白雲石	19.5
		高嶺土	13.2	三氧化二鐵	5
		碳酸鎂	0.3		

89 枯草／黃褐啞光釉		原料		原料	
還原焰燒成		矽石	5.4	碳酸鋇	20.1
		鉀長石	41.5	白雲石	19.5
		高嶺土	13.2	三氧化二鐵	3
		碳酸鎂	0.3		

90 綠褐斑紋釉		原料		原料	
氧化焰燒成	還原焰燒成	矽石	14	鍛燒氧化鋅	8
		鉀長石	60	二氧化錳	3
		高嶺土	6	五氧化二釩	7
		石灰石	12		

91 黃褐／青斑紋釉		原料		原料	
氧化焰燒成	還原焰燒成	矽石	14	碳酸鋇	8
		鉀長石	60	二氧化錳	1
		高嶺土	6	五氧化二釩	5
		石灰石	12		

92 米色半光澤釉		原料		原料	
氧化焰燒成	還原焰燒成	矽石	14	白雲石	8
		鉀長石	60	二氧化鈦	10
		高嶺土	6		
		石灰石	12		

93 米色啞光釉		原料		原料	
氧化焰燒成	還原焰燒成	矽石	13.2	二氧化鈦	9
		鉀長石	50.0	三氧化二鐵	2.2
		高嶺土	13.2		
		石灰石	23.5		

94 米色結晶啞光釉		原料		原料	
氧化焰燒成	還原焰燒成	矽石	7	碳酸鋇	16
		鉀長石	50.0	二氧化鈦	10
		高嶺土	3		
		石灰石	24		

95 奶油色光澤釉		原料		原料	
氧化焰燒成		矽石	14	碳酸鎂	8
		鉀長石	60	二氧化鈦	10
		高嶺土	6	二氧化錫	5
		石灰石	12		

96 鋅鈦結晶釉		原料	
氧化焰燒成	還原焰燒成	鉀長石	66.7
		石灰石	12.5
		碳酸鋇	12.5
		鍛燒氧化鋅	8.3
		二氧化鈦	10

97 鋅鈦結晶釉		原料		原料	
氧化焰燒成	還原焰燒成	矽石	29.2	碳酸鎂	11.7
		鉀長石	19.3	二氧化鈦	10
		高嶺土	27.4		
		石灰石	17.4		

98 鋅鎳結晶釉		原料	
氧化焰燒成		矽石	21
		鉀長石	48
		石灰石	17
		鍛燒氧化鋅	14
		氧化鎳	5

99 珍珠釉		原料		原料	
氧化焰燒成	還原焰燒成	矽石	14	碳酸鎂	8
		鉀長石	60	金紅石	10
		高嶺土	6	五氧化二釩	5
		石灰石	12		

100 珍珠光彩釉		原料		原料	
氧化焰燒成		矽石	27.69	鉛丹（紅丹）	31.40
		鉀長石	20.55	硬硼鈣石（硼酸鈣）	4.76
		高嶺土	6.28	二氧化鈦	5
		鍛燒氧化鋅	9.32	偏釩酸銨	2

101 黃綠金屬釉		原料		原料	
氧化焰燒成		矽石	27.69	硬硼鈣石（硼酸鈣）	4.76
		鉀長石	20.55	二氧化鈦	5
		高嶺土	6.28	氧化鎳	1
		鍛燒氧化鋅	9.32	偏釩酸銨	2
		鉛丹（紅丹）	31.40		

102　青綠金屬釉	原料		原料	
氧化焰燒成	矽石	27.69	硬硼鈣石（硼酸鈣）	4.76
	鉀長石	20.55	二氧化鈦	5
	高嶺土	6.28	氧化鈷	0.3
	鍛燒氧化鋅	9.32	偏釩酸銨	2
	鉛丹（紅丹）	31.4		

103　銀綠光澤釉	原料		原料	
氧化焰燒成	矽石	27.69	硬硼鈣石（硼酸鈣）	4.76
	鉀長石	20.55	二氧化鈦	5
	高嶺土	6.28	碳酸銅	2
	鍛燒氧化鋅	9.32	偏釩酸銨	2
	鉛丹（紅丹）	31.40		

104　褐色光澤釉	原料		原料	
氧化焰燒成	矽石	27.69	四硼酸鈉（硼砂）	4.76
	鉀長石	20.55	二氧化鈦	5
	高嶺土	6.28	二氧化錳	2.5
	鍛燒氧化鋅	9.32	偏釩酸銨	2
	鉛丹（紅丹）	31.4		

105　黃金光澤釉	原料		原料	
氧化焰燒成	矽石	27.69	四硼酸鈉（硼砂）	4.76
	鉀長石	20.55	二氧化鈦	5
	高嶺土	6.28	氧化鈷	0.5
	鍛燒氧化鋅	9.32	偏釩酸銨	2
	鉛丹（紅丹）	31.40		

106　黃色金屬光澤釉	原料		原料	
氧化焰燒成	矽石	26.43	硬硼鈣石（硼酸鈣）	9.08
	鉀長石	19.62	二氧化鈦	5
	高嶺土	5.99	氧化鎳	1
	鍛燒氧化鋅	8.90	偏釩酸銨	2
	鉛丹（紅丹）	29.97		

107　金屬光澤釉	原料		原料	
氧化焰燒成	矽石	26.43	硬硼鈣石（硼酸鈣）	9.08
	鉀長石	19.62	二氧化鈦	5
	高嶺土	5.99	三氧化二鐵	2
	鍛燒氧化鋅	8.90	偏釩酸銨	2
	鉛丹（紅丹）	29.97		

陶藝科學

樋口 わかな 著

朱炳樹 譯

■陶瓷是人類最古老的科技

在世界各地發現的古老陶瓷碎片中，
現今認為最古老的碎片大約來自於兩萬年前左右。
目前並不知道人類是基於什麼樣的原因開始製作陶器。
或許當時的人們為了不讓小粒的樹木果實和種子從籃子的網眼
掉落出來，
於是想到將黏稠的泥土黏貼在籃子上。
某天，偶然發現平常使用的籃子遭到山林火災的焚燒後，
泥土變得堅硬無比，於是便開始使用火來焚燒泥土。
這是發生於五萬年前到一萬年前的舊石器時代後期。
陶瓷是泥土經過火的焚燒，使物質狀態產生化學變化的產物，
可謂是人類最古老的科技之一。

■人類最初的文明是陶瓷文明

在人類發展黎明期的四大文明中，
人們已經懂得將象形文字書寫在黏土版上。
並且使用轆轤製作土器、用磚塊鋪設道路，甚至出現彩色磁磚等，
顯示出整體社會已相當廣泛使用陶瓷。
在金屬問世之後，雖然部分陶瓷被金屬製品取代，
但用於燒熔青銅或鐵的爐子本身，仍是以耐火的泥土和磚塊製成，
可見金屬文明離不開陶瓷的支撐。

高科技陶瓷
全盛的現代

在現代生活中，陶瓷器是不可或缺的用品。
除了每天使用的器具之外，剪刀、菜刀、工具等，都是陶瓷製品。
此外，在醫療領域方面，也出現陶瓷製品，例如人工骨頭、牙齒。
在工業領域中，汽車、飛機引擎及小行星探測器「隼」的鋰離子電池，
便是利用陶瓷技術。
而在超導體物質或半導體等尖端技術裡，
陶瓷也具有無法取代的重要價值。

簡明易懂地解說
製作陶瓷的理論

了解陶瓷的科學知識，
對於一般器具製作、或陶藝創作而言，都將助益良多。
本書將乍看之下相當艱深的知識，
以「實際上很簡單」的易懂方式進行解說。
不過，當進一步深入探索之後，
就會意識到「看起來簡單的事物，其實相當深奧」。
深入了解事物的本質，是一件有趣且愉快的事情。
希望各位在「難」→「易」、「易」→「深」、「深」→「樂」的過程中，
能深切感受到製陶的快樂。
本書對製陶從業者來說會是一本令人展開笑顏的指南。

樋口　わかな
（Wakana Higuchi）

※原書為『やきもの実践ガイド』（2007 年）的重編版本。

目次

釉藥配方範例的燒成樣本 ⋯⋯⋯⋯⋯⋯⋯⋯⋯⋯⋯⋯⋯⋯⋯ 1

前言 ⋯⋯⋯⋯⋯⋯⋯⋯⋯⋯⋯⋯⋯⋯⋯⋯⋯⋯⋯⋯⋯⋯⋯⋯ 18

第 1 章 | 以地質學探索陶瓷

從地質學的角度了解陶瓷 ⋯⋯⋯⋯⋯⋯⋯⋯⋯⋯⋯⋯⋯ 30
火成岩／沉積岩／變質岩

黏土是何時、如何誕生？ ⋯⋯⋯⋯⋯⋯⋯⋯⋯⋯⋯⋯⋯ 31
❶岩石的物理性崩解是黏土生成的第一步
❷由於岩石的化學性變質而生成黏土／導致岩石崩壞與變質的五項要因

黏土的組成與結構 ⋯⋯⋯⋯⋯⋯⋯⋯⋯⋯⋯⋯⋯⋯⋯⋯ 33
黏土礦物的結晶結構
黏土礦物與薄片結構

二層黏土礦物與三層黏土礦物

黏土礦物的性質 ⋯⋯⋯⋯⋯⋯⋯⋯⋯⋯⋯⋯⋯⋯⋯⋯⋯ 38
可塑性的本質／非常微小的粒子／黏土粒子的表面積
黏土粒子的離子交換機能／多種多樣化的黏土

黏土的分類 ⋯⋯⋯⋯⋯⋯⋯⋯⋯⋯⋯⋯⋯⋯⋯⋯⋯⋯⋯ 40
一次黏土（原生黏土）／二次黏土（次生黏土）／高嶺土類／黏土類／黏土的顏色

第 2 章 | 陶瓷的成形與化學變化

乾燥的機制 ⋯⋯⋯⋯⋯⋯⋯⋯⋯⋯⋯⋯⋯⋯⋯⋯⋯⋯⋯ 44
❶練土的狀態❷半乾燥狀態❸乾燥狀態

乾燥時的問題與其原因 ⋯⋯⋯⋯⋯⋯⋯⋯⋯⋯⋯⋯⋯ 45
為何在乾燥時會產生龜裂和裂縫？

何謂注漿成型 49

發現解膠現象 49

注漿排漿成型
高壓注漿成型

黏土的解膠機制 52

解膠劑與黏土 54

無機物質的解膠劑

矽酸鈉、水玻璃／碳酸鈉／六偏磷酸鈉／丙烯酸鈉、聚丙烯酸鈉

黏土的性質與解膠劑

❶黏土礦物的結晶結構差異與解膠難易度
❷黏土中可溶性鹽類的存在會妨礙解膠效果
❸黏土中的金屬類變解膠障礙
❹黏土中的有機物質也會影響解膠作用

黏土的凝膠機制 59

何謂凝膠／凝膠劑的作用／無法反覆進行的解膠與凝膠過程

解膠狀態與凝膠狀態之應用 60

注漿成型泥漿的調製方法 61

步驟❶確認合乎黏土的水量　步驟❷適合黏土的解膠劑用量
步驟❸準備流量計　步驟❹確認適量的解膠劑

調製泥漿的重點

矽酸鈉的濃度調查 65

以毫升 (ml) 取代公克 (g) 的方式量測解膠劑 65

泥漿的管理 66

檢查泥漿的濃度並加以確認／控制泥漿的觸變性／
注意水與解膠劑的比例／符合使用中的黏土之解膠劑條件

泥漿過度解膠的問題及其原因 70

注漿成型的時間變長／不均勻的成形／脫模的問題／泥漿缺乏可塑性／原料的粒子大小也很重要／
注漿成型的廢料回收再利用的極限／注漿成型泥漿必須具備的性質

第 3 章 | 陶瓷的燒成與化學變化

燒成所引起的化學變化 ⋯⋯⋯⋯⋯⋯⋯⋯⋯⋯⋯ **76**
素坯的燒結過程／熱變化的總結

燒成時物質如何變化？ ⋯⋯⋯⋯⋯⋯⋯⋯⋯⋯⋯ **78**
高嶺土的變化
有機物的燒失／碳酸化合物的分解
　素燒與有機物的燒失 ⋯⋯⋯⋯⋯⋯⋯⋯⋯⋯⋯⋯ 80
硫化物的分解
二氧化矽的熱變化
二氧化矽與其他原料的共熔反應
素坯的燒結與玻璃化
長石是燒結與玻璃化的促進劑
　瓦斯窯燒成的訣竅 ⋯⋯⋯⋯⋯⋯⋯⋯⋯⋯⋯⋯⋯ 83
　窯的熱效率 ⋯⋯⋯⋯⋯⋯⋯⋯⋯⋯⋯⋯⋯⋯⋯⋯ 84

從熱力學的角度觀察窯燒 ⋯⋯⋯⋯⋯⋯⋯⋯⋯ **85**
素燒的過程與注意要點
❶室溫〜 250°C
❷ 300 〜 800°C
❸ 800 〜 850°C
❹冷卻過程

本燒的過程與注意要點
❶開始燒成〜 900°C
❷ 945 〜 970°C
❸ 1000°C〜最高溫度
❹窯燒結束溫度降至 700°C
❺ 573°C 和 220°C

燒成時的變形與龜裂及其原因 ⋯⋯⋯⋯⋯⋯⋯ **88**
扭曲變形與龜裂的原因

石英與方矽石的轉移造成變形／內部與表面的溫度差引起變形增大／
注意素坏在素燒冷卻中的變形／產生變形的其他要因

第 4 章　釉藥的基本與配方

何謂釉藥 **94**
釉藥的分類

　玻璃粉 95

釉藥的熔融 **96**
　釉藥的主要成分為二氧化矽 97

釉藥成分的三要素與功能 **98**
釉藥的基本三要素
❶具有形成玻璃氧化物功能的酸性元素
❷破壞二氧化矽網狀結構的鹼族元素
❸使釉不易流動並提高耐火度的中性元素

根據三角座標的釉藥配方測試 **102**
何謂三角座標／使用三角座標的釉藥測試

何謂塞格式釉方 **107**
對塞格式釉方的基本理解

　莫耳與一莫耳的重量 108

透過塞格式釉方能了解什麼？ **109**
塞格式釉方的檢視方法①（檢視 Al_2O_3 和 SiO_2 的量）
塞格式釉方的檢視方法②（檢視 Al_2O_3 和 SiO_2 的比例）
塞格式釉方的檢視方法③（檢視鹼性族群的構成要素）
塞格式釉方的檢視方法④（了解座標中 4 個區域的性質）
塞格式釉方的檢視方法⑤（哪種鹼性要素最多）
優良的乳濁釉和結晶釉，但也形成透明和啞光效果的鋅釉
最適合啞光釉的碳酸鎂釉／適合透明釉也能獲得啞光效果的鋇釉

塞格式釉方計算　115

塞格式釉方的計算方法

百分（公克）比換算成塞格式釉方

從塞格式釉方計算百分（公克）比配方

到底該使用哪種原料　129

塞格式釉方何時發揮功能　130

在網際網路上也能計算釉藥配方　132

何謂透明釉　133

形成透明釉的機制

何謂不透明釉（失透釉）　134

乳濁釉／啞光釉

啞光釉的形成機制

在釉中生成結晶，就能產生啞光釉／啞光釉與結晶釉／半啞光釉～光澤釉／乳濁釉

失透的概述

固體物質／液體物質（非晶體／非晶質）／氣體物質

各種失透劑與其性質

二氧化錫／鋯化合物／二氧化鈦、金紅石／磷酸化合物／三氧化二銻

釉藥的呈色　141

釉藥的呈色機制

負責著色的物質嵌入二氧化矽網狀結構的離子呈色

負責著色的物質不介入二氧化矽網狀結構即為顏料呈色

在顏料呈色中，由結晶引起的呈色，是在冷卻過程中解析出有色的結晶

在冷卻過程中生成結晶　143

在燒成中不會變化而殘留的顏料微粒，是真正的顏料呈色

負責著色的物質達到膠體大小，就屬於膠體呈色

色釉的著色劑與配方　146

著色劑（氧化金屬類）

三氧化二鐵／氧化鈷／二氧化錳／氧化銅／三氧化鉻／氧化鎳／其他著色劑

色釉配方

基礎釉與色釉的配方範例（調配例 1 ～ 107）

調製釉藥 **160**

自調釉藥的注意事項／球磨罐／球磨機的適切使用方法

釉藥的沉澱防止劑

使用可塑性黏土防止沉澱／黏土發揮防止沉澱的機制
各種沉澱防止劑／氯化銨、氯化鎂、氯化鈣

釉藥的附著劑

CMC 糊（羧甲基纖維素）

以比重計調整濃度 164

第 5 章 ｜ 釉藥的原料

了解釉藥的構成要素 **166**

二氧化物（RO_2、酸性元素）

二氧化矽

一氧化物（RO_2、鹼族元素）

氧化鋰／氧化鈉／氧化鉀

一氧化物（RO、鹼性土類金屬元素）

氧化鈣／氧化鎂／氧化鍶／氧化鋇／氧化鋅／氧化鉛／三氧化二硼

三氧化物（R_2O_3、中性元素）

三氧化二鋁

釉藥的原料 **172**

矽石／矽藻土／長石／鉀長石（正長石）／鈉長石（曹長石）／霞石正長岩／碳酸鋰
鋰輝石・紫鋰輝石／鋰雲母・鱗雲母／鋰磷鋁石／碳酸鈣、石灰石、霰石、大理石／
白雲石／矽灰石／碳酸鎂、菱鎂礦／滑石／碳酸鍶／碳酸鋇／氧化鋅／氧化鉛、黃色鉛、
一氧化鉛／鉛丹、紅丹、四氧化三鉛／鉛白／鉛玻璃粉／硼砂（四硼酸鈉）／熔融硼砂／
硼酸、三氧化二硼／偏硼酸鈉／硬硼鈣石／硼酸鈣、硼酸鋅／氧化鋁／氫氧化鋁／高嶺土／
植物灰／二氧化錫／矽酸鋯／二氧化鋯／二氧化鈦／金紅石／磷酸鈣（骨灰）／三氧化二銻

西洋顏料與日本顏料的差異　　黏土的精製 181

使釉著色的物質／為何能著色？ 182

顏料 **183**

何謂顏料／最穩定的尖晶石型顏料／如何使顏料更易於使用／自製顏料
（顏料配方範例 1～9）

新的紅色顏料　　使用顏料的橡膠印章 189

第 6 章　釉藥問題的原因與防止方法

開片（釉裂）的機制與防止方法 **192**
何謂開片（釉裂）

各種開片 194

消除開片的提示
提示❶釉中的元素　提示❷調整粒度　提示❸素坯的膨脹收縮與燒成方法
提示❹石英與方矽石的轉移　提示❺釉的彈性　提示❻釉與素坯間的中間層

防止開片的方法
中間層發達的缺點 198

❶抑制釉的收縮、使其接近素坯的收縮　❷增加釉的彈性
❸增加素坯「冷卻時的收縮」　❹發展中間層　❺ 注意釉的厚度

開片釉的調製方法

剝釉（跳釉）的原因與防止方法 **201**
何謂剝釉（跳釉）

剝釉的原因與開片正好相反／解決剝釉的提示

釉泡和針孔的原因與防止方法 **203**
釉泡和針孔的原因

產生氣體的各種狀況
因素坯產生的氣體／從釉藥配方產生的氣體／從釉藥調配方法產生的氣體

容易產生針孔的形態
作業方法誘發的情況／燒成方法誘發的情況

釉藥的黏度
釉黏度大的情況／釉黏度小的情況／施釉較厚的情況／影響釉黏度的元素

縮釉的原因與防止方法 ·· 207
縮釉的原因／檢查是否縮釉

脫釉的原因與防止方法 ·· 208
脫釉的原因
例❶黏土粒度細小時　例❷釉中調和天然植物灰　例❸釉中調和著色劑和失透劑
例❹施加化妝土和顏料　例❺施釉過厚時　例❻施釉後立即進行本燒時
例❼還原焰燒成所引起的狀況

因黏土引起釉的異常與其原因 ································ 210
黏土中可溶性鹽類引起的問題／黏土中的硫磺成分引起的問題

第 7 章 ┃ 化妝土

化妝土的基本知識 ·· 212
化妝土的原料及其功能
高嶺土／黏土／矽石／長石、石灰石、滑石、透明釉等／輔助原料
金屬氧化物／碳酸化合物

優良化妝土的條件
化妝土的測試

調配化妝土 ·· 214
化妝土的調配方法／化妝土中添加解膠劑和糊劑

施加化妝土的時機 ·· 215

有色化妝土 ·· 216
以氧化金屬著色／以顏料著色／有色化妝土的調製配方

有色化妝土的調製配方範例 ···································· 218

化妝土的問題及其原因 ·· 220
化妝土的剝落（剝離）／化妝土的裂縫／化妝土的針孔和釉泡

【補充資料】黏土的解膠機制 ·········· 223
構成黏土礦物的各原子進行離子化／被高嶺石粒子吸附的外部離子

作業安全性與環境考量 ·········· 230
鉛與鎘／須注意的原料／有毒氣體／原料的廢棄處理方法

翻譯對照表 ·········· 233
參考文獻 ·········· 239

COLUMN

01 黏土礦物與水 ·········· 42

02 何謂共熔反應 ·········· 74

03 何時會破裂？ ·········· 92

04 CMC 糊的製作與保存方法 ·········· 190

05 石膏的處理方法 ·········· 232

第**1**章

以地質學探索陶瓷

◇ 從地質學的角度了解陶瓷
◇ 黏土是何時、如何誕生？
◇ 黏土的組成與結構
◇ 黏土礦物的性質
◇ 黏土的分類

從地質學的角度了解陶瓷

了解地質學的基礎知識，將有助於理解第二章之後的陶瓷原料的性質，因此第一章會簡要地複習學科知識。

我們製作的餐具或壺罐等陶器作品，其原料就是「岩石」和「礦物」。我們來看一下岩石和礦物究竟是什麼東西？

每種礦物都具有獨特的物理性／化學性的性質，屬於地球上自然存在的無機物質。這些礦物中，有些會以純粹的形態存在，有些則以混合其他礦物的形態存在。

岩石可以說是一種或多種礦物自然大量聚集，所形成的大型塊狀物質。此外，根據岩石的形成方式，可分類為火成岩、沉積岩、變質岩。

火成岩

火成岩是岩漿冷卻凝固的過程中所形成的岩石，包括花崗岩、黑曜岩等。花崗岩則被視為許多種黏土的原生岩石（母岩）。

沉積岩

沉積岩是由於環境的作用，使岩石產生物理性崩壞，並藉由雨水和風力、以及河川流動等作用力，被搬運到其他地方的岩石。沉積岩包含黏土、石灰岩、砂岩。製作陶瓷器不可或缺的黏土就屬於沉積岩。

變質岩

變質岩是火成岩或沉積岩受到高壓和高溫等，而引起化學性變質，最終形成與原始岩石不同的岩石，這類岩石包括大理石或變質石灰岩、變質砂岩等。例如：水晶幾乎都是由石英所構成，也就是從屬於沉積岩的砂岩變質而來。

從長遠的時間來看，火成岩、沉積岩、變質岩具有相互循環生成的關係。圖1-1是岩石生成變化的典型例子。圖中顯示岩漿冷卻形成火成岩後，在地表上分解變成沉積岩，然後隨著地殼變動等作用力沉入地下，在高壓和高溫下轉變為變質岩的循環過程。

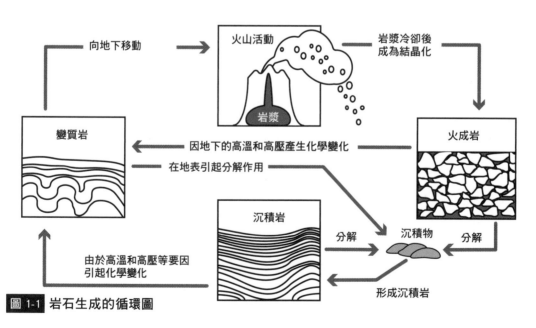

圖 1-1 岩石生成的循環圖

【 黏土是何時、如何誕生？ 】

黏土是岩石經過數百萬年到數千萬年的變質產物。我們並未完全了解現在所使用的黏土，究竟是何時、以哪種方式形成，但至少能夠確定黏土是由各種岩石經過物理性破壞、以及化學性變化所形成。

首先，由於岩石最初是受到氣候的影響而遭到破壞，因此地球發生「氣候變化」的時期，可說就是黏土生成的時候。在陸地上出現樹木類植物的古生代（約二億八千萬～五億七千萬年前），地球已經有大氣和海洋，科學家認為當時的環境與現在幾乎相同，也發生過氣候變動，因此可推斷岩石開始崩壞或變質就發生在那個時期。換言之，黏土可說是歷經數千萬年到數百萬年的漫長時間所生成的物質。在古生代的岩石中發現黏土礦物的存在，即是明確的證據。

例如：在1400℃高溫下也不會崩解的瀨戶及美濃的良質土，推測可能就是二百萬年～三百萬年生成的泥土。相比之下，二萬年～三萬年前的黏土，往往太年輕而欠缺足夠的可塑性。不過，並非愈古老的黏土就愈好。太古老的黏土大多會再度固化為岩石狀，若不費力粉碎就無法使用。

泥土與黏土是其他岩石在崩解及風化的過程中生成的物質，其中含有物理性的變化與化學性的變化。所謂物理性的變化是指大塊的岩石，崩解變成小塊的岩石，「風化」就是代表性的例子。主要是由於氣候變遷等要因，使地表上的岩石產生更細碎的現象。在化學性的變化方面，是指由於高壓和微生物的力量等因素，使岩石的成分改變。通常這兩項變化會伴隨發生。

表 1-1 地球的歷史年表

前寒武紀時代		45 億年…地球誕生
		20 億年…生命誕生
古生代	寒武紀	5.7 億年…海中出現有機生命體
	奧陶紀	5 億年…大陸出現植物（開始生成土壤）
	志留紀	4.4 億年…陸地動物出現
	泥盆紀	4.1 億年…兩棲類動物出現
	石炭紀	3.6 億年…爬蟲類動物增加
	二疊紀	2.8 億年…地球規模的大量滅絕
中生代	三疊紀	2.5 億年…恐龍出現
	侏羅紀	1.5 億年…哺乳類、鳥類出現
	白堊紀	1 億年…哺乳類動物的繁盛
新生代	古近紀（古第三紀）	6500 萬年…恐龍滅絕
	新近紀（晚第三紀）	700 萬年…人類出現
	第四紀	一萬年～現在…智人的繁盛

❶岩石的物理性崩解是黏土生成的第一步

以下列舉岩石如何崩解的幾個例子。

1	由於氣溫的變化,岩石會在重複膨脹和收縮的過程中破裂。岩石中混雜著各種礦物,不同的礦物會產生不同程度的膨脹和收縮,因此岩石會受到這種差異性而破裂。
2	當滲入岩石縫隙的水分凍結時,冰會變得比水的體積大,因此就成為岩石破碎的要因。
3	樹木的根會使岩石破裂。
4	雨水和河川水會切削磨損岩石,並且搬運至遠處。
5	從長期的觀點來看,風也是岩石磨損的主要因素。
6	斷層等地殼變動會壓碎岩石。

❷由於岩石的化學性變質而生成黏土

以下列舉岩石如何產生化學性變質的例子。

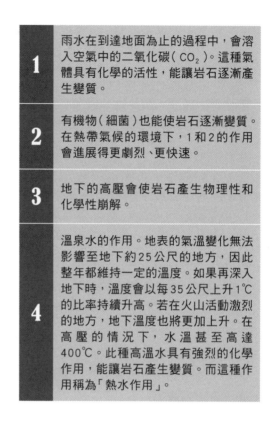

1	雨水在到達地面為止的過程中,會溶入空氣中的二氧化碳(CO_2)。這種氣體具有化學的活性,能讓岩石逐漸產生變質。
2	有機物(細菌)也能使岩石逐漸變質。在熱帶氣候的環境下,1和2的作用會進展得更劇烈、更快速。
3	地下的高壓會使岩石產生物理性和化學性崩解。
4	溫泉水的作用。地表的氣溫變化無法影響至地下約25公尺的地方,因此整年都維持一定的溫度。如果再深入地下時,溫度會以每35公尺上升1℃的比率持續升高。若在火山活動激烈的地方,地下溫度也將更加上升。在高壓的情況下,水溫甚至高達400℃。此種高溫水具有強烈的化學作用,能讓岩石產生變質。而這種作用稱為「熱水作用」。

岩石的崩解就如上述所說,分為在地表進行的作用、以及地下發生的作用。一般而言,地表上的岩石崩解,是在正常的溫度下發生,進展較為緩慢,而新生成的礦物粒子更為細小,結晶化的程度變低。在此種過程中生成的黏土,不斷受到環境變化的影響,因此沒有固定的化學組成,而具有礦物學上複雜且不規則的結構。

另一方面,在地下的高壓和熱水作用之下,其作用會持續快速進行,岩石在短時間內便達到新的安定狀態,因此礦物大多具有一定的化學組成。

導致岩石崩壞與變質的五項要因

　　各種水對於岩石的崩解和變質，發揮了重要的功能，其中特別重要的因素是，溫度和降雨量會對微生物產生直接的影響。

　　總而言之，各種岩石的崩解和變質，生成了現今覆蓋於地表上的泥土和陶瓷的黏土。雖然地表的表層土與陶瓷用的黏土，其生成的因素相同，但地表土幾乎無法用於製作陶瓷器的原因，是因為其中含有大量來自細菌類的微生物、以及小動物和植物等所產生的有機物，同時又含有可溶性鹽類，而這些物質會在陶器窯燒的過程中引發問題。

1 原生岩石（母岩）的組成

2 氣候與環境的變化

3 微生物的活動

4 地形

5 時間

黏土的組成與結構

　　就製陶的經驗而言，一般對於黏土會有以下的認知。「黏土與水混合時，會顯現出黏性（可塑性），能夠進行成形，而在燒成之後，也能維持形狀並變得堅硬」。從礦物學的觀點而言，同樣的黏土具有這樣的描述。

　　「黏土具有灰、藍、黃、紅、白等各種色彩，屬於細微粒子所形成的柔軟岩石」。

　　黏土大多屬於沉積岩，而且以通稱為「黏土礦物」的礦物為主要構成要素。換言之，這種黏土礦物的物質，可說是所有陶瓷用黏土的基本構成要素。以下將針對何謂黏土礦物，進行詳細的探討。

　　高嶺土和黏土類是由「黏土礦物」構成，根據結晶結構的差異，可區分成高嶺石、絹雲母、禾樂石、狄克石、蒙脫石等，現今已知有四十多種黏土礦物。此外，黏土和高嶺土都是由多種黏土礦物組成，也就是說主要是由一種黏土礦物構成，但成分中也含有其他的黏土礦物，如表1-2。

表1-2 黏土與高嶺土中的黏土礦物成分

	黏土	高嶺土
絹雲母	11.8%	2.9%
蒙脫石	8.3%	5.6%
高嶺石	44.3%	84.9%
矽石	28.5%	2.5%
有機物	3.2%	1.5%
其他	3.9%	2.6%
合計	100%	100%

舉例來說，高嶺土這種白色黏土，除了主要成分為高嶺石之外，也含有禾樂石和絹雲母。又例如，皂土黏土的主要成分是蒙脫石，但也含有其他的黏土礦物。若進一步仔細探究的話，在黏土之外的岩石中也會找到黏土礦物。例如：雲母並非黏土，但其中含有絹雲母成分，因此在礦物學上會被列入黏土別類。

從表面上觀察，並無法知道自己所使用的黏土，到底是由哪些黏土礦物構成。不過，若了解黏土礦物的性質，當後面在說明乾燥和燒成過程中，素坯可能產生的問題時，就能找到解開問題的線索。例如：高嶺石為六角形；禾樂石則為長方形，如圖1-2所示。雖然黏土礦物的外形各不相同，但都是類似一張紙般的薄片狀，而且具有尺寸極微細小（數微米[μm]或1微米以下[原注1]）的特徵。黏土具有薄片狀和粒子非常微小這兩個特徵，與其他岩石的性質截然不同。換句話說，當黏土與水混合時會產生「可塑性」，並具有在乾燥狀態下，還能維持形狀而不會破碎的強度。

舉例來說，可以比喻為將兩片玻璃板，用水浸溼後互相貼合的狀態。該狀態下的兩片玻璃板很滑溜，能夠順暢地滑動。而這種狀態好比黏土的可塑性。若靜置玻璃板至水分蒸發為止，兩塊玻璃板便會互相黏合，變得很難剝離。這種狀態

就好比乾燥強度。地球上存在的各種岩石之中，幾乎只有黏土類的礦物，才具有這種獨特的性質。黏土礦物是由二氧化矽（SiO_2）、三氧化鋁（氧化鋁、Al_2O_3）與結晶水（H_2O）所形成的結晶。如果要定義黏土礦物的話，可以說它是由水合的矽酸鋁組成，大小約為1微米（μm）的板狀結晶體。此外，黏土的定義則可說是以黏土礦物為主要組成成分的岩石。黏土中除了黏土礦物之外，也會自然地混入其他雜質，而這些雜質會賦予黏土色彩。黏土在溼潤或乾燥的原始生土狀態時，其色彩主要來自內含的金屬類和有機物。原始生土和燒成後的黏土色彩經常出現差異，這是由於氧化鐵、錳、鈦等金屬類物質，會全部保留下來，並且決定燒成後的黏土色彩。另一方面，有機物所產生的著色，則會在燒成過程中喪失。

黏土礦物的結晶結構

黏土礦物與薄片結構

黏土礦物雖各有各的獨特結晶結構，但都是由矽（Si）、鋁（Al）、氧（O）、氫氧基（OH、氧原子和氫原子的結合物）組合而成。這些元素的組合差異，就形成性質

圖1-2 各種黏土礦物

高嶺石

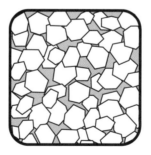

絹雲母

禾樂石

【原注1】μm：微米。1微米為1mm的1000分之1。

相異的黏土礦物。

這些黏土礦物的「一個粒子」，呈現類似薄板的形狀。該薄板內部即是由上述四種元素構成，並呈現「薄片結構」。以下將詳細說明。

觀察黏土礦物結晶的內部結構，可見由矽原子和氧原子組合而成的四面體（底部為三角形的金字塔形狀），如圖1-3(a)上圖所示。以一個四面體與鄰近的四面體共有氧原子，並且形成大量連結，最終成為一片又薄又大的薄片。

這個薄片由天文數量的四面體組成，且呈現充滿孔洞狀的網狀結構，因此可以稱之為「Si-O四面體網目薄片」。

在同樣的黏土礦物結晶中，除了「Si-O

四面體網目薄片」之外，也存在著另一片其他的薄片。此種薄片是由鋁原子、氧原子、氫氧基所組成，並由這四種要素互相接合，形成八面體的結構。八面體的形狀是由兩個底部為四邊形的金字塔，底面互相連結而成（圖1-3(a)下圖）。

八面體也大量連結變成一片薄且大的薄片，同時也形成充滿孔洞的網目狀，因此稱為「Al-O-OH八面體網目薄片」。

此外，一片「Si-O四面體網目薄片」和另一片「Al-O-OH八面體網目薄片」，上下重疊接合時，就形成一片「四面體／八面體薄片」圖1-3(b)。此種四面體／八面體薄片，是黏土礦物的「最小構成單位」。用顯微鏡才能觀察到的「一粒黏土

圖1-3 二層黏土礦物的結晶結構

（a）Si-O 四面體與 Al-O-OH 八面體　　（b）Si-O 四面體網目薄片與 Al-O-OH 八面體網目薄片

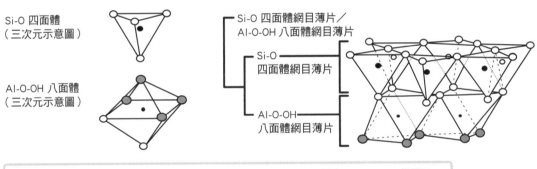

○ O, 氧原子　　● OH, 氫氧基（氧原子＋氫原子）　　●○ Si, 矽原子　　• Al, 鋁原子

（c）層狀重疊的結構

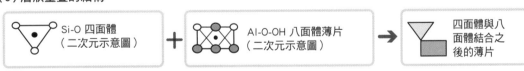

由四面體薄片與八面體薄片形成最小單位的薄片

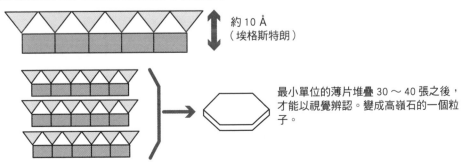

約10 Å（埃格斯特朗）

最小單位的薄片堆疊30～40張之後，才能以視覺辨認。變成高嶺石的一個粒子。

礦物」，這個最小單位其實是由多張層狀薄片重疊而成，圖1-3（c）。

打個比方，假設一張撲克牌是由兩張紙貼合而成，其中一張為「四面體薄片」，另一張則為「八面體薄片」。由許多張這種卡片重疊所形成的一片板子，就可說是一粒黏土礦物。

二層黏土礦物與三層黏土礦物

如前面所述，黏土礦物結構的最小單位「薄片」，除了「由兩張薄片構成」之外，也有「由三張薄片構成」的型態。由於各薄片內部的些微差異，所以會形成各種不同的黏土礦物。

前述的黏土礦物例子，其結構的最小單位是由「一片四面體網目薄片」、以及「一片八面體網目薄片」構成，因此稱為二層黏土礦物。除此之外，如圖1-4所示，其最小單位是由「兩片四面體網目薄片」和「一片八面體網目薄片」所構成的黏土礦物，則稱為三層黏土礦物。

「二層」與「三層」的差異在於，「Si-O 四面體薄片」與「Al-O-OH八面體網目薄片」的重疊方式不同。三層結構是一片八面體薄片的上下各有一片四面體薄片，如三明治般夾住八面體薄片。此最小單位重疊30～40張，最後就會形成在三次元立體空間擴展開來的一個黏土礦物結晶。前述的高嶺石屬於二層結構，而絹雲母、蒙脫石則屬於三層結構類。一般而言，三層黏土礦物的粒徑，比二層黏土礦物小，其特徵為可塑性大、乾燥收縮大、耐火度更低。

正如前面所述，黏土礦物具有非常整齊的結構，而擁有此種結構嚴謹的物質，就稱為「結晶」[原注2]。換句話說，黏土礦物就是結晶。因此，主要成分為黏土礦物的高嶺土和黏土，就可稱為結晶物質。

除了黏土類之外，陶瓷所使用的多數原料，都是各具獨特結構的結晶物質。相對地，內部結構不具有嚴謹規則的物質，則稱為「非晶質」。燒成之後的陶器素坏和釉藥，都屬於非晶質[原注3]。圖1-5和表1-3是常見的二層黏土礦物、以及三層黏土礦物的結晶結構、化學式、一般的性質。不過，表1-3是原則性或說是理論性的化學式。視這些礦物在自然界的狀態而定，在實際的結構中，經常會觀察到某種程度的變異。

圖1-4 三層黏土礦物的結晶結構

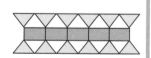

四面體薄片／八面體薄片／四面體薄片所構成的最小單位。

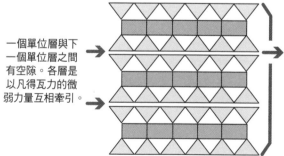

一個單位層與下一個單位層之間有空隙。各層是以凡得瓦力的微弱力量互相牽引。

多張的薄層堆積重疊，就形成絹雲母的一個板狀粒子。

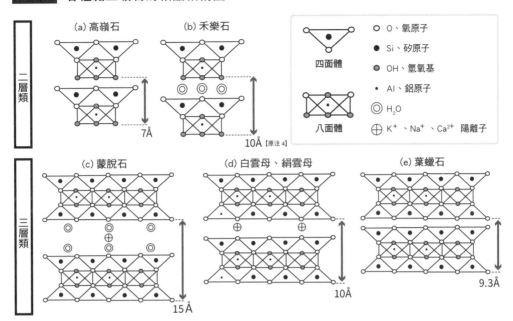

圖1-5 各種黏土礦物的結晶結構圖

二層類
(a) 高嶺石
(b) 禾樂石

O、氧原子
Si、矽原子
OH、氫氧基
Al、鋁原子
H_2O
K^+、Na^+、Ca^{2+} 陽離子

四面體
八面體

7Å
10Å 【原注4】

三層類
(c) 蒙脫石
(d) 白雲母、絹雲母
(e) 葉蠟石

15Å
10Å
9.3Å

表1-3 黏土礦物的理論式與特性

黏土礦物	層結構	化學式	性質
高嶺石	2層	$Al_2O_3 \cdot 2SiO_2 \cdot 2H_2O$	高嶺土的主要礦物成分。比禾樂石粒子大，表面積較小，結晶水少。
禾樂石	2層	$Al_2O_3 \cdot 2SiO_2 \cdot 4H_2O$	比高嶺石具有可塑性。
絹雲母	3層	$K_2O \cdot 3Al_2O_3 \cdot 6SiO_2 \cdot 2H_2O$	可塑性大。乾燥收縮大。與白雲母的化學式相同，但是粒徑更大。
葉蠟石	3層	$Al_2O_3 \cdot 4SiO_2 \cdot H_2O$	結晶水少，因此燒成收縮小。壽山石的主要礦物成分。
蒙脫石	3層	$Al_2O_3 \cdot 4SiO_2 \cdot 6H_2O$	皂土的主要黏土礦物成分。各層之間含有結晶水，當喪失結晶水時，會產生明顯的收縮，因此乾燥和燒成較為困難。
伊利石	3層	$0.5K_2O \cdot 3I_2O_3 \cdot 6SiO_2 \cdot 3.5H_2O$	與其他黏土礦物相比，和皂土的粒子同樣都非常細小，可塑性大。表面積大，可吸收大量水分，因此乾燥收縮大。
白雲母	3層	$K_2O \cdot 3Al_2O_3 \cdot 6SiO_2 \cdot 2H_2O$	與絹雲母的化學式相同。粒子小。顯示出可塑性大。表面積大，因此吸水多，乾燥收縮也大。

【原注2】結晶：固體狀態的物質是由「粒子（原子、分子、離子）」構成，各粒子的位置幾乎都是固定。其相互的位置關係，呈現三次元（三個方向）相當規則的重複狀態時，此種物質就稱為「具有結晶狀態」的「結晶物質」。陶瓷所使用的原料礦物幾乎都是結晶。

【原注3】非晶質：某種物質並非呈現結晶結構的狀態。換言之，在短距離之中也並未呈現規則嚴謹的重複結構時，就稱為「非晶質（或非晶體、液相）」。玻璃、熔解的釉藥、燒結後的陶器素坯，都是非晶質。

【原注4】Å（埃格斯特朗）：1埃格斯特朗為1微米（μm）的一萬分之一。

黏土礦物的性質

可塑性的本質

黏土礦物的結構為細微的板狀物質，這便是黏土可塑性的來源。

如前述所說，黏土主要成分的黏土礦物，是由很多的薄層重疊而成，最終形成「數微米大小的板狀結晶」。各種黏土礦物的形狀截然不同，有六角形、細長板狀、長方形等形狀。例如：雖然高嶺石為六角形，但都具有「薄板狀」這項共通特點。

不過，在陶瓷使用的岩石和礦物中，唯有黏土類在與水混合時具有「可塑性」、以及在乾燥狀態下的「機械性強度」，這是其他原料所不具備的特殊性質。這種特性使黏土能夠成形，乾燥後也能維持其形狀，並可順利地轉移到下一階段的燒成作業。這兩種性質源自於「黏土礦物的結晶結構為板狀」的特異性。

這種性質可以想像成用水沾溼兩片玻璃板，可產生滑溜的移動性（可塑性）、以及乾燥後的玻璃板會形成緊密黏合的狀態（乾燥後維持形狀）。

若進一步詳細描述此狀態的話，即為黏土礦物的一個板狀結晶，其上下兩面為負的電荷，側面則為正的電荷。因此，練土或黏稠狀態（水分多而鬆軟狀態）的黏土粒子，其正電荷面與負電荷面，會像磁鐵般互相吸引接合而形成塊狀。存在於粒子與粒子之間的水分，發揮類似潤滑油的功能，使黏土粒子能朝著任何方向移動。

然而，電荷在反向的表面和側面，只是互相吸引接合而已，因此使我們知道「當施加力量使其移動時，也會產生摩擦阻力，而這個摩擦正是黏土的黏合可塑性」。

非常微小的粒子

黏土粒子非常微小的特徵，也就是可塑性和乾燥強度的來源。

若將陶瓷所使用的各種原料，以粒子大小進行比較的話，就會發現黏土粒子比長石或矽石等其他原料（縱使充分粉末化）更為細小，如表1-4。

接著，在黏土類之中進行同樣的觀察比較。三層黏土礦物的含有比率，比二層黏土礦物高的二次黏土，通常比一次黏土（高嶺土）的粒子更為細小（參閱p. 40「一次黏土」、「二次黏土」）。構成黏土礦物的粒子愈小，則該黏土與水混合時的可動性（可塑性）也愈佳。不過，對於黏土而言，雖然可塑性是不可或缺的必要條件，但粒子過度細小的黏土，會因為太黏反而難以處理。

黏土粒子的大小也會影響「乾燥時的硬度」。粒子愈細小的黏土，粒子與粒子之間的接觸點愈多，作品在乾燥狀態時，能呈現較大的機械性強度。

黏土粒子的表面積

黏土粒子的表面積非常大，因此乾燥時會收縮。

黏土粒子之所以具有廣大的表面積有兩個原因。第一個原因是，若將一個粒子分裂為兩個粒子，表面積便會增加。因此，相對於粒徑較大的其他原料，原本粒子就細小的黏土，實質上就擁有更大的表面積，如表1-4。

第二個原因是黏土礦物的結構。正如前面所述，黏土礦物是由Si-O網目與Al-O-OH網目所形成的許多張複合薄片重疊

而成，這些複合薄片之間以凡得瓦力[原注5]的微弱力量互相吸引，但物理上並未接觸而存有空隙，而這個空隙也被認為屬於「表面」。據說1克（g）的禾樂石擁有500～1000 m²的表面積，從結果來看，是黏土藉由這些表面吸收大量的水分。因此，粒子細小的黏土會吸收較多的水分，乾燥收縮程度也比粗土大。

黏土粒子的離子交換機能

黏土粒子具有「離子交換機能（化學性活躍的性質）」，並且由於這種性質才能調製出注漿成型技法所使用的泥漿。

形成結晶的化學鍵，基本上屬於離子鍵，這種鍵結的方式，是由存在於物質中的原子或分子之間的正電荷、以及負電荷之間的電磁力，相互吸引所產生（結晶中還存在共價鍵和凡得瓦力鍵結的作用）。

黏土礦物屬於結晶，而它的結合方式是離子鍵。這代表構成黏土礦物的矽、鋁、氧等原子之間，彼此進行著「電子交換（離子化）（參閱p.223補充資料／黏土的解膠機制）」。其結果是黏土時而為正電荷，時而為負電荷，因此使黏土具有吸引相反電荷物質的性質。利用此一現象，可調製注漿成型技法所需的「解膠泥漿」（參閱 p.52～60黏土的解膠與凝固機制）。

多種多樣化的黏土

多種多樣化的黏土，帶來陶瓷器的多樣性。

高嶺土或黏土主要是由長石質的岩石分解而成。但由於母岩的組成、分解和風化過程中的狀況、以及周圍自然環境等因素影響，使黏土礦物呈現多樣性的變化。此外，黏土礦物的結晶結構，具有不規則性多的特徵，而結晶的格子結構（四面體

或八面體）中，可能摻入某些雜質，或者結晶的表面「吸附（化學性吸附）」了外部的物質。

此種不規則的特性，在其他的岩石或礦物中相對少見。因此，自然界的黏土在顏色、可塑性、硬度、耐火度等方面，具有非常豐富的多種多樣性，其結果也為最終的陶瓷器作品，帶來豐饒的多樣性。

表1-4 各種原料1克的表面積和粒子數目

原　料	1g 的表面積（m² ／ g）	1g的粒子數目
可塑性大的黏土	20m²	約300 億個
高嶺土	10m²	約200 億個
長石	2m²	約3500 萬個
矽石	1m²	約3000 萬個

【原注5】凡得瓦力（Van der waals force）：原子與分子之間交互作用的引力。

黏土的分類

一次黏土（原生黏土）

陶瓷用的黏土依據形成的方式，可區分為一次黏土（原生黏土）和二次黏土（次生黏土）兩種。一次黏土是岩石（母岩）崩解而黏土化之後，停留在同一場所的黏土，其中經常殘留原生母岩的小碎石，具有與母岩大致上相同的組成成分。白色黏土的各種高嶺土，屬於這種一次黏土類的代表。由於一次黏土的粒子很粗大，通常缺乏黏性（可塑性），而且金屬汙染較少，因此具有白色的特徵。

二次黏土（次生黏土）

是指從母岩原來所在的場所，移動到其他場所堆積而成的黏土。二次黏土的特徵是可塑性大，成形性較佳，而且多少會被有機物或氧化金屬等物質汙染。二次高嶺土也存在著相同特性，實質上木節黏土、枝下木節等日本各地出產的陶瓷用一般黏土，都屬於二次黏土。

高嶺土類

高嶺土是長石、花崗岩或偉晶岩等火成岩，經過風化或溫泉作用的變質所形成的黏土，其中大部分為一次黏土。若與二次黏土比較，粒子則稍微大些，因此較不容易成形。高嶺土的主要成分是總稱為「黏土礦物」的一群礦物中的高嶺石。此外，也含有禾樂石、雲母、絹雲母等成分。除了這些黏土礦物之外，還含有矽石（游離矽酸）、長石、母岩的殘片、以及摻雜了氧化鐵（Fe_2O_3）、二氧化鈦（TiO_2）、鈦鐵礦（$FeTiO_3$）、矽酸鋯（$ZrSiO_4$）等金屬類雜質。

個別的高嶺土的化學性組成，其生成受到形成過程中的氣候、地形等因素影響，也可能產生劇烈變化。例如：來自同一個高嶺土礦床的黏土，其狀態也不盡相同。如此多樣的高嶺土經過精製之後，其中高嶺石占 70～98％，而 $Al_2O_3 \cdot 2SiO_2 \cdot 2H_2O$（二氧化矽〈$SiO_2$〉占46.5%、三氧化二鋁〈$Al_2O_3$〉39.5％、結晶水〈$H_2O$〉14%）是接近純粹高嶺土的理論化學式。此外，燒成後會喪失結晶水，比率變成 SiO_2 54.1%、Al_2O_3 45.9%。

高嶺土除了做為陶土或瓷土的主要或次要原料之外，釉藥上也會為了導入二氧化矽和三氧化二鋁，而使用高嶺土。壽山石和陶石也屬於高嶺土系列的黏土，但兩者的可塑性都不高。

黏土類

黏土屬於礦物學上的岩石，可說是所有岩石中粒子最細小的岩石。在礦物學上，從粒子的大小區分為「礫石」、「砂」、「淤泥」、「黏土」。「黏土」為2微米（μm）以下、「淤泥」為2微米～0.05公釐（mm）、「砂」為0.05～2公釐、「礫石」為2公釐以上。不過，陶藝上會使用黏土成分中也含有相當於淤泥的粒子。一般的黏土也和高嶺土一樣，是長石等岩石受到水和風的力量而風化、以及受到溫泉水和微生物的力量而變質，所生成的物質。通常高嶺土會停留在原生場所，另一方面，許多黏土經由風和水等自然力量的搬運，會出現在第二場所。在被搬運的過程中，較粗的粒子會停留在原地，只有細小的粒子會持續移動，由於堆積起來的粒子非常細小，因此具有很大的可塑性。此外，在移動的過程中，也可能受到汙染，混入雜質和有機物。

若與高嶺土類的黏土比較，雖然對於火的耐受性較弱，但是耐火度的範圍相當大，有些土在1100℃左右就會開始熔解，有些土的耐火度則達1300℃。

從地質學上來說，一個黏土在生成的過程中，除了母岩的種類不同之外，氣溫和地下的壓力等外部環境的各種因素，都是造成各地的黏土存有許多性質相異的原因。

黏土礦物的粒子大小，因黏土而有很大的差異，有些黏土由80～100％的2微米以下為超微粒子組成。另一方面，有些黏土粒子並非那麼細小，或粒子細微卻含有沙子或小石子般的較大粒子。

此外，根據生成所需要的時間，黏土也具有不同的性質。例如：地質學上較新的黏土，如新生代古近紀（古第三紀、約五千萬年前），通常具有足夠的可塑性，不用特別處理就可以成形。另一方面，中生代（一億～兩億五千萬年前）或更古老的古生代石炭紀（三億六千萬年前）時期，開始分解和風化的古代黏土，在非常漫長的時間中，超越了黏土的狀態，最後變質為泥岩或板岩等固化的狀態。這些黏土未經特殊的粉碎處理就無法使用，或者被當做火砂（提高土的耐火度、為形成多孔質所添加的粗粒子黏土）、以及降黏劑（降低可塑性的原料）使用。

黏土的顏色

黏土的色彩在大多數的情形下，燒成前與燒成後的色彩會有變化。生土狀態呈現藍黑色的黏土，燒成後會變成明亮的顏色，有時候甚至完全變成白色。此種情況是由於生土時的色彩在燒成過程中，喪失了有機物和碳素類物質所導致的結果。

此外，多數的黏土都會混入各種形態的鐵金屬。在燒成之前呈現紅色調的黏土，含有許多三氧化二鐵（赤鐵礦、Fe_2O_3），以1150～1200℃的溫度燒成後，會呈現帶有紫色調的紅色。如果以溫度更高的還原焰燒成時，三氧化二鐵會還原為氧化亞鐵（FeO），黏土的色彩會變成灰色調。若以氧化焰燒成時，會變成四氧化三鐵（磁鐵礦、Fe_3O_4），呈現接近黑色的紅色調。

在生土狀態下偏黃色的黏土，是由於混入氫氧化鐵（褐鐵礦、FeOH／$FeOH_3$），而在燒成中會轉化為三氧化二鐵。使用差不多100號網目大小的細篩子篩選黏土時，殘留的黑色小粒子大多為硫化鐵（FeS_2）。在510℃的溫度下，硫化鐵會轉變為硫化亞鐵（FeS），約1200℃時會熔解並在作品的表面產生黑色斑點。生土狀態下為白色或灰色的黏土，以氧化焰燒成時若呈現偏黃色調，那可能是因為二氧化鈦（TiO_2）的關係，這在還原焰燒成時會變成灰色，所以是導致瓷土的白色度變差的原因。

此外，黏土中所含的結晶水、有機物、硫化物等物質，會在燒成過程中消失。

O1 / 黏土礦物與水

　　燒成前的素坯中含有各種不同形態的水。陶土不可沒有可塑性，所以必須添加水分。這種與黏土均勻混合的水被稱為「調和水」，會在乾燥過程中消失。除了調和水之外，黏土的結晶中也含有水，而這些水被稱為「結晶水」。換言之，在黏土完全乾燥的狀態時，也必然含有結晶水，唯有透過燒成才能消除結晶水。

　　根據黏土礦物的結晶與其形態和結構，結晶水可區分為「物理性／化學性結晶水」。因此，黏土中可說存有以下三種水。

物理性的水

　　物理性的水是指調製黏土時所加入的水。這種水存在於構成陶器素坯的黏土中、以及包圍住其他各粒子的周圍，因此會在乾燥過程中，幾乎全部消失，僅殘留極少的部分。

物理性／化學性結晶水

　　如前述所說，黏土結晶屬於層疊狀，也就是由一張或兩張「Si-O 四面體網」，與一張「AI-O-OH 八面體網」接合成很薄的薄片，以此做為一個單位互相重疊接合而成。

　　在這些層狀重疊中存有縫隙，而水就滲入其中，如 p.36 圖 1-4 所示。這便是物理性／化學性結晶水。比起物理性的水，這種結晶水與黏土結晶能形成更強力的結合，因此被稱為「吸著水」。它無法在乾燥過程中消除，只有燒成時才會消失。

化學性結晶水

　　如 p.34〈黏土礦物的結晶結構〉所述，黏土礦物的結晶結構，一部分是由合計六個氧原子（O）與氫氧基（OH）、以及一個鋁原子（AI），形成八面體的部分，而化學性結晶水就是「氫氧基 OH」。換言之，兩個氫氧基結合可形成一個水分子，與剩餘的一個氧（OH+OH 變成 H_2O 與 O），因此可以稱之為「一半的水」。

　　氫氧基屬於結晶結構的一部分，而水與結晶之間的結合，遠比「物理性／化學性結晶水」更具有強固的結合性，因此不僅無法透過乾燥方式去除，需要在比物理性／化學性結晶水更高的溫度下才會消失。

第**2**章

陶瓷的成形與化學變化

◆乾燥的機制
◆何謂注漿成型
◆黏土的解膠機制
◆解膠劑與黏土
◆黏土的凝膠機制
◆注漿成型泥漿的調製方法
◆泥漿的管理

乾燥的機制

觀察陶瓷的素坯（土坯）在乾燥過程中所產生的變化。圖2-1是素坯的乾燥進展過程。

❶練土的狀態

圖2-1（a）中，構成素坯的黏土、矽石、長石的周圍，形成被水圍繞的狀態。這種水是在準備練土時所添加的水，能夠使黏土具有可塑性，發揮類似潤滑劑的功能。當練土是做為轆轤等使用時，通常為「100％的乾燥土添加18～25％的水」，但是根據黏土粒子的大小，可改變水的必要量。

由於一個粒子分割為二時，其表面積會增加，因此黏土的粒子愈細小，表面積也愈大。為使所有的粒子充分浸溼，就必須增加必要的水量。但是，粒徑愈大時，在達到相同溼潤狀態為止，反而必須減少水量。這在乾燥過程中會顯現不同的收縮狀態。從作品比較，粒子細的黏土比粒子粗的黏土有較大的乾燥收縮。

❷半乾燥狀態

乾燥必然是從器物的表面開始進行。在乾燥初期，隨著水分從表面流失，內部的水因毛細管現象而向表面移動，以致素坯的構成粒子彼此相互靠近，引起與失去的水分量相等的收縮。由於表面乾燥早於內部乾燥，因此表面收縮比內部收縮更大，這便是乾燥過程中的作品產生裂縫的主要原因。如圖2-1（b）所示，當乾燥過程進展到某種程度時，由於粒子互相接合的緣故，作品便喪失柔軟性。這種狀態稱為「半乾燥」。在這個階段中，粒子與粒子之間的空隙，還殘留著水分，但是隨著水分消失，這些空隙的水會被空氣取代。

這裡需要注意一點，當粒子彼此接合之後，幾乎不會發生因乾燥所產生的收縮現象。換言之，這種狀態適合進行杯子添加把手、貼合板材、以及轆轤的切削修整作業。

❸乾燥狀態

假設有一件潮溼的作品靜置於室外空氣中完全乾燥。但是，空氣中經常有某種程度的溼氣，因此嚴格說來，只是達到與周圍溼度相同，並非完全乾燥。

圖2-1 素坯（土坯）的乾燥過程

（a）練土狀態

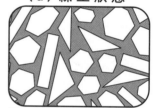

粒子之間存在水層

（b）半乾燥狀態

粒子互相接近而接合。作品整體隨之產生收縮。粒子之間的空隙殘留水分

（c）乾燥狀態

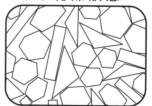

水分消失後，空隙的水被空氣取代。從（b）到（c）的過程中沒有收縮

縱使利用乾燥機或窯的熱度，能達到幾乎完全乾燥的狀態，但繼續放置一段時間，還是會吸收周圍的溼氣。因此，若開始素燒時的溫度急遽上升的話，素坯中殘留的水分便會急速沸騰，蒸氣的壓力會使作品爆炸。在素燒過程中，從室溫升到250℃，最少需要2～3小時，讓溫度逐漸上升，是非常重要的關鍵。高火度用的素坯土，乾燥時與素燒後的大小幾乎相同，也就是在素燒過程中幾乎沒有收縮。

乾燥時的問題與其原因

為何在乾燥時會產生龜裂和裂縫？

這是由於作品內部的收縮差所產生的變形。素坯從可塑性狀態，順利轉變為乾燥後多孔質狀態的過程非常重要。若外側的乾燥速度比內部快時，作品內部會產生扭曲變形（應力），這便是變形和破損的原因。乾燥中產生問題的原因，包括作品本身製作方法不佳、以及乾燥方法不良等兩項因素。以下列舉說明經常發生的乾燥問題。

例1平坦的造型容易產生變形

如圖2-2所示，當平板狀物體的表面逐漸乾燥時，內部的水分會向上方移動。當移動速度趕不上表面蒸發的速度時，收縮率就會產生差異，以致彎曲變形或破裂。就這點而言，含有火砂等的粗糙素坯，由於具有較多的縫隙，因此相較於細緻的素坯，較不容易出現該問題。

圖2-2 乾燥問題1（板狀）

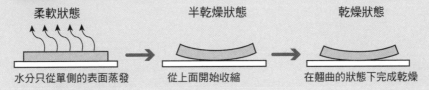

柔軟狀態　　　　半乾燥狀態　　　　乾燥狀態

水分只從單側的表面蒸發　　從上面開始收縮　　在翹曲的狀態下完成乾燥

例2盤子的中央凸起、從邊緣向中心產生龜裂

磁磚或盤子等平坦的形狀，比結構性強固的球狀，更容易在乾燥上出狀況。圖2-3的盤子顯示出中心部分還很潮溼的狀態下，邊緣部分卻已經急速乾燥和收縮的例子。在這種情況下，中央部受到邊緣收縮變小變窄的關係，變得無法保持原狀，必須尋求出路，因此可能發生中央部向上凸起，或邊緣龜裂的情況。不論是快速收縮的部分，或是非快速收縮的部分，兩者都會使素坯內部產生應力。

乾燥是從邊緣開始進行，因此收縮也從邊緣開始。　乾燥終了時，邊緣上翹而形成深盤。或者中央部凸起

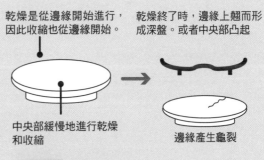

中央部緩慢地進行乾燥和收縮

邊緣產生龜裂

圖2-3 乾燥問題2（盤子）

例3用轆轤拉坯製作的茶杯底部出現S形裂縫

　　黏土粒子類似平板狀或薄紙，當施加力量時，黏土粒子會如整齊一疊的紙張般，具有朝向一定方向排列的傾向。因此轆轤拉坯成形的作品內部，其黏土粒子會沿著轆轤旋轉方向、以及施加力量的方向，呈現螺旋狀整齊排列，如圖2-4所示。在乾燥過程中，成形品整體會呈現出與轆轤拉坯的旋轉方向相反的逆向動態。此時上方或開口邊緣能夠自由地反轉，不會產生任何問題。外側部分在轆轤拉坯時重複受到加壓的緣故，使黏土變得較為緊實，因此能夠承受反轉（扭曲）的力道。但是，底部在黏土反轉之下，產生逆向動態，加上在轆轤拉坯過程中並未受到壓力，黏土的緊實度不夠，因此很容易產生S形的龜裂現象，如圖2-5所示。

　　此外，底部積留水分、切削時底部留太厚，或乾燥過程太快，以致邊緣已經乾燥但底部還很潮溼等情況，會助長S形龜裂的嚴重程度。而且問題經常出現在結構較為脆弱的地方。

圖2-4 黏土粒子朝相同方向排列的特性（配向性[Orientation]）

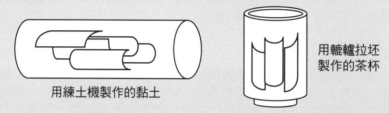

用練土機製作的黏土　　　用轆轤拉坯製作的茶杯

黏土為平板狀的粒子，因此容易朝施加力量的方向對齊

圖2-5 乾燥問題3（茶杯）

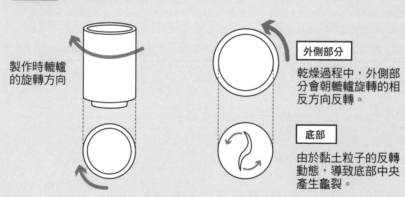

製作時轆轤的旋轉方向

外側部分
乾燥過程中，外側部分會朝轆轤旋轉的相反方向反轉。

底部
由於黏土粒子的反轉動態，導致底部中央產生龜裂。

例4 貼合厚度不同的兩個平板，其較薄的一方會裂開

　　當作品的厚度不均勻時，首先會從薄的部分乾燥收縮，厚的部分則無法跟上收縮的速度。如圖2-6所示，厚板與薄板的接觸面小，水分無法從一邊順利地移動到另一邊，兩者之間的收縮差會產生應力，結果較弱的一邊為取得平衡，就會因此產生裂縫。解決這個問題的辦法，除了使用相同厚度的平板之外，必須在邊角放置繩子加以補強，同時增加接觸面積，使水分容易移

動，當然也必須緩慢進行使之乾燥。當水分的總蒸發量多時，乾燥收縮必然變大，乾燥狀態也較為脆弱，因此，由表面積大、可吸收大量水分的微小黏土礦物所組成的黏土，會較難處理。此外，水分無法從內部順利地朝向表面移動的黏土，很難達到均勻乾燥的狀態。換言之，由結構緊密、縫隙少的微小粒子所組成的黏土，很容易發生乾燥上的問題。

單憑目測的方式，並無法判斷構成黏土的黏土礦物的粒子大小。不過，粒子愈細小則會增加可塑性，因此可塑性高且具有高黏性的黏土，乾燥時必須特別注意。

另一方面，砂質多的土或添加火砂的土，往往粒子較粗，然而去除砂子或火砂、只有黏土（黏土礦物）的部分，粒子也可能很細，因此必須特別注意。

在影響乾燥難易度的幾項要因中，請留意以下三項基本因素。

乾燥問題4（平板的貼合）

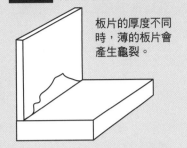

板片的厚度不同時，薄的板片會產生龜裂。

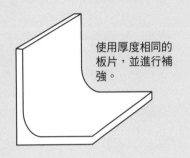

使用厚度相同的板片，並進行補強。

（a）由使用的素坯土或黏土的類型所引起的乾燥問題

調製素坯土時會受到所使用的黏土類型不同而產生差異，因此乾燥上會有微妙的變化。乾燥過程中所產生的許多問題，都源自於黏土的自然性質。黏土粒子擁有非常寬廣的表面積，因此練土狀態的黏土中，存有被水浸溼的廣大表面。當然乾燥時必須讓相同的表面，獲得均勻的乾燥程度。此外，薄片狀的黏土礦物粒子因互相黏合而形成塊狀，因此乾燥時要將滲入薄片空隙的水分，均勻地排出並不容易。添加砂粒或火砂等粗粒子的黏土，質地較為蓬鬆且多空隙，比起粒子細小、質地細密、高黏度的黏土較容易乾燥。在乾燥過程中容易發生問題的黏土，就有必要添加火砂或矽石等降黏劑（降低黏度的原料）。

（b）成形品的類型所引起的乾燥問題

成形品的類型也會影響乾燥的難易度。例如：盤子類、壺罐類、厚度是否均勻等。製作技法在某種程度上也會影響乾燥的難易度。使用水分較少的黏土，並在成形時施加壓力，使素坯的組織結實均勻，在乾燥和燒成時就能有

作品的厚度影響乾燥的難易度	作品的形狀也是影響乾燥的因素
厚度愈厚，乾燥時間也愈長。厚度不均勻時，乾燥情況也不一，並且會伴隨不均勻的收縮，內部也會產生應力，因此在結構上最脆弱的部分，就會發生扭曲變形或開裂等現象。	開口小的壺罐等球體造型，屬於結構上最結實的形狀，因此不太會產生變形。平坦的盤子和板片狀器皿，屬於最難均勻乾燥的形狀。若乾燥方法不正確，開口的杯子和碗也屬於容易產生變形的形狀。

效降低變形和開裂的風險。

（c）乾燥過程也很重要

以乾燥時可能發生的問題為例，當「內部水的移動和擴散速度」，無法跟上「從表面蒸發的速度」時，就會引起不均勻的收縮，導致作品內部產生應力。

因此，要讓整體保持在均衡的狀態，並且徐緩地進行乾燥是基本原則。工業生產的陶器會使用乾燥機以獲得均勻的乾燥狀態，並且控制溫度、溼度、送風這三項條件，使水分的移動和擴散，能與表面蒸發的速度取得平衡。調整上述三項條件，不僅能獲得均勻的乾燥，也能縮短乾燥時間。

例如：在乾燥的第一階段中，逐步將溫度提高到55℃為止，同時降低送風量，以保持溼度在85%。這項操作是為了提高製品中的水分流量（降低黏度）。此時幾乎不會引起乾燥作用。

其次是讓溫度維持在55℃，同時確保通風，使溼度降低到60～70%。在第二階段中，隨著表面的水分蒸發，內部黏度降低的水分，便能夠順利往表面移動。

最後，在第三階段中，需要在高溫低溼的狀態下完全乾燥，因此要將溫度提高到80～90℃，溼度則降低到10～15%。乾燥中的溫度不可超過100℃，否則蒸氣的壓力會使作品破裂。

（d）模擬機器乾燥的簡易方法

（c）是工業生產的乾燥方法，若加以靈活運用，就是一種快速且均勻的乾燥方法。此種方法在日照強烈的大晴天效果更佳。

1 首先將作品放置在戶外。放置在「陽光直射的地方」也沒有問題。

2 使用透明塑膠袋將作品完全覆蓋套住。並將塑膠袋的袋口，塞入放置作品的底板下方，盡量阻隔空氣進出。

3 塑膠袋不可緊密貼附在作品上，因此塑膠袋必須足夠大，確保不會接觸到作品本體。塑膠袋的狀態要如氣球般，讓袋內充滿空氣。

4 定時查看乾燥程度。當發現塑膠袋內側附著水珠時，在尚未聚集成水滴滴落到作品上之前，就要小心取下塑膠袋，將水珠甩乾，然後重新將塑膠袋套在作品上。

重複進行步驟4的作業。在防止水滴落到作品上方面，雖然也可先在作品上覆蓋報紙，再套上塑膠袋，不過，吸收水分的報紙會抑制作品的溫度上升，如此一來便會妨礙內部水的流動性，因此會降低乾燥的效果。

用塑膠袋套住作品，在陽光下曝晒的方法，等同於機器乾燥的第一階段，而掀開塑膠袋甩掉水珠，則是機器乾燥第二到第三階段的作業。換言之，就是在可行範圍內，盡量模擬機器乾燥的作業方式。

何謂注漿成型

注漿成型是將「液狀黏土（泥漿）」，注入石膏製造的模具內，用來量產陶瓷作品的技術。

此種技術大致上可區分為兩種方法。一種是將泥漿灌滿中空的模具，在經過一段時間後，將模具倒放以排出泥漿，再取出附著於模具內壁的黏土層，此黏土層即是作品的造型。另一種是模具內部的中空形狀即是作品的造型，方法是將泥漿灌滿內部空間。此時，為確保泥漿灌滿內部狹窄的所有角落，必須在灌注時施加相當程度的壓力。前者是把灌滿後的泥漿全部排出，因此稱為「注漿排漿成型」，後者則稱為「高壓注漿成型」。

例如：咖啡壺或杯子的本體等，素坯整體厚度相同的部分，可採取注漿排漿成型法製作，而附著在本體上的把手，由於具有厚度不同的部分，則採取高壓注漿成型法。此外，轆轤或機器轆轤無法製作的不規則形器皿，可採高壓注漿成型法製作。

高壓注漿成型法所使用的模具，必須承受得住壓力，因此石膏模具會採用具有強度的石膏。此外，複數的模具垂直堆疊後，會固定於專用的棚架上。石膏模具有貫通每副模具的孔洞，當泥漿從孔洞注入後，泥漿就會如河流支流般灌滿每副模具。利用加壓裝置的噴嘴軟管，讓泥漿注入最上層的模具後，可抵達最下層的模具。此時，會將最下層模具的貫通孔洞塞住。

下一頁圖表中，將解說注漿排漿成型和高壓注漿成型的作業流程。高壓注漿成型會介紹無需特殊設備也能執行的方法。

發現解膠現象

在黏土裡添加解膠劑，便可得到實際用水量極少，卻具有高流動性的泥漿，能夠灌注到石膏模具內，使作品成形。

18世紀後期，運用在法國發現的「解膠」現象，確立此種技術後，注漿成型技術便成為重要的陶瓷生產技術。

在此之前，都是使用素燒的模具、以及採取只用水調製泥漿的方法，但是水分多的泥漿會立即滲透模具，導致一副模具無法多次重複使用。不過，使用解膠劑調製的泥漿，在石膏模型被滲透以致無法使用之前，能多次重複使用。即使是模具溼了使吸水性變差的情況也是如此，乾燥後即可重複使用。

在適當管控下的模具，通常能使用200～300次，但必須避免將模具放置在窯邊等高溫環境下乾燥，因為石膏會被燒壞，模具一旦喪失吸水性就無法使用。

注漿排漿成型

1	石膏模具是由兩個或兩個以上的組件所構成。在模具組件拼合完成之後，會使用橡皮筋牢牢地綁緊固定。尤其是縱向分割為兩個組件的模具，必須在下方三分之一附近的部位，強力束緊固定。縱使是三分割或四分割的模具，也必須如圖所示，牢牢地束緊固定住。綁得不夠牢固的話，在灌入泥漿時，模具會由於泥漿的壓力而迸開。	
2	接著將調製完成的泥漿（調製方法將於後面說明）迅速地灌入，直到抵達模具開口邊緣為止。靜置一會兒，這時石膏會吸收水分，使泥漿的水位下降，因此必須添加少許泥漿。經過5～20分鐘後（所需時間會根據作品需求的厚度，或泥漿的調整狀態而改變），將模具內的泥漿倒出。模具內側會殘留附著狀態的黏土薄壁，這便是成形品。	
3	將模具上下顛倒放置。此時模具可稍微傾斜放置，讓多餘的泥漿流出。	
4	經過15～30分鐘後，當已形成的黏土層不黏稠時，可將模具翻轉回原位。	
5	模具上方類似甜甜圈形狀的部分（注漿口），屬於切割後丟棄的部分。在不損傷模具的情況下，通常會使用竹製刮刀小心地切除注漿口部分（此項作業也可在後面第六步驟的「脫模」和第七步驟的「修整」中間進行）。	
6	靜置30～45分鐘後，由於石膏模具會吸收水分，因此已形成的黏土層會收縮，以致無法附著在石膏模具的內壁上，明顯地稍微浮起鬆脫。這時便可以解開綑綁石膏模具的橡皮筋，但必須先查看確保不用花費太多力氣，就能將石膏模具的各個組件分離拆開，再小心地取出作品。	
7	作品經過一定程度的乾燥之後，便可以輕輕地刮除並修整石膏模具接合處的痕跡。石膏模具經過多次重複使用後會變得潮溼，使注漿排漿成型所需的時間變長，也使脫模作業變得困難，因此必須經過數天的室溫乾燥後，才能再度使用。（若利用窯的熱度進行高溫乾燥，會把石膏燒壞而無法使用，因此必須注意不可在太高的溫度下進行乾燥）。	

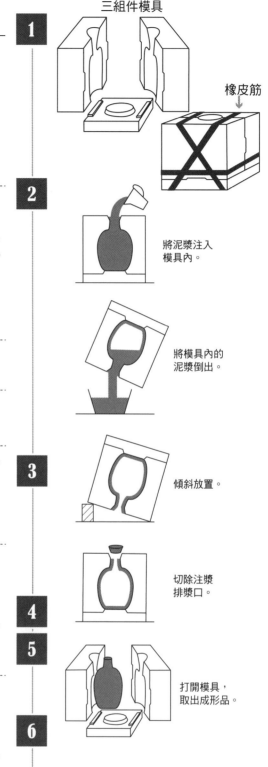

三組件模具

1　橡皮筋

2　將泥漿注入模具內。

將模具內的泥漿倒出。

3　傾斜放置。

切除注漿排漿口。

4

5　打開模具，取出成形品。

6

高壓注漿成型

1	如圖所示，石膏模具分為上下分開的組件，採取組件拼合起來使用的方式（可堆疊多副石膏模具，以高壓一次注入泥漿的模具，在模具的下方部位會有開孔。此種情況會以塊狀黏土塞住孔洞）。
2	模具上方的小孔洞稱為「注漿口」，也就是灌入泥漿的地方。用薄的壓克力板捲成漏斗狀圓錐筒，並用膠帶固定住，然後插入模具的注漿口內。周圍用黏土固定，以防止圓錐筒傾倒。此時，若在模具與黏土接觸部位塗上肥皂水，不但能防止黏土急速脫水乾燥而產生裂痕，還能避免壓克力漏斗傾倒。
3	將泥漿注入壓克力漏斗中。泥漿之所以能從小小的注漿口流入模具的每個角落，是因為注入到壓克力漏斗的泥漿重量，起到了壓力作用的緣故，因此必須注滿漏斗。靜置約30分鐘。
4	小心地將壓克力漏斗內的泥漿倒入水桶內。從模具上取下漏斗，模具則原狀靜置。
5	經過30分鐘～1小時後，徒手抓住模具，嘗試看看能否將模具分離。若無法，則等待到能夠不費力地分離模具時，再取出作品。
6	當作品處於半乾燥的狀態時（瓷土則必須為完全乾燥的狀態），便可削除模具接縫的痕跡，並用海綿擦拭修整。

1 模具由上下組件組合

2 泥漿注入口

3 壓克力漏斗
黏土

在漏斗內灌滿泥漿

5 打開模具

6 成形品

黏土的解膠機制

在注漿成型技術所使用的泥漿中添加「解膠劑」，是為了確保泥漿變成流動性大的液體狀態。若注漿成型用的泥漿，必須在不添加解膠劑的情況下進行調製時，為了達到液體狀態，勢必要添加大量的水。這種狀態的泥漿會讓石膏模具立刻吸飽水分，而無法重複使用。另一方面，因添加解膠劑而使流動性增大的泥漿，外觀上看起來會以為水分含量很高，其實含水量很少，因此不太會使石膏模具因吸收過多水分而潮溼。

黏土大多由一定大小和形狀的礦物組成，而這些礦物根據形狀的差異，可分為高嶺石、絹雲母、禾樂石等多種礦物。不過，形狀上都屬於薄片狀，總稱為黏土礦物。通常一種黏土並非僅由一種黏土礦物組成，而是由數種黏土礦物、以及微小的矽石（游離矽酸）等物質所構成。

打個比方，將十張左右的撲克牌疊成板狀物，然後將它縮小為十萬分之一，其形狀和大小就等於黏土礦物的「一個粒子」，大小約1微米（$1\mu m$）。撲克牌有圖案和數字的正面、以及翻過來的背面都帶負電荷。此種負電荷的強度，會因不同黏土礦物的性質而各有差異，但是並不會變化。

另一方面，同一副撲克牌（黏土礦物粒子）的側面則帶正電荷。此種正電荷是由於側面附著鈣、鎂、鐵等陽離子（Ca^{2+}、Mg^{2+}、Fe^{2+}）的緣故，而且這些陽離子可以與其他的陽離子，進行陽離子交換，因此粒子側面的正電荷強度會產生變化。調製注漿成型用的泥漿，正是利用黏土所具有的「能夠進行離子交換」的性質。

一個黏土粒子擁有正與負的相反電荷，因此在練土或黏稠狀態時，負電荷的表面會與正電荷的側面接合，形成類似一張張立起來的撲克牌，互相集結接合的小型「團塊狀態（卡屋結構）」，如圖2-7（a）所示。此種狀態的泥土若施加外力使其變形的話，由於粒子互相吸引接合的緣故，會產生很大的抵抗力（摩擦），其結果會使泥土呈現黏稠的樣態。這便是我們平常熟悉的黏土。

此外，這些團塊之間也存在著引力作用。這種引力並不僅限於黏土粒子而已，附近的微粒子彼此之間，也自然產生作用力。這與宇宙天體之間的引力作用相同。假若在此種黏稠狀態的泥土中再添加水分，使其成為流動性大的液體狀，則團塊與團塊會彼此分離，並隨著距離愈分開，作用於團塊之間的引力愈弱，最後逐漸被地球的引力（重力）超越，開始發生沉澱現象，但是正負電荷互相吸引的小團塊，則保持原有的狀態。混合大量水的黏土所呈現的這種沉澱現象，就是我們所熟知的黏土性質。

圖2-7（b）顯示並未增加水量，卻轉變為流動性大的液體狀，這就是「解膠後的黏土」。若在圖2-7（a）的「一般黏稠狀態的泥土」中，添加「解膠劑」的話，黏土粒子側面的正電荷會變得更強。

因此黏土粒子的正電荷面與負電荷面，雖然還是會互相吸引，但由於側面的正電荷太強，粒子與粒子接近到某種程度時，會被反作用的排斥力超越，因而維持互相不接觸的狀態。雖然處於不接觸的狀態，但是黏土粒子彼此之間並非相隔甚遠，而是在「正電荷的側面彼此之間的強烈排斥力」，與「上、下面（負電荷）和側面（正電荷）之間的吸引力」達到平衡的地方保持一定的距離，形成不即不離的狀態。在一般狀態（同圖（a））中的黏土粒子屬於「團塊狀態」，相較於此的粒子則可說是「個別狀態」。 換言之，一般狀態中形成團塊的黏土粒子，在此則成為各自分散的微粒子狀態（膠體）。

此外，如圖2-7（b）所示，由於在同一個範圍內容納了更多的粒子，因此固體愈多則水分愈少，也就是比重（濃度）變大。不可思議的是，這種泥土卻呈現出流動性大的液體狀樣態。這是由於黏土

粒子彼此拒絕接觸，滑溜地避開，所以幾乎沒有產生摩擦力的緣故。粒子之間的摩擦愈大，黏土愈明顯呈現黏稠的樣態。

這便是添加解膠劑之後，明明水量相同，但泥土卻突然變成液體狀的原因。因此，完全解膠後的液體狀泥漿中，其黏土粒子全部處於「個別狀態」。此外，互相不即不離的每個黏土粒子都非常細小

輕盈，所以解膠後的泥漿不會出現沉澱現象。關於解膠劑如何對黏土產生作用，將在p.223說明其作用的機制。該部分是進階程度的內容，請自行參閱。

圖2-7 黏土粒子的團塊狀態（卡屋結構）與個別（膠體）狀態

（a）團塊狀態（卡屋結構）

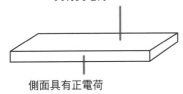

一個黏土粒子的上下兩個面具有負電荷

側面具有正電荷

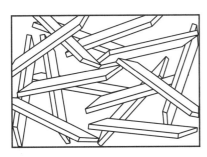

黏土粒子的表面與側面互相接合，集結成團塊狀。團塊之間產生排斥的作用力，而互斥分離。若添加水量使團塊之間的距離變大的話，就會受到重力影響，以團塊狀態沉澱。

（b）個別（膠體）狀態（解膠的黏土）

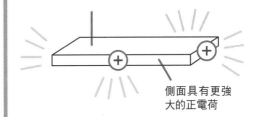

上下兩個面具有負電荷

側面具有更強大的正電荷

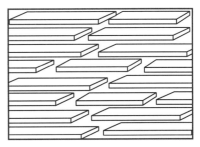

由於黏土粒子側面的正電荷變強，排斥力勝過引力，因此黏土粒子無法形成團塊狀。因為它是以微小的距離整齊排列，因此在與左圖相同的範圍內，可容納更多的黏土粒子。雖然黏土粒子彼此接近，但又會互相避開，因此流動性大。此外，微小粒子（膠體的大小）之間，存在著互相吸引的力量，而此種力量勝過重力，因此不會沉澱。

解膠劑與黏土

調製泥漿時所添加的解膠劑中，含有各種不同的物質。

解膠劑屬於電解質，在水中可分解為陽離子與陰離子（具有導電性）的物質。這些陽離子會對黏土粒子產生作用。解膠劑中含有各種不同的物質，其性質略有差異。以下針對一般的解膠劑進行說明。

無機物質的解膠劑

矽酸鈉、水玻璃

（ Na_2O 、$nSiO_2$ 或 Na_2SiO_3 ）

無機質解膠劑中最為廣泛使用的矽酸鈉，是由氧化鈉（ Na_2O ）和矽酸（ SiO_2 ）熔融後製成。根據兩者的組成比例，其成分範圍在 $Na_2O \cdot 1.6\ SiO_2$ 到 $Na_2O \cdot 4\ SiO_2$ 之間，其中解膠的最佳組成為 $Na_2O \cdot 3.3\ SiO_2$ 。

矽酸鈉屬於液體性質，根據使用時的濃度，效果會產生劇烈變化，因此使用時必須經常保持一定的濃度（比重）。一般會使用事先用水稀釋後，調整到波美（比重）30度（參閱 p.164【原注10】）的矽酸鈉。

若檢測矽酸鈉的pH值，就會發現它屬於強鹼性，而所有的無機解膠劑都屬於鹼性。矽酸鈉在水中會如下列所示，在解離[原注6]之後，分解為鈉陽離子（ Na^+ ）和 SiO_3 陰離子。

$$Na_2SiO_3 \rightarrow Na^+ \text{、} Na^+ \text{、} SiO_3^{2-}$$

薄片狀的黏土礦物側面，因吸附著某種陽離子，而帶正電荷。另一方面，同個側面稍微深入的部分，則帶負電荷（稍後說明）。矽酸鈉的 SiO_3 陰離子的作用，是滲透到深入的部分，而 Na 陽離子的作用，是把原本附著在最外層的陽離子驅逐出去，並且吸附在那個場所（化學性吸附）。

此外，未被黏土粒子吸附的剩餘 SiO_3 離子，會成為「保護膠體」（ p.59【原注7】），發揮使黏土粒子從「解膠狀態」轉變為「凝膠狀態」（水量相同的黏土，從滑溜轉變為黏稠狀態。請參閱 p.59〈黏土的凝膠機制〉）的作用。黏土中原本就含有保護膠體，因此許多黏土（有色黏土）並不適合使用矽酸鈉來解膠，但少數黏土（瓷土和可塑性差的高嶺土系列黏土）使用矽酸鈉，可獲得良好的解膠效果。

使用矽酸鈉解膠的泥漿所製作出來的作品，在半乾燥的狀態時，具有比使用其他解膠劑所做出的作品都堅硬的優點。這是由於解膠後的泥漿，喪失或減低黏性（可塑性）的緣故。此種性質會使作品變得脆弱。最明顯的缺點是，用手拿起半乾燥的作品時就容易裂開。

此外，用矽酸鈉解膠的泥漿灌滿模具內部時，最初形成的黏土層，其粒子非常細微，會妨礙水分通過，因此作品的成形必須耗費較長時間。由於黏土粒子非常微小，因此也會出現作品牢固附著在石膏模具內的現象。還有，此種泥漿呈現非常濃稠的樣態，在傾斜模具倒出多餘泥漿時較花費時間，但不太會殘留泥漿流下的痕跡。

若和碳酸鈉解膠劑比較，以矽酸鈉解膠劑調製的泥漿，不太會出現明顯的「觸變性（將解膠後的泥漿靜置一段時間，黏度會增加而形成黏稠狀態）」現象。

碳酸鈉（Na_2CO_3）

碳酸鈉為粉末狀，預先溶於水後使用。碳酸鈉和矽酸鈉不同，不屬於強力解膠劑，因此通常採用矽酸鈉75%＋碳酸鈉25%等比例調和，或與其他解膠劑搭配組合使用。採用兩種以上的解膠劑能夠彌補彼此的缺點。舉例來說，有機物含量多的黏土，搭配碳酸鈉使用，比只使用矽酸鈉具有更良好的解膠效果。此時可先將一種解膠劑加入黏土中充分攪拌後，再添加另一種解膠劑。由於碳酸鈉的效果並不強，因此部分黏土粒子會殘留前述所說的團塊狀態，使黏土具有少量的可塑性，作品在半乾燥狀態下，少部分會出現柔軟而變形的傾向。

部分黏土粒子成為團塊狀態後，這些團塊之間的空間，就成為水分通過的通道。因此石膏較容易吸收泥漿的水分，使模具內透過脫水而形成作品的過程順利進行，注漿成型所需的時間，也比矽酸鈉泥漿短。

添加碳酸鈉的泥漿，無法像添加矽酸鈉那樣獲得較大的流動狀態。因此泥漿排出之後，作品內壁會有殘留痕跡。碳酸鈉比矽酸鈉容易侵蝕石膏模具，多次重複使用後，表面會變得粗糙，模具的壽命也會稍微變短。此外，泥漿溫度若超過65℃時，碳酸鈉會開始分解，釋放出二氧化碳（CO_2），使作品產生針孔。

六偏磷酸鈉（$Na(PO_3)_6$）

這是非常強效的解膠劑，但不像上述兩種解膠劑那麼常見。

丙烯酸鈉、聚丙烯酸鈉（$C_3H_3NaO_2$）$_n$

丙烯酸鈉通常比矽酸鈉更能發揮解膠劑的效果。

另一方面，由於分子量較大，同時也具有保護膠體的功能。

剛完成注漿排漿成型的作品，其強度較大是使用丙烯酸鈉的優點，但是也有缺乏柔軟性（可塑性）的缺點，稍微用力就容易產生破裂現象。

黏土的性質與解膠劑

光從外觀上觀察，並無法了解哪種黏土適合哪種解膠劑，因此必須進行測試。

根據黏土的差異，解膠的難易度也會隨之改變。有些黏土只要添加極少量的解膠劑，就能輕易地解膠，但有些黏土則必須添加大量的解膠劑，才能獲得相同程度的解膠狀態。在極端的情況下，偶而也會出現完全無法解膠的黏土。此外，各種黏土對於解膠劑也各有其「相容性」。例如：有些解膠劑能產生流動化，但有些解膠劑卻無法的情況。

造成此種現象有幾種可能，其中包括各種黏土礦物的結晶結構差異、混入黏土中的可溶性鹽類或金屬化合物類、有機物等，所謂不純物質的存在，都是影響解膠效果的重要因素。以下將針對這些要因進行說明，不過這部分屬於進階程度的內容，初學者可直接跳到p.61〈注漿成型泥漿的調製方法〉。透過測試要說明如何找到適合黏土的解膠劑。

【原注6】解離：某種化合物分解為複數的離子，並恢復到原本狀態的現象。
例如：食鹽（NaCl）在水中解離之後，分解為帶正電荷的鈉（Na），以及帶負電荷的氯（Cl）。矽酸鈉在水中也同樣分解為兩個Na陽離子和一個SiO_3陰離子，而這些離子能發揮泥漿解膠劑的功能。

圖 2-8 高嶺石、禾樂石、葉蠟石、絹雲母的結晶結構

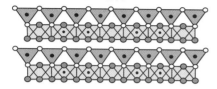

SiO₄ 四面體

Al(O,OH)₆ 八面體

○ 氧原子（O），－2價　　◉ 氫氧基（OH），－1價
● 矽原子（Si），+4價　　● 鋁原子（Al），+3價

〔高嶺石／二層黏土礦物〕

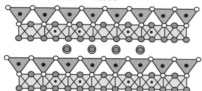

圖中僅顯示兩層的結構。若再重疊幾層，就會形成一個薄片狀的高嶺石粒子。其中三分之一的八面體中心部分裡，並不存在鋁陽離子而留下空位。

〔禾樂石／二層黏土礦物〕

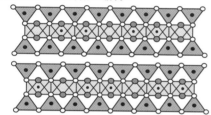

◉ H₂O

基本上，禾樂石與高嶺石具有相同的結構，只有各層之間的水分進入的地方不同而已。

〔葉蠟石／三層黏土礦物〕

葉蠟石是由三層單位構成。與高嶺石相同，其中三分之一的八面體中央部分也是空的。

〔絹雲母／三層黏土礦物〕

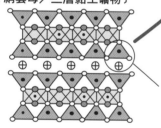

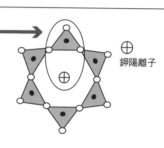

圖中僅顯示二次元（平面）的結構，若以三次元觀察一個四面體，則此四面體會與其他五個四面體連接，形成六角環狀結構，而六角環之中存在鉀陽離子。

⊕ 鉀陽離子

❶黏土礦物的結晶結構差異與解膠難易度

　　黏土的主要構成成分「黏土礦物」中，包含高嶺石、禾樂石等二層結構的物質、以及絹雲母、蒙脫石等三層結構的物質。即便是同屬於二層結構類的物質，也會因為結構上的少許差異，而直接影響解膠的難易度。接下來，要從幾種黏土礦物的結構差異進行探討（參閱p.34〈黏土礦物的結晶結構〉）。

　　首先是高嶺石的結構。如圖2-8所示，四面體的中心有4價正電荷的矽原子（Si⁴⁺），八面體的中心則帶有3價正電荷的鋁原子（Al³⁺），但是八面體中，有三分之一的部分並沒有鋁陽離子填充，而形成空位。

　　雖然禾樂石基本上具有與高嶺石相同的結構，但四面體與八面體所形成的薄片，與下一個薄片之間，有水分

子進入其中。因此，高嶺石的化學式為 $Al_2O_3 \cdot 2SiO_2 \cdot 2H_2O$，而禾樂石則為 $Al_2O_3 \cdot 2SiO_2 \cdot 4H_2O$。葉蠟石與前兩者黏土礦物一樣，三分之一的八面體並沒有鋁離子存在，不同的是葉蠟石為三層結構，而結構上最小單位的薄片，是由兩片四面體薄片和一片八面體薄片所構成。個別的黏土礦物都擁有獨特的特徵，如此一來就能夠藉此互相加以區分。

最後是絹雲母。仔細觀察絹雲母的結構，會發現四面體中央的矽陽離子（Si^{4+}、+4）的幾個離子，被鋁陽離子（Al^{3+}、+3）取代。由於離子價從+4轉變為+3，導致四面體的負離子價增加。為了解決此種電荷不平衡的狀態，六個四面體集結而成的六角形環中，會加入一個鉀陽離子（K^+）。

在蒙脫石黏土礦物中，八面體中心的鋁陽離子（3價）的物質，會被2價的陽離子（鎂 Mg^{2+} 或亞鐵離子 Fe^{2+}）所取代。此外，與高嶺石等不同的地方在於，這些位置必然會被填滿。

雖然各種黏土礦物都擁有獨自的結構，但是黏土礦物屬於天然物質的緣故，其結構經常會出現某種程度的「紊亂」。在該四面體與八面體薄片中，我們觀察到了規則性的破綻，從此觀點來說，高嶺石和禾樂石的結晶具有不規則性最小的特質。所謂的「不規則」是指帶正電荷或負電荷的原子（離子）過剩或不足，因此這種礦物會吸著外部的離子，以恢復平衡狀態。

解膠是指吸著在黏土礦物粒子側面的離子進行離子交換，因此結構上不規則性較大的黏土礦物，必須進行大量的離子交換，導致解膠變得較為困難。因此，附著鉀離子（K^+）的絹雲母較難以解膠，而高嶺石和禾樂石則較容易解膠。

正如前面所述，各種黏土具有獨特的結構，而不同的結構會直接影響解膠的難易度。一般而言，二層黏土礦物比三層黏土礦物容易解膠，如表2-1所示。

遺憾的是，僅從外觀上觀察，並無法分辨手邊使用的泥土，是由何種黏土礦物組成，也無法得知使用何種解膠劑較容易解膠。因此必須針對黏土或調和土進行解膠測試。（參閱 p.61〈注漿成型泥漿的調製方法〉）。

❷黏土中可溶性鹽類的存在會妨礙解膠效果

在所有黏土中，多多少少都含有水溶性的鹽類。雖然用肉眼很難察覺，但鹽類含量愈高，導電性也愈高。因此使用測定器檢測黏土的電導率（electrical conductivity），就能推測出鹽類的含量。

根據某項實驗結果指出，高嶺土中有50～100 ppm的可溶性鹽類，而某種次生黏土的含量則可能高達200～600 ppm。

如表2-2所示，混入潮溼黏土中的鹽類，會在水中溶解並分解為陽離子和陰離子（解離）的狀態。若兩種離子的含量多，則會形成凝膠劑的作用。例如：注漿排漿成型用的泥漿中，鈣陽離子（Ca^{2+}）的極限容許量為15 ppm。通常氯化鈣（$CaCl_2$）或氯化鎂（$MgCl_2$）的含量超過0.1％以上的黏土，就會被認為無法解膠。

此外，硫酸陰離子（SO_4^{2-}）屬於害處最大的鹽類，必須控制在10 ppm以下，但若是添加碳酸鋇或氯化鋇，便能使水

表 2-1 黏土礦物的解膠難易度之差異

黏土礦物	層狀結構	化學式	性質
高嶺石	2層	$Al_2O_3 \cdot 2SiO_2 \cdot 2H_2O$	容易
禾樂石	2層	$Al_2O_3 \cdot 2SiO_2 \cdot 4H_2O$	容易
絹雲母	3層	$K_2O \cdot 3Al_2O_3 \cdot 6SiO_2 \cdot 2H_2O$	普通
蒙脫石	3層	$Al_2O_3 \cdot 4SiO_2 \cdot 6H_2O$	困難

溶性的硫酸鹽，轉變為不溶於水的形態。換言之，如下列化學式所示，透過在泥漿中添加碳酸鋇，可使硫酸鹽轉變為幾乎不溶於水的硫酸鋇，成為無害化的物質。

SO_4^{2-}（硫酸陰離子）＋Ba^+（從碳酸鋇分解的鋇陽離子）→ $BaSO_4$（硫酸鋇）。

添加多少碳酸鋇必須視黏土中含有的鹽類種類和分量而定，通常乾燥土為100時，添加量為0.1～0.3％。此外，由於上述的化學反應是緩慢進行，因此在泥漿中添加鋇時，必須花費時間慢慢攪拌。採用此種方法可去除可溶性鹽類，以少量的解膠劑讓黏土流動化，但是也有導致解膠劑的適量範圍變窄的缺點。而且若添加過量的碳酸鋇，則會轉變為凝膠劑的作用，黏土會凝固而無法進行解膠。

❸黏土中的金屬類變解膠障礙

金屬類的氧化物或硫化物會以各種形態，自然地混入黏土之中，而這些物質對於黏土的解膠會產生很大的影響。不論是紅土或高嶺土等這類白土，必然會含有其理論化學式（$Al_2O_3 \cdot 2SiO_2 \cdot 2H_2O$）所沒有的鈣、鎂、鉀、鈦、鐵（$CaO$、$MgO$、$K_2O$、$TiO_2$、$Fe_2O_3$）等雜質。

嚴格說來，這些金屬類物質並不僅限於如上述化學式般，以氧化物的形態混入黏土中。例如：鐵除了三氧化物（Fe_2O_3）或四氧化物（Fe_3O_4）之外，也經常以硫酸鐵（$FeSO_4$）、硫化鐵（FeS_2）的形態混入黏土，並且成為Fe^{2+}或Fe^{3+}等鐵陽離子的來源。

從氯化鎂（$MgCl_2$）、碳酸氫鎂（$Mg(HCO_3)_2$）、硫酸鎂（$MgSO_4$）、白雲石（$CaCO_3 \cdot MgCO_3$）等物質，會產生鎂陽離子（Mg^{2+}）。鈣是以碳酸鈣（$CaCO_3$）、氯化鈣（$CaCl_2$）、白雲石、碳酸氫鈣（$Ca(HCO_3)_2$）、硫酸鈣（$CaSO_4$）等形態進入黏土，而成為鈣陽離子（Ca^{2+}）的來源。通常黏土中此種陽離子愈多，解膠就愈困難。

❹黏土中的有機物質也會影響解膠作用

由植物和微生物形成的有機物質，是以木質素（植物的分解物、碳）、焦油、腐植酸、單寧酸化合物等形態存在於黏土中，這些物質都會影響解膠效果。

在用水過濾黏土的精製工序中，雖然大致能篩除木質素的大粒子，但黏土中仍然有無法輕易去除的有機物。黏土的有機物中存在著已經離子化的物質，而這些物質雖然比陽離子或陰離子的尺寸更大，但是仍然有被黏土粒子側面吸附的情況。有時候並未離子化的有機物，也會出現被黏土粒子吸附的情形。此種情況下，這些物質不太容易被矽酸鈉的鈉離子（Na^+）所取代。

然而，這些有機物少量存在的時候，能夠發揮保護膠體[原注7]的機能，緩和對黏土解膠劑的敏感度，具有增加解膠泥漿安定性的效果。

總結而言，黏土中的可溶性鹽類、金屬類、有機物等雜質愈多，解膠就愈困難。因此，通常一次黏土（高嶺土）較容易解膠，二次黏土則相反。換句話說，可塑性大的黏土也較難解膠。

表2-2 水溶性鹽類與在水中的解離

水溶性鹽類	化學式與分解為陽離子和陰離子的解離
氯化鎂	$MgCl_2 \rightarrow Mg^{2+}+2Cl^-$
氯化鈉	$NaCl \rightarrow Na^++Cl^-$
氯化鈣	$CaCl_2 \rightarrow Ca^{2+}+2Cl^-$
碳酸氫鈣	$Ca(HCO_3)_2 \rightarrow Ca^{2+}+2HCO_3^-$
碳酸氫鎂	$Mg(HCO_3)_2 \rightarrow Mg^{2+}+2HCO_3^-$
硫酸鈣	$CaSO_4 \rightarrow Ca^{2+}+SO_4^{2-}$
硫酸鎂	$MgSO_4 \rightarrow Mg^{2+}+SO_4^{2-}$
硫酸鐵	$FeSO_4 \rightarrow Fe^{2+}+SO_4^{2-}$

黏土的凝膠機制

何謂凝膠

在添加了矽酸鈉等解膠劑而形成解膠狀態的液態泥漿內，若加入少量的食用醋（醋酸），泥漿會突然喪失流動性，轉變成黏稠的狀態。這種現象稱為「黏土的凝膠」，而引起此種效果的物質則稱為「凝膠劑」。

凝膠劑（例如：氯化鎂、$MgCl_2$）在水中，會分解為帶正電荷Mg^{2+}（陽離子）及帶兩個負電荷的Cl^-（陰離子）。解膠劑的矽酸鈉（Na_2SiO_3）會分解為兩個Na^+陽離子和$SiO_3{}^{2-}$陰離子，這種現象稱為解離（參閱p.55【原注6】）。解膠是指原本吸附在薄片狀黏土粒子側面的某些陽離子，與解膠劑的Na^+陽離子互相交換，但是凝膠是指其Na^+離子與凝膠劑原有的Mg^{2+}或$NH_4{}^+$離子，引起「陽離子交換反應」的現象。

其結果是黏土粒子側面的正電荷減少，而在解膠狀態下粒子側面所呈現的強力排斥力降低，導致黏土薄片狀粒子帶負電荷的上、下面，與正電荷的側面，產生類似磁鐵的吸引作用，而回到p.53圖2-7（a）的「卡屋結構」狀態。在此種狀態下，若想從外部施加力量使其移動的話，團塊之間會產生摩擦，使泥漿喪失流動性而形成黏稠的樣態。

【原注7】保護膠體：是指物質吸著膠體大小（約1μm）的水。具體而言，是指黏土中自然混入的木質素（與纖維素共同構成植物木質細胞的物質）及植物的腐植質。此外，解膠劑在水中會分解為正電荷的部分和負電荷的部分，負電荷的部分可發揮保護膠體的作用。若準備要解膠的泥漿內，存有少量的保護膠體的話，則可增加泥漿調製後的安定性。不過，保護膠體並非解膠劑的緣故，若添加量增加則會引起泥漿的凝膠作用。

凝膠劑的作用

凝膠劑中包括類似「食用醋」的外來物質、以及黏土中原本就混入的硫酸鎂、氯化鎂等水溶性鹽類（表2-2），還有木質素和碳化物等有機物。調製注漿成型用的泥漿時，是希望將黏土解膠，而非將黏土凝膠。因此若混入凝膠劑時，會增加泥漿的黏度，解膠劑的用量也會因而增加，通常會有害處。不過，若添加少量的凝膠劑，則具有增加泥漿安定度的功能。

例如：在泥漿中添加碳酸鋇，將可溶性鹽類轉變為不溶於水的形態後去除，這樣一來使用少量的解膠劑就能使黏土流動化，但是流動範圍會變窄，很容易發生突然從液體狀變成黏稠狀的情況。這種情況說明可溶性鹽類或有機物（凝膠劑）的用量，並非愈少愈好。注漿排漿成型用的泥漿並不能成為完全解膠的狀態，必須使部分的黏土粒子，以「團塊狀態（卡屋結構）」的形態殘留（參閱p.70〈泥漿過度解膠的問題及其原因〉），而凝膠劑可促進此種卡屋結構的形成。當泥漿中殘留某種程度的團塊結構時，泥漿的性質可獲得以下改善。

● 此種團塊狀態存有空隙，能確保水的通道暢通，使泥漿中的水分快速地向石膏方向移動，縮短注漿成型所需時間。

● 由於卡屋結構提供了可塑性，可減少成形品脫模後的脆弱性，並改善用手捏握時容易碎裂的性質。

● 黏土粒子側面所吸附的有機物，能降低黏土對解膠劑分量上些微變動的敏感性，具有使泥漿增加安定性和易於控制的作用（具有此種作用的有機物稱為「保護膠體」）。

順便一提，就化學上，石膏模具是由硫酸鈣組成，這種物質屬於凝膠劑。當泥

漿流進石膏模具內時，石膏會溶解並釋放出極微量的硫酸鈣到水中，使接觸到石膏表面的黏土產生凝膠現象。

換言之，引起與解膠相反的凝膠現象，使吸附（因解膠劑而附著）在薄片狀黏土粒子側面的鈉陽離子剝離，並由硫酸鈣所釋放的鈣陽離子取代，吸附在粒子側面。

這種凝膠現象，對於作品本體的成形發揮了作用。總而言之，與石膏接觸的泥漿會產生凝膠作用，黏土粒子從「個別狀態」轉變為「團塊狀態」並形成空隙，使水分容易往石膏方向移動，此時石膏表面就會留下固體（泥土）。這意味著，作品層之所以能在石膏模具內部形成，是「石膏模具的吸水」和「硫酸鈣引起部分泥漿的凝膠」這兩種機制作用下的結果。

無法反覆進行的解膠與凝膠過程

若在黏土中添加解膠劑，黏土粒子側面會吸附解膠劑，這是一種化學性吸附（吸著）的現象。將解膠後的黏土以凝膠劑替換解膠劑，也屬於化學性吸附。黏土一旦經過解膠，並將其轉換為凝膠狀態之後，縱使再添加解膠劑，也無法恢復到之前的解膠狀態。比起原先存在的解膠劑，後來添加的凝膠劑的作用力更強（優先機能），因此一旦凝膠之後，就算再添加原本的解膠劑，也無法發生作用。此外，儘管沒有以凝膠劑替換解膠劑，也無法只去除黏土中的解膠劑，因此一旦經過解膠的黏土，也不可能恢復到解膠之前的狀態。

解膠狀態與凝膠狀態之應用

在解膠狀態與凝膠狀態之間互相切換的方式，會被運用在工業生產的黏土上。例如：在使用篩子精製黏土時，由於乾粉狀態的泥土，無法通過細小的篩網，因此會在泥土中添加水分。若在這個過程中，同時添加少量的解膠劑（比調製注漿成型的泥漿更為少量），則能夠以少量的水，形成充分的流動狀態，使泥土更容易通過篩子的網目。

還有，為除去多餘的水分，泥漿會被轉移到壓濾機或石膏缽，這時可在泥漿中添加極少量的凝膠劑，使其從溼滑的狀態，轉變成黏稠的狀態。換言之，就是讓黏土粒子重新回到團塊狀態。這種泥漿原本含水量就比較少，而團塊粒子之間形成的空隙，能讓脫水變得容易，縮短乾燥所需的時間，因此比一般的泥漿更快速變成練土狀態。

注漿成型泥漿的調製方法

解膠後的泥漿中存有泥土、水、解膠劑，其適當的比例會隨黏土或素坯土的類型而產生變化。以下將從實際方法解說如何確認其適當比例，以獲得理想的注漿成型泥漿。

步驟❶確認合乎黏土的水量

針對各種不同的黏土或素坯土，必須透過測試以找出最適切的水量。第一個步驟是準備測試用的泥土。若使用的是已經調配好的市售黏土或天然黏土，便可以直接使用。不過若是自己混合各種原料所調整而成的泥土，就必須先製作成黏土。換言之，必須根據調配比例秤量原料，在容器內裝入100公克（此分量為一例）的原料。無論哪種情況，為得知相對於固體（泥土）的適當水量，泥土必須為乾粉（乾燥狀態）。在乾粉狀泥土中逐次添加少量的水，並攪拌成黏糊狀，其泥漿的狀態要比黏合茶杯的把手，或接合黏土板，再稍微硬一點的程度。泥土達到此種狀態之後，就可以測量所需的水量。例如：扣除容器的重量後為145公克（g），則表示100％（g）的乾燥土中，添加了45％（g）的水。

由於黏土有很多種類，將黏土調製到此種樣態所需的水量，也會有所不同。黏土粒子愈細微，必須浸溼的表面積會增加，因此水的需求量也會增加。一般而言，可塑性較大的陶土需要較多的水，瓷土則相反。100公克的乾燥瓷土所需的水量約40～45％，陶土則需要50％左右，尤其有機物和金屬類物質含量高的深色黏土，還可能高達60％。

步驟❷適合黏土的解膠劑用量

所有的黏土對於解膠劑都各有「偏好」，有些黏土使用某種解膠劑，可輕易地流動化，但同樣的解膠劑，對於另一種黏土則無法順利解膠。

一般而言，可塑性低的高嶺石類黏土，只要添加少量的矽酸鈉，就能輕易地解膠。相對地，可塑性高的黏土多為絹雲母或蒙脫石類，用矽酸鈉會很難解膠。在此種情況下，必須使用矽酸鈉和碳酸鈉的組合（75%+25%），同時也要增加用量。

此外，有色黏土可使用單寧酸鈉解膠。從以下測試的解說，便可了解哪種解膠劑，能使該種黏土產生流動化。

在容器內加入100公克的乾燥土，然後加水攪拌使其成為黏稠狀。此時要依據步驟1確認所需的水量。接著根據解膠劑的種類，準備相對數量的小容器。在第一個容器內，以一滴為單位慢慢添加第一種解膠劑，然後一邊激烈地攪拌，同時觀察添加到第幾滴解膠劑時，黏土的狀態才會從黏稠狀轉變為流動狀。

接著在下一個容器內，使用另一種解膠劑進行相同的測試。在以此種方式測試幾種解膠劑的過程中，能夠以最少的用量，達到最佳流動狀態的解膠劑，就是最適合該種黏土的解膠劑。運用同樣的方式，也可進行兩種解膠劑的組合搭配測試。不過，若事先將兩種解膠劑混合，有些解膠劑會硬化，因此可先將一種解膠劑添加到泥漿內，經過充分攪拌混合後，再添加另一種解膠劑。

步驟❸準備流量計

在前面的測試中，為找出所選擇的解膠劑最合適的用量，就必須使用「流量計」測量。流量計是一種有孔洞的圓錐狀容器。請參考圖2-9，可利用寶特瓶製作流量計。

使用1.5公升或2公升裝、表面較少凹凸不平的容器，用美工刀或剪刀水平切割為三等分。使用附有瓶蓋的圓錐狀部分及最下面的容器部分。然後用錐子或刀子的尖端，在瓶蓋上鑽出約3.2公釐（mm）的圓孔。必要時可使用砂紙，將圓孔的邊緣稍微打磨，以避免妨礙泥漿通過。

接著，將最下面的容器置於秤上，並秤量其重量。往容器內添加水，直到重量增加至100公克，然後用油性簽字筆在容器上，劃出100公克的水位線。這條線就代表100毫升(ml)。將容器的水倒掉，就完成流量計的製作。

步驟❹確認適量的解膠劑

接下來進行解膠劑的適量測試。重新在容器內添加乾燥狀態的泥土500公克，依據步驟1測試的結果添加所需的水量，然後攪拌到扎實的黏稠狀程度。接著添加所選擇的解膠劑0.1%（500公克的乾燥土為0.5公克）。在充分攪拌混合的同時，要一邊觀察黏稠狀態是否開始變軟，產生流動化的現象。

其次再添加0.05%（0.25公克）的解膠劑，使解膠劑的總量變成0.15%。依照這種方式，逐次添加0.05%（0.25公克），使解膠劑的總量從0.1%，增加至0.15%、0.2%、0.25%、0.3%、0.35%。但是，在添加的過程中，若黏稠狀變成奶油狀而開始流動時，就可依照下列方法測量流量。

用手指壓住流量計（開孔的容器）的孔洞，將泥漿灌入容器至八分滿左右。當攪拌不充分時，泥漿顆粒便會塞住流量計的孔洞，因此可先用篩網過濾泥漿。將此容器放在附有100毫升刻度的容器上

圖2-9 流量計

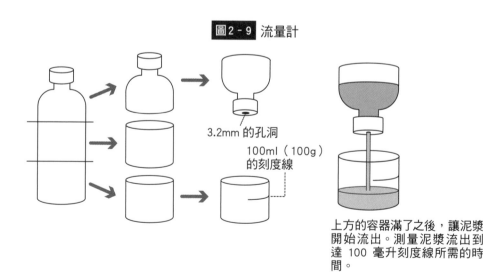

3.2mm 的孔洞

100ml（100g）的刻度線

上方的容器滿了之後，讓泥漿開始流出。測量泥漿流出到達 100 毫升刻度線所需的時間。

方15～20公分的位置，並保持1分鐘的靜止狀態。

接著鬆開手指讓泥漿流下來。這時要用具有秒針功能的鐘錶，計算流出量達到100毫升(ml)刻度線所花費的時間。這項測試是調查添加幾%的矽酸鈉，與其泥漿流出100毫升所需的時間。

將泥漿全部倒回原來的容器內。由於水量和固體量必須是固定的值，因此不可用水清洗流量計。接著添加0.05%的解膠劑，並重複剛才的步驟。在重複進行這項測試的過程中，會發現剛開始時流量會變大。換言之，泥漿流出的時間逐漸變短。但是，解膠劑的量增加到某個程度時，所需時間並不會改變。若再增加解膠劑的量，泥漿流出100毫升所需的時間，反而會逐漸變長。當出現這種「黏度上升」的現象時，就可結束此項測試。

最後，將測試結果做成圖表。在紙上畫出二軸座標。橫軸為矽酸鈉的量，標出0.05%、0.1%、0.15%、0.2%、0.25%、0.3%等數值。縱軸為泥漿流出100毫升所需的時間。標示從10秒、20秒、30秒到60秒左右。

將測試結果填入圖表，是呈現U形曲線（參閱圖2-10）。U形曲線的最低點，代表這種泥漿使用此種解膠劑，獲得最高度解膠的效果。從3.2公釐的孔洞流出開始計時，在最低25秒、最高45秒左右的範圍內，流量達100毫升左右，通常就是最為適切的狀態。花費1分鐘以上表示解膠不足。而花費不到20秒，則表示過度解膠。

此時最重要的是注漿成型用的泥漿，不可達到100%解膠的最高流動狀態。在即將完全解膠之前的狀態，屬於最適切的狀態。從圖2-10中，可以看出最初的流量變大（流出的時間變短），隨後流量變小（流出的時間變長）的現象。這個圖表顯示解膠劑的適量範圍在0.15～0.25%之間。當完成這項泥土、水、解膠劑的適量測試之後，就可以依照這個比例調製新的泥漿。

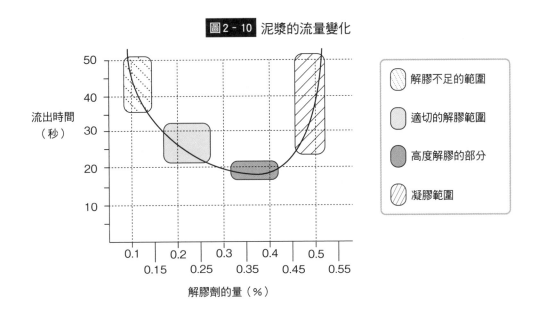

圖 2-10　泥漿的流量變化

流出時間（秒）

解膠劑的量（%）

解膠不足的範圍

適切的解膠範圍

高度解膠的部分

凝膠範圍

調製泥漿的重點

根據測試結果調製新的泥漿時,可使用已經調整為練土狀態,或陶泥(市售的黏土)狀態的泥土進行調製,或者混合乾燥原料後調製。

從乾粉原料開始調製泥漿的情況而言,將依據步驟1所測出的水量加入容器內,並添加解膠劑(測試所獲得的適切量)。此時可在倒入泥土(乾粉)的同時,一面劇烈攪拌,就能一氣呵成地製作出注漿成型的泥漿。不過,在分別添加多種原料時,必須先從可塑性較大的原料開始加入,並加以攪拌。

此外,使用練土或陶泥調製泥漿時,必須考慮其中已經含有的水量。首先秤量100公克的練土或陶泥,將其乾燥之後,再重新秤量一次,以了解泥土中的含水量。例如:100公克的練土乾燥後減為80公克,代表乾粉80公克,其餘是水20公克,因此依照比例計算,就能得知這種練土的含水量為25%。

又例如:使用10公斤(kg)的陶土製作泥漿時,若事先經過量測計算,會得出比例為8公斤的乾燥土和2公斤的水。因此,假設在步驟1的測試中,已知泥漿的必要水量為50%,那麼只要再添加2公斤的水即可。

此外,解膠劑的使用量可依據步驟4所獲得的數據,針對8公斤的乾燥土,添加適量的解膠劑。

在調製注漿成型用的泥漿時,不論使用攪拌機或手持棒子攪拌,都無法避免泥漿中混入空氣。然而,一旦泥漿中混入空氣,注漿成型的作品表面會產生許多小針孔。縱使使用海綿擦拭表面使其平整,在燒成過程中,仍然會由於其中的空氣排出而產生針孔。

處理注漿成型泥漿內混入的空氣,是件非常棘手的事情。在完成泥漿調製之後,必須讓泥漿靜置以進行除氣。若單純地靜置泥漿,必須經過3～4週後才能完成除氣。如果每天數次用棒子或板子緩慢攪拌的話,可大幅度增加除氣的速度,並可在數天後使泥漿成為可用的狀態。此外,若使用旋轉速度非常緩慢的攪拌機(1分鐘約旋轉24次)攪拌的話,花費大約24～42小時左右可完成除氣。

經過靜置已排出氣泡的泥漿,在使用過後的隔天若要再度使用時,必須再次進行攪拌。這時可使用茶渣過濾網或較粗的篩網(約30號網目)過濾,讓已過濾的泥漿流入新的容器內,然後再將泥漿灌入石膏模具。篩網的功能是過濾掉攪拌後殘留的泥塊,或去除從保管容器邊緣剝落掉入容器內的泥塊。

矽酸鈉的濃度調查

　　若測試使用的解膠劑是類似矽酸鈉的液體狀時，使用之前就必須進行濃度調整。這是因為若不經常使用濃度相同的解膠劑，在調製泥漿時，解膠劑的需求量也會變化的緣故。以下說明調整矽酸鈉濃度的方法。

　　以持有波美比重計的情況而言，首先檢查矽酸鈉未調整前的波美度（參閱p.164【原注10】）。在解膠劑中逐次添加少量的水，經過充分攪拌後，多次重複量測其比重，將波美度調整為30度。

　　沒有比重計的話，可利用牛奶盒大小的1公升容器。先量測未經調整的矽酸鈉1公升的重量。矽酸鈉的重量會由於不同廠商和產品類型而有差異。假設扣除容器重量後為1400公克。首先將這些矽酸鈉轉移到較大的容器，逐次添加水後充分攪拌。然後再度取出1公升的分量，進行重量測量。如此重複數次，將矽酸鈉1公升的重量調整為1200公克。這樣就完成矽酸鈉的濃度調整作業。

　　此外，若使用矽酸鈉做為解膠劑，則必須注意其成分。矽酸鈉的成分組合範圍從$Na_2O \cdot 1.6\,SiO_2$到$Na_2O \cdot 4\,SiO_2$，單憑外觀並無法區別其差異性。如果無法判別新購入的矽酸鈉成分，是否與以前使用的矽酸鈉相同時，請參閱p.62步驟4「確認適量的解膠劑」，再度進行測試。

以毫升（ml）取代公克（g）的方式量測解膠劑

　　在步驟4的說明中，是以公克為單位來量測解膠劑的分量，但是這種方式必須使用托盤天平的微量計測，才能獲得精確的數值。因此推薦使用滴管，以毫升（ml）為單位進行測量的方式。請至醫療器材專賣店購買無針頭的注射器（例如：TERUMO的Terumo Syringe，一次購入1毫升用和5毫升用的話相當便利，價格約100日圓）。使用這種容量單位來量測矽酸鈉這類液體，相當簡單。首先秤量手邊使用的1公升矽酸鈉的重量。例如：1公升（1000毫升）重量為1200公克時，1毫升就等於1.2公克。換言之，前面提到的0.25公克，換算成毫升就是0.2毫升。

泥漿的管理

檢查泥漿的濃度並加以確認

在此種情況下，所謂「濃度」是表示液體（水）與固體（土）的比例，也就是指「比重[原注8]」。當調製過一次泥漿後，為了下次能夠重現相同的泥漿，就有測定和紀錄該泥漿濃度（比重）的必要性。

注漿成型用的泥漿，外觀上雖呈現出水潤柔滑的液體狀，但並不代表水量很多。相反地，表面上看起來濃稠的泥漿，也不見得水量少。經過適當調整過的注漿成型泥漿為液體狀，類似生奶油般綿密黏稠，用杓子等器具從上方灌注時，其樣態就像無接縫的織帶般，滑順地不斷流出，呈現出獨特的性質。

泥漿的樣態若非如此，而呈現水分過多的稀釋狀態時，就有兩種可能性。其一可能是實際上水量過多，其二可能是解膠劑太多（過度解膠）。相反的狀況是泥漿過於黏稠的情況。也許是水分不足，或是解膠劑不夠（解膠不足）。為確認到底是何種原因，可使用比重計測量泥漿的比重，或秤量1公升泥漿的重量。

比重計是玻璃製的筒狀細管，將比重計放入液體中會垂直浮起，此時露出水面的玻璃管上的刻度值，即是比重的數值。通常陶土泥漿的比重在 1.6～1.8 之間，瓷土泥漿在 1.7～1.9 之間，都屬於正常比重。

若沒有比重計的話，可將調整過的泥漿倒入1公升的容器（利用1公升裝的牛奶盒），然後進行量測。採用這種量測方式時，扣除容器的重量後，適當數據為陶土在 1.6～1.8 公斤，瓷土在 1.7～1.9

公斤的範圍內。透過量測1公升左右的重量，就能夠判斷並調整泥漿的濃度，如表2-3 所示。

使用比重計的方法和量測1公升重量的方法，無法一概而論地說哪種比較好。雖然比重計只要放進泥漿中就能測量，非常簡便。不過，若是泥漿並未充分液態化而呈現黏稠狀時，就無法正常發揮功能。在這種情況下，則適合選擇量測1公升泥漿重量的方法。

控制泥漿的觸變性

解膠後的泥漿經過一定時間的靜置，可以觀察到大多數泥土的黏度會變大，而呈現黏稠狀的變化。這種性質稱為「觸變性（thixotropy）」。首次調製的泥漿，可在調製後先使用流量計，量測流出100毫升所需的時間，然後在24小時後、72小時後等時間點，進行定期性的量測作業。

觸變性原本就是薄片狀黏土粒子所具有的性質。當泥漿靜置時，帶負電荷的粒子表面，會被鄰近粒子帶正電荷的側面吸附，使整體的可動性（流動性）降低。這就是泥漿黏性變大的原因。

在這兩種電荷相反的位置中，負電荷部分在一種黏土礦物的黏土粒子中屬於恆定不變，但是側面正電荷的部分則非如此，縱使相同的黏土，也會由於使用的解膠劑不同而產生變化。這種性質受到「所使用的黏土類型」和「所使用的解膠劑」這兩個主要因素的影響，有時解膠後的泥漿會呈現較大的觸變性現象。

【原注8】比重（真比重）：比重 SP 等於物質的重量 W（g），除以體積 Q（cm³）」的數值。
SP＝W÷Q（g／cm³）
例如：1公升的水（占有 10 cm×10 cm×10 cm＝1000 cm³ 的容積），其重量為 1000 公克時，水的比重則為1。
1000÷1000＝1（g／cm³）
使用下列的式子，可獲得比重與波美度的換算數值。
比重＝145÷（145－「波美度」）

表2-3 解膠泥漿的診斷

1公升（L）的重量	泥漿的樣態	診斷	調整方法
1.6公斤（kg）以下	含水量過多	水分太多，固體少	在泥漿中加入黏土，控制在1.7～1.8公斤。若還是太稀，就是過度解膠
1.6～1.8公斤（正常範圍）	含水量過多。分離（表面可能有黑色微粒、底部有沉澱物）	過度解膠	為減少解膠劑的分量，可添加新的黏土和水。1公升的重量維持在1.7～1.8公斤。黏土與水的比例，用流量計測量流出100毫升所需時間，以25～45秒左右為適量。
	明膠狀	解膠劑明顯超過太多	為減少解膠劑的分量，可添加新的黏土和水。黏土與水的比例，用流量計測量流出100毫升所需時間，以25～45秒左右為適量。
1.9公斤以上	過於黏稠	過度解膠	為減少解膠劑的分量，首先添加黏土。接著逐次添加少量的水，將1公升的重量調整到1.7～1.8公斤。
		固體太多。另外可能是解膠不足	首先增加水量，使1公升的重量達到1.7～1.8公斤。若泥漿還是呈現黏稠狀態，則增加解膠劑的量。

呈現觸變性現象的泥漿，經過攪拌後會再度回到流動狀態。不過必須注意的是，通常泥漿並不會完全還原到原本的狀態，大多停留在比最初的流動性稍差的狀態。此時就必須添加少量的解膠劑。若多次重複此項操作，解膠劑會隨之增加，衍生出觸變性變得更大的問題，因此盡量調整至觸變性小的泥漿就非常重要。

圖2-11是經過解膠的泥漿A和泥漿B，隨著時間的流逝，呈現觸變性數值變大的情況。兩者的黏度都呈現逐漸變大的情況。

的現象，但是泥漿B的程度較低，因此可以解釋為適度解膠的黏土。

相反地，泥漿A在使用過程中，會需要多次追加解膠劑，以降低黏度，而當解膠劑過多時，會突然引起凝膠現象。所謂凝膠是指由於添加過多的解膠劑，使原本流動性大的泥漿，變成明膠狀的不流動現象。

如同前面的例子，觸變性不僅會發生在兩種不同的黏土上。當改變解膠劑時，同一種黏土也會呈現不同的觸變性現象。圖2-11也可以當做是同一種黏土，

添加A、B兩種不同解膠劑的結果。當然使用解膠劑B，顯然比使用解膠劑A佳。如此一來，找到在儲存過程中，泥漿的觸變性不會變大的解膠劑就很重要。

通常，可塑性高的黏土（二次黏土），由於黏土粒子表面的負電荷較強，因此往往顯示出比高嶺土更大的觸變性。一般來說，矽酸鈉屬於觸變性不會變大的類別，而碳酸鈉則相反。另外，泥漿的溫度也會影響觸變性，溫度愈高則觸變性有變大的趨向。除此之外，解膠劑添加過多的泥漿、注漿成型過程中產生的切割碎屑、以及泥漿中混入回收失敗成形品的黏土，也顯示出觸變性較大的現象。

注意水與解膠劑的比例

注漿成型泥漿需要多少水量，是根據所使用的黏土而定。雖然添加很多水量，可獲得流動性良好的泥漿，但會立即浸溼石膏模具，因此水量愈少愈好。不過，水量少時，為了獲得足夠的流動性，就必須添加更多的解膠劑。當解膠劑過多時，泥漿的凝膠化風險就變高。

換句話說，注漿成型泥漿必須同時滿足「盡量少水」和「盡量少解膠劑」，這兩個互相矛盾的要求。因此，如步驟4所述，水量與解膠劑用量的平衡，可說是最重要的關鍵。

圖 2 - 11 靜置中觸變性增大的泥漿

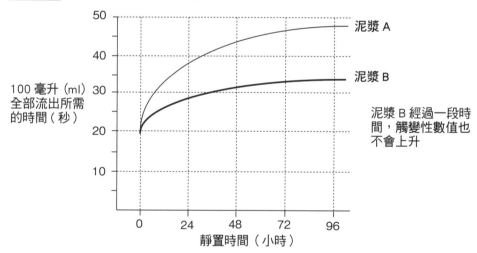

符合使用中的黏土之解膠劑條件

最重要的是找到「盡可能以少量就能發揮效果的解膠劑」，但另一方面也希望使用「效果範圍較大的解膠劑」。

圖2-12是顯示隨著解膠劑用量的增加，流量如何變化的結果。橫軸為解膠劑的用量，呈現階段性地逐步增量。縱軸為以流量計量測100毫升的泥漿，全部流出所需的時間。

曲線（a）為使用解膠劑A的黏土，曲線（b）為同一種黏土使用解膠劑B。解膠劑A屬於效果強大的解膠劑，少量使用就能獲得很大的流量。另一方面，添加解膠劑B的黏土，無法達到解膠劑A的效果，而且用量較多。乍看之下，也許會認為解膠劑A比較好，但實際上解膠劑B的適切解膠範圍較大，因此解膠劑B才是使用得心應手的良好解膠劑。

換言之，即使解膠劑B的添加量有某種程度的變動，泥漿的樣態也不會出現很大的變化。解膠劑A則相反，雖然能使泥漿呈現非常大的流動性，但解膠劑用量的適切範圍狹窄。解膠劑用量稍微不足，就會失去流動性；而解膠劑用量稍微超過一點點，泥漿反而開始凝膠化，可說是過分敏感而難以掌控的解膠劑。因此，結論是此種黏土適合使用解膠劑B。

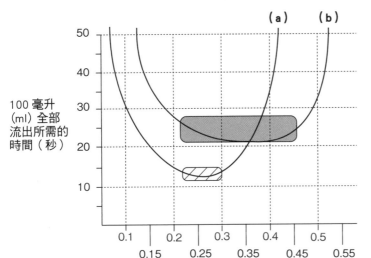

圖2-12 比較解膠劑

（a）是使用解膠劑A解膠的黏土

（b）是使用解膠劑B解膠的黏土，實驗的黏土和（a）相同

顯示低黏度的範圍寬廣

雖然可獲得更低的黏度，但範圍狹窄

泥漿過度解膠的問題及其原因

　　泥漿若未充分解膠，黏性太大而呈黏稠狀態時，就無法用來注漿成型。但也不可以過度解膠。當泥漿成為完全解膠的狀態（黏土粒子全部形成「個別狀態」而分離）時，雖然具有流動性最大（黏度最小）、以及觸變性小的優點，但也會產生下列許多問題。

注漿成型的時間變長

　　當泥漿灌滿石膏模具後，隨著石膏的吸水作用，石膏表面會形成黏土層，這就是作品形成的過程。完全解膠後的泥漿中，所有的黏土粒子都互相分離，形成非常細微的膠體，而其中最細小輕盈的粒子，會先被石膏表面吸附，形成非常緻密的第一層黏土層。這層黏土層就像防水膜一般，妨礙石膏後續的吸水作用，使所形成的黏土層很難變厚，導致作品成形所需的時間變長。

　　泥漿中黏土粒子的大小，與形成作品厚度所需的時間之間，有著明確的關連性。1微米（μm）以下的粒子愈多，形成厚度的時間也愈長。如圖2-13所示，泥漿完全解膠時，作品形成的時間就會變得太長。

圖2-13 泥漿中的細微粒子與作品形成的關聯性

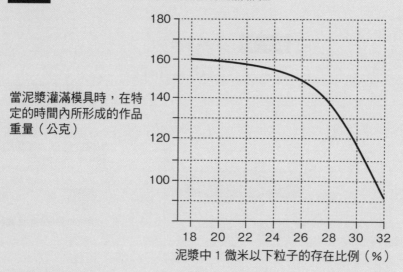

當泥漿灌滿模具時，在特定的時間內所形成的作品重量（公克）

泥漿中1微米以下粒子的存在比例（％）

不均勻的成形

　　解膠只對黏土原料（黏土或高嶺土）發生作用，素坯土中所含的矽石或長石等，並不屬於黏土原料，與解膠沒有關聯性。薄片狀黏土粒子互相接

觸形成團塊時，會在空隙中形成類似空屋的空間，而將非黏土原料的粒子封存其中。不過，假如泥漿完全解膠，使黏土粒子全部成為個別狀態時，就無法封存其他原料的粒子，這時矽石等物質就會從泥漿中分離出來而沉澱。

因此，最糟糕的情況是，當模具內充滿泥漿，沉重的粒子逐漸沉澱，成形品側壁部分形成適當的厚度之時，底部厚度則會產生兩倍厚的問題。這個時候清理泥漿的容器時，會發現底部形成沉澱物。

此外，當泥漿過度解膠時，成形品的本體會出現不均勻的現象。換言之，粒子細小的泥層最早形成，接著是中等大小的粒子形成泥層，因此與石膏接觸的一面，會形成非常細緻有光澤的泥層，但直到最後都會接觸到泥漿的另一面，則會出現粗糙的砂質感覺。如此一來，就會衍生出其他問題。當發生泥層分離的現象時，由於收縮率的差異，作品在模具中靜置的期間，就會出現龜裂情況。

脫模的問題

首先從最細微的粒子開始附著在石膏上，形成緻密的第一層泥層，並阻礙水往石膏這側順暢地移動，因此等待可脫模的時間會變長。

此外，由未經解膠的普通泥土成形的作品，由於黏土粒子之間存在著空間（卡屋結構），使得水較容易移動，因此能快速乾燥。另一方面，由過度解膠的泥漿所製作的作品，其黏土粒子會堆疊成層狀，形成內部水分難以朝表面移動的狀態。尤其是與石膏接觸的緻密表面層，會妨礙內部水分朝石膏這側通過，導致脫模的速度變慢。細微的粒子會滲入石膏表面的氣孔，使作品難以脫模。

以下介紹容易脫模的訣竅。

成形品附著在石膏模具上難以脫模時，若強行分離模具，成形品會在還沾黏於各副模具上的狀態下，被分割成兩半。除了泥漿過度解膠等來自泥漿的問題之外，石膏模具的品質不佳也是原因之一。此時若使用松節油（可在美術用品店購買）溶解滑石粉的溶液，用刷子輕輕塗抹於石膏表面後再灌入泥漿，後續就很容易脫模。不過，當泥漿流出來時，成形品會和泥漿一起剝離，因此不可塗抹在底部和灌注口。

泥漿缺乏可塑性

以使用相同的泥土進行比較，注漿成型的作品，比轆轤成型或手捏壓模成型等方法製作的作品，更缺乏柔軟性和可塑性。黏土和水混合時所呈現的「可塑性」，是由於黏土的自然狀態而產生的特性。如p.53圖2-7所示，自然狀態的黏土粒子表面和側面，會互相吸附而形成團塊狀態。若從外部對這種狀態的黏土施加壓力，水會發揮類似潤滑油的作用，使其朝所有的方向自由移動。不過，這是由於正電荷與負電荷的面，因互相吸引接合而產生阻力，也就是摩擦力，而這種「摩擦力」就是可塑性的真正本質。也就是說朝任何方向推壓黏土都能呈現柔軟變形的特性。

另一方面，黏土粒子幾乎完全不接觸，而形成個別狀態的解膠泥漿，由於缺乏摩擦力，泥漿會呈現滑動狀態，因此解膠泥漿不太具有可塑性。如果黏土粒子經過100％的完全解膠，則這種泥漿就完全沒有可塑性。因此，使用過度解膠的泥漿所製作的注漿成型作品，脫模之後只要稍微用力捏開口邊

緣，便很容易碎裂，而不是扭曲變形。

由於會產生上述各種問題，因此注漿成型的泥漿，必須讓黏土粒子的一部分，保留在團塊狀態是重要關鍵。

原料的粒子大小也很重要

我們通常很少留意自己所使用的泥土的粒子大小，但對於注漿成型的泥漿而言，原料的粒徑大小是很重要的關鍵，最細微的粒子與最粗大的粒子，尺寸差異愈小愈合適。由於石膏表面都會從細微的粒子開始吸附，如果使用粒徑大小差異大的泥漿，則成形品本體的粒度就會不均勻。

舉例來說，除了可塑性大的黏土（黏土粒子細小）之外，同時添加砂質或火砂等粗粒子的黏土，就屬於不適合做為注漿成型泥漿的原料。從這個意義上來說，以高嶺石為主體的黏土（瓷土或半瓷土），其粒子大小適中，很適合注漿成型用的泥漿。

高嶺土雖然不太具有可塑性，但注漿成型所使用的泥漿，不像轆轤成型或手捏成型用的泥土那樣，需要較高的可塑性。不過，若完全沒有添加粒子細微的可塑性原料，作品在乾燥時會缺乏物理性強度，因此這時候就有必要添加少量的可塑性黏土。

注漿成型的廢料回收再利用的極限

在注漿成型的過程中，必然會產生廢料，例如：從灌注口邊緣切除，或是脫模失敗的黏土。僅是收集這些廢料後，要再度加水使其恢復成泥漿狀態，也會因為黏稠狀態下無法排漿，或使成形品產生龜裂等因素，而無法再度當做注漿成型的泥漿。此外，即使添加解膠劑，也無法恢復到之前原本的黏土狀態。因此廢料只能在使用新的黏土，製作新的泥漿時，以添加混合的方式加以完全利用。接下來要解說為何廢料本身，無法循環再利用的理由。

矽酸鈉等大多數的無機解膠劑，雖然都屬於液體狀，但是乾燥之後就固化為樹脂狀，無法再溶於水。如果解膠後的泥漿或成形品，經過靜置乾燥之後，原本吸附的矽酸鈉也會隨之固化。由於這種固化的矽酸鈉不溶於水，因此無法「解離」為陽離子（Na^+）和陰離子（SO_3^{2-}），而且矽酸鈉原本的鈉（Na）離子的性質（強力正電荷），也會跟著消失。換言之，解膠現象已經無法再現。

吸附著固化矽酸鈉的黏土，也喪失了相當多的離子交換能力。縱使重新添加矽酸鈉，也無法完全解膠。唯有添加更大量的解膠劑，才勉強能形成解膠狀態。

在乾燥過程中，黏土粒子側面所引起的變化，屬於微觀世界中發生的變故。將乾燥的廢料放入水中，看起來與普通泥土一樣，黏土的固體本身會碎裂散開。不過，若從一個一個極微小的黏土粒子的層次觀察，在「粒子側面的離子交換」方面，廢料與未經解膠的普通泥土之間，就存在著決定性的差異。

因此，最好立刻將切削後的碎泥屑、以及脫模失敗的成形品等廢料，放

入裝水的水桶中，以防止進一步的乾燥。不過，當注漿成型的作品脫模時，可以觀察到乾燥已經進行到某種程度。可惜的是在這個時間點上，吸附的矽酸鈉的固化也正慢慢進行中。

這些已潮溼的廢土，介於解膠後的泥漿（尚具有離子交換能力的黏土）、以及完全乾燥的廢土（大幅度喪失離子交換能力）之間。因此尚可回收再利用，但僅限於下列的狀況。

首先是潮溼的廢土必須要與新的黏土混合，才能回收再利用，廢土量占整體20％左右以下就沒問題。在新的黏土中，若無限制地混入半乾燥或完全乾燥的廢土，則一定會發生問題。由於進行固化中的矽酸鈉吸附在廢土上，使得離子交換能力不足。因此進行解膠時，就必須添加比之前更多的解膠劑。

除此之外，經過一次回收再利用的泥土，二度或三度使用時，固化矽酸鈉的吸附量會變多。如此多次重複回收使用的泥土，離子交換能力也會隨之遞減。若勉強再解膠的話，就必須逐步增加解膠劑用量。重複這種回收再利用的作業，泥漿的品質會惡化，而呈現較大的觸變性。縱使再增加解膠劑的分量，也無法達到解膠效果，反而會因為過剩的解膠劑轉變成凝膠劑般的作用，導致泥漿呈現明膠狀的樣態。變成這種狀態的泥漿，不論添加凝膠劑或解膠劑，都無法產生效用。

此外，注漿成型用的泥漿，已經添加矽酸鈉等解膠劑，喪失了普通黏土的性質（例如：可塑性）。縱使將泥漿脫水成為練土狀態，也很難當做普通陶土使用。這種泥土要用來進行轆轤成型或板狀成型，也相當困難。

注漿成型泥漿必須具備的性質

總結而言，理想的注漿成型泥漿，必須滿足下列條件。

①水的用量應盡量少。
②所需的解膠劑用量愈少愈好。
③不可達到最高度解膠。
④隨著時間的流逝，也不可出現太大的觸變性。
⑤泥漿中不可出現原料分離的現象（粗的粒子沉澱、泥漿表面出現線條狀細小粒子的漂浮現象）。
⑥作品形成層的細緻外側層，與粗糙的內側層不可分離，整體上必須非常均勻。
⑦成形品不可沾黏在模具上，可輕易脫模。
⑧半乾燥狀態及乾燥狀態的成形品，必須具有適度的強度。
⑨侵蝕石膏模具的程度應小。

O2 / 何謂共熔反應

透過適當的組合比例，高熔點的原料也容易熔解

覆蓋在素坯上的釉，在燒成時會受到高溫而熔解，然後冷卻變成玻璃化。釉藥配方中的各種原料，各具有不同的熔點。形成釉藥骨架的二氧化矽，具有比一般陶瓷燒成溫度（1200～1300℃）更高的1710℃熔點，而常與之組合搭配的石灰石或氧化鋁的熔點，也各具有2572℃（CaO）、2050℃（Al_2O_3）等高熔點。不過，釉藥與這些原料透過適當的組合搭配，就能在預定的溫度下熔解。

這種化學反應稱為「共熔反應」。所有的陶器製品都依賴二氧化矽與其他輔助原料之間，所引起的反應作用。

下面的圖表是顯示100%SiO_2的矽石搭配100%Al_2O_3的氧化鋁，以不同的混合比例進行燒製，其熔解溫度所呈現的變化。這個圖表中熔解溫度最低的地方，就稱為「共熔點」，而當時的溫度就稱為「共熔溫度」。

矽石90%搭配氧化鋁10%的組合，顯示出最低的熔點，而這個溫度就是矽石和氧化鋁的共熔點。

不過應該注意的是，添加類似石灰石的媒熔劑（使釉容易熔解的原料），也不見得能使釉變得容易熔解。換言之，比適當的混合比例更少或更多的組合，都會使釉的熔解溫度上升，因此調製釉藥時，應該充分利用原料彼此之間的共熔反應。

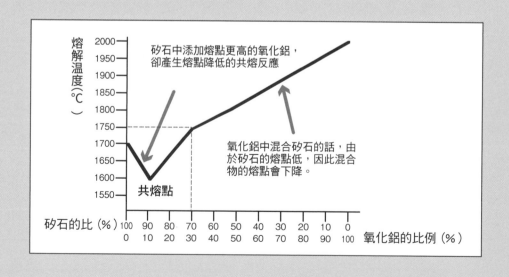

第3章

陶瓷的燒成與化學變化

◇ 燒成所引起的化學變化
◇ 燒成時物質如何變化
◇ 從熱力學的角度觀察窯燒
◇ 燒成時的變形與龜裂及其原因

燒成所引起的化學變化

製作陶瓷的最終目的，是獲得物理性堅硬的作品。成形／乾燥後的素坯的粒子，是僅僅以柔弱的力量黏合，因此為獲得必要的強度，必須以更高的溫度進行處理。窯燒（熱處理）是一種能使素坯硬度增加，提高物理性質的處理過程，而在此過程中會引起化學性／物理性的變化。

在燒成過程中所產生的此種變化，會切斷原料構成元素中的連結，然後以另一種連結方式，產生新物質等各種化學反應。此時也會產生氣體。這些一連串的變化，稱為「燒結」和「玻璃化」。

燒結是透過構成陶瓷器素坯的各種原料之間，所引起的「共熔反應」（參閱p.74專欄），以形成堅硬物質的化學反應。各種原料在比本身的固定熔點（固體狀態的原料成為液體的溫度），更低很多的溫度下，也就是以固體狀態（固相）進行的反應。

在燒結進行的過程中，此種「固相」在某個時間點，會發生「液相」反應。當然素坯燒結的目的，是希望能停留在燒結的階段，不希望引起玻璃化反應。另一方面，釉則持續到玻璃化為止。

素坯的燒結過程

在燒成過程中，每種原料都會產生不同的化學變化。在陶器的素坯中，有些僅使用一種黏土組成，但多數都是混合各種原料調和而成，因此，除了理解單一原料的素坯如何變化之外，也必須了解混合了各種原料的素坯，會產生何種變化。以下介紹典型的素坯燒結過程。

圖3-1（a）的素坯已經是乾燥狀態。原料粒子會隨著水分的喪失，形成互相接近黏合的狀態，其間存在著充滿空氣的許多氣孔。這裡舉出一個素坯僅由三種原料構成的簡單例子。

在燒成初期，高嶺土或黏土所含的結晶水會蒸發消失。若其中含有碳酸化合物，則會釋放出二氧化碳而分解。

隨著溫度上升，構成原料的分子的振動會增加，使結晶的結構開始鬆動，用電子顯微鏡觀察時，原料粒子會稍微膨脹並變得圓滑，如圖3-1（b）所示。這是因為各種原料的分解和新的結合作用已經開始進行。

這時原料之間的接觸面逐漸變寬，首先從這些接觸面上，開始進行彼此之間的元素交換，並形成新的物質。氣孔的數

圖**3-1** 陶器素坯的燒結過程

（a）生（乾燥）狀態

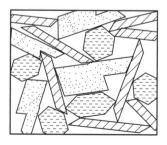

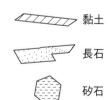
黏土

長石

矽石

（b）燒成初期

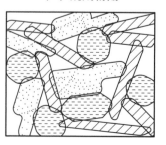

量逐漸減少，其形狀變得更為圓滑。這種一連串的反應稱為「燒結」，而且是在比各個原料熔點更低的溫度下進行。

當燒結反應進行時，會開始生成液態的玻璃，它將發揮結合素坯整體的功能，如圖3-1(c)所示。新的固體會伴隨液體（玻璃）出現。這是莫來石（$3Al_2O_3 \cdot 2SiO_2$）或矽灰石（$CaO \cdot SiO_2$）等的結晶，而這些結晶也賦予素坯強度。

這些新的結晶主要出現在玻璃化的部分，但也會從燒結部生成。其結果是，在後續的冷卻過程中，劇烈收縮的石英和方矽石的結晶量會逐漸減少，在反應過程中產生的CO_2、O_2、SO_2、H_2等氣體會散發出去。

在燒成初期，雖然游離矽酸（石英、方矽石）會膨脹，但素坯整體會隨著燒結和玻璃化的進行而逐漸收縮。就算是以同樣配方調製而成的素坯，若構成原料的粒徑細小，粒子的表面積就會相對地增加。由於彼此之間的反應，是從接觸的表面開始進行，因而促進原料之間的反應，使燒成收縮變得更大。

當接近最高溫度時，液相部分會擴大，將周圍的固體部分（燒結部分）接合起來。除了莫來石的結晶成長變大之外，也出現方矽石的結晶，而兩者都在高溫下，逐漸變成穩定的形態（圖3-1(d)）。

在燒成結束時，會殘留開放的氣孔和封閉的氣孔。封閉的氣孔存在於素坯的內部，無法與外部相通，因此只有表面上的開放氣孔能吸收水分。縱使是玻璃化良好而沒有吸水性的瓷器素坯，也並非完全沒有氣孔，其內部仍存在著封閉的氣孔。

熱變化的總結

燒製陶器的熱處理過程，是從結構具有嚴謹規則性的原料（結晶）開始進行，而產生結構不具規則性的（非晶質＝amorphous 參閱p.37【原注3】）新物質。

在燒成過程中，不論素坯或釉，燒結程度都會逐漸地增加，使玻璃化的部分擴大，而部分的釉最後也會完全玻璃化。根據燒結和玻璃化的程度，會按照「素燒作品和吸水性大的低溫陶器」、「高溫燒成的陶器」、「瓷器」的順序逐漸變大，而「完全熔解的釉」是玻璃化達到最高的程度。

素坯的原料粒子愈細，或燒成溫度愈高，玻璃相的形成會變多，燒結體的質地更為緻密。不過，玻璃相的比例過多的素坯會產生變形。

在燒成過程中，一開始素坯會先膨脹，然後再轉變為收縮狀態。一旦進入收縮階段，縱使窯內的火已經熄滅，收縮狀態依然持續進行，而通常最終會在10％以上時結束收縮。

圖3-1 陶器素坯的燒結過程

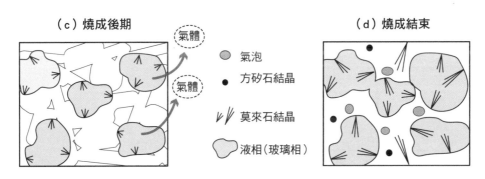

（c）燒成後期　　　　　　　　　　　（d）燒成結束

氣泡
方矽石結晶
莫來石結晶
液相（玻璃相）

燒成時物質如何變化？

高嶺土的變化

在自然環境中，大多數的黏土礦物是在一般的環境溫度下生成，其原始結構無法承受高溫。在燒成過程中，高嶺土等黏土類會喪失結晶水、有機物、水溶性鹽類等揮發性的成分，而在高溫下轉變為具有安定性的新物質。

白色黏土的高嶺土被稱為「最純粹的黏土」，因此以下以高嶺土（黏土礦物為高嶺石）做為代表性範例，說明燒成過程中會產生哪幾種變化（圖3-2）。

{1} 物理性／化學性結晶水的燒失

從高嶺土的理論化學式（$Al_2O_3 \cdot 2SiO_2 \cdot 2H_2O$）中，就可以知道它擁有結晶水（「物理性／化學性結晶水」和「化學性結晶水」）。在燒成初期階段中，作品中殘留的水分（溼氣）會先蒸發消失，接著溫度達 $150 \sim 200°C$ 左右喪失物理性／化學性結晶水。

{2} 化學性結晶水的燒失

在高嶺石的結晶結構中，化學性結晶水是以氫氧基離子（OH^-）的形態存在，並與結晶結構緊密結合，而在溫度達$400 \sim 600°C$之後就會蒸發消失。換言之，會以下列的反應式蒸發。

> OH（氫氧基＝結晶水）＋
> OH（氫氧基＝結晶水）＋ O
> $\rightarrow H_2O$（水蒸氣）＋ O_2

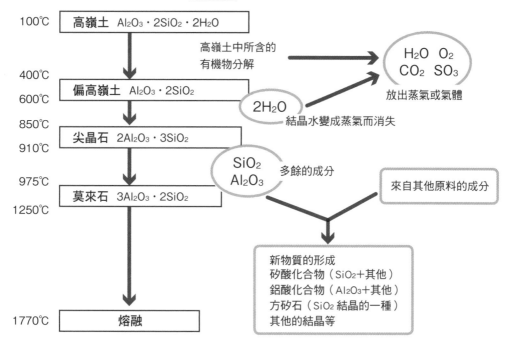

圖 3-2 熱引起高嶺土的變化

100°C	高嶺土 $Al_2O_3 \cdot 2SiO_2 \cdot 2H_2O$	
400°C	偏高嶺土 $Al_2O_3 \cdot 2SiO_2$	高嶺土中所含的有機物分解 → H_2O O_2 CO_2 SO_3 放出蒸氣或氣體
600°C		$2H_2O$ 結晶水變成蒸氣而消失
850°C	尖晶石 $2Al_2O_3 \cdot 3SiO_2$	
910°C		SiO_2 Al_2O_3 多餘的成分
975°C	莫來石 $3Al_2O_3 \cdot 2SiO_2$	來自其他原料的成分
1250°C		新物質的形成 矽酸化合物（SiO_2＋其他） 鋁酸化合物（Al_2O_3＋其他） 方矽石（SiO_2結晶的一種） 其他的結晶等
1770°C	熔融	

在結晶水蒸發散失之際，必須要有熱能，因此當燒成中達到這個溫度時，窯內溫度的上升狀態自然會減緩下來。喪失結晶水後的高嶺土，如下列化學式所示，轉變為偏高嶺土（$Al_2O_3 \cdot 2SiO_2$）。

$Al_2O_3 \cdot 2SiO_2 \cdot 2H_2O$（高嶺土）
$\rightarrow Al_2O_3 \cdot 2SiO_2$（偏高嶺土）
$+ 2H_2O$（水蒸氣）

偏高嶺土比其他形態的高嶺土，更具有多孔質的特性，同時又喪失可塑性，因此是最為脆弱的狀態。將高嶺土含量高的素坯以800℃以下的溫度進行素燒時，由於氣孔最大的緣故，吸附釉的效果很好，但另一方面，偏高嶺土的特徵是欠缺機械性強度，因此施釉時容易破損。這代表素燒時的溫度設定，必須考慮到「氣孔率」和「強度」這兩個相互矛盾的要素。

{3} 偏高嶺土的崩壞

溫度達800～830℃左右時，偏高嶺土的結晶結構會開始崩解。換言之，矽和氧所構成的四面體結構（Si-O），與鋁／氧的八面體結構（Al-O）的鏈結斷裂，在後續階段中，開始準備進行形成所謂的「尖晶石」的新物質。自此以後，燒結逐漸進行，氣孔率隨之降低。

{4} 生成尖晶石

當偏高嶺土崩解之後，溫度約在850～910℃時，兩分子的Al_2O_3與三分子的SiO_2會結合，而形成被稱為「尖晶石」的矽酸鋁（矽酸SiO_2與氧化鋁Al_2O_3結合後的物質）。如以下化學式所示，三分子的偏高嶺土變成一分子的尖晶石。

$（Al_2O_3 ／ 2SiO_2）+$
$（Al_2O_3 ／ 2SiO_2）+$
$（Al_2O_3 ／ 2SiO_2）\rightarrow 2Al_2O_3 \cdot 3SiO_2$
$（尖晶石）+ Al_2O_3 + 3SiO_2$

此外，從上面的化學式可知，過程中會分離出Al_2O_3和3 SiO_2的副產物。從這個階段開始，氣孔會逐漸地減少。

{5} 從尖晶石轉變為莫來石

溫度在975℃左右時，會產生Al_2O_3和SiO_2的副產物，並且出現從尖晶石轉變為莫來石（$3 Al_2O_3 \cdot 2SiO_2$）的變化。以下的化學式顯示從尖晶石轉變為莫來石的變化。

$（2Al_2O_3 \cdot 3SiO_2）+$
$（2Al_2O_3 \cdot 3SiO_2）\rightarrow$
$3Al_2O_3 \cdot 2SiO_2 + Al_2O_3 + 4SiO_2$

{6} 生成方矽石

高嶺土在轉變為尖晶石和莫來石的過程中，會釋放出多餘的二氧化矽和三氧化二鋁。其中的二氧化矽在溫度超過1200℃時，雖然仍屬於二氧化矽，但會轉變成稱為方矽石的另一種結構。

{7} 高嶺土的熔融

溫度在1770℃左右時，高嶺土會熔解為液體狀。

有機物的燒失

高嶺土必然含有有機物質。此外，二次黏土（次生黏土）類的泥土中，含有特別多的碳化有機物。這些物質會在溫度達300～800℃時燃燒，並以二氧化碳形態釋放出來。在這個溫度範圍內，如前述所說高嶺土的氣孔率將達到最大狀態，因此容易釋放出有機物的氣體。

碳酸化合物的分解

陶瓷器的原料會使用碳酸鈣（石灰石、$CaCO_3$）、碳酸鋇（$BaCO_3$）、碳酸鎂（菱鎂礦、$MgCO_3$）、白雲石（$CaCO_3 \cdot MgCO_3$）等碳酸化合物。這些碳酸化合物的分解，是燒成過程中所產生的重要化學變化。除了一面釋放出二氧化碳之外，也形成CaO（氧化鈣）、BaO（氧化鋇）、MgO（氧化鎂）等一氧化物（關於各原料的說明、分解溫度、分解式，請參閱p. 172〈釉藥的原料〉）。

素燒與有機物的燒失

作品進行素燒的第一個理由，是希望獲得具有硬度和多孔質的素坯，使後續的施釉作業更容易進行。

此外，低溫陶器在有機物燒失時的同溫度範圍內，會進行釉的燒結和玻璃化。這種狀態很容易使釉受到汙染，而素燒的目的就是防止此種情況發生。

在燒成過程中，高嶺土和黏土中的有機物會消失。

在素燒的溫度下，通常所有的有機物都應該會消失，但也可能出現以下這幾種有機物殘留的狀況，因此必須注意素燒溫度和素燒時間。

※與白色黏土等相比，富含金屬類物質而呈現深色的黏土，大多混入有機物質。有機物完全燃燒需要熱能和氧氣，而由細小粒子組成的黏土，由於空間被粒子塞滿，幾乎沒有空隙，因此氧氣很難滲透到作品內部。縱使溫度達到800℃以上，內部的有機物也無法完全燃燒，會殘留下來。

※裝窯方式也會造成有機物無法充分燃燒。將很多作品緊密堆疊在一起，會使熱流無法循環，導致必要的氧氣無法深入窯爐內部，因此有機物無法燃燒殆盡而殘留。

※作品厚度也會帶來影響。作品太厚時，氧氣無法滲透到內部，素燒後仍然殘留著灰色的內芯。此外，陶器的熱傳導率較小，也就是具有熱傳導較慢的特徵。雖然作品的表面溫度已經達800℃，但內部要達到相同溫度，就需要花費較多的時間，因而導致內部的有機物無法充分燃燒消失。

硫化物的分解

有些黏土會混入硫化物等不純物質，而這些物質在溫度達750～1150℃時，會分解產生一氧化硫（SO）的氣體。陶器素坯在這個溫度下，仍然存在著很多氣孔，因此氣體很容易排放出去，並且立即與窯爐內部的氧氣結合，形成二氧化硫（SO_2）或三氧化硫（SO_3）。這些物質也屬於氣體，因此從窯爐內逸出時，會散發出硫磺臭味。

二氧化矽的熱變化

一般的陶器作品都含有二氧化矽，因此必須了解二氧化矽在燒成過程中如何變化。

二氧化矽會產生兩種類型的熱變化。一種是溫度達573℃和220℃左右，所引起石英和方矽石的可逆性轉移（從 α 型轉變為 β 型，然後再回歸 α 型）。這是在化學成分上沒有變更的變化例子，轉移後的方矽石結構，雖屬於與普通結構略有不同的二氧化矽，但在二氧化矽結晶方面仍然相同。

另一方面，伴隨著化學性的變更，二氧化矽也產生變化。這是經由加熱而與素坯中的其他原料產生共熔反應，使二氧化矽的結晶狀態產生變動，並喪失原有的特性。這種原有結晶結構喪失嚴謹規則的狀態，稱為「非晶質」，也可說是二氧化矽分解後，與其他原料融合而轉變為非晶質。

在素坯加熱過程中，大多朝向「崩解」（成為非晶質）的方向發展，但是一部分也會出現反向（形成結晶）的發展。例如：二氧化矽與氧化鈣結合，生成矽灰石（$CaO + SiO_2 \rightarrow CaSiO_3$）的矽酸鈣結晶，二氧化矽與三氧化鋁（$Al_2O_3$）發生反應後，生成稱為莫來石結晶

（$3Al_2O_3 \cdot 2SiO_2$）的矽酸化合物。

當二氧化矽結晶變成非晶質，而形成新的矽酸化合物結晶時，β 型的方矽石和石英，已經無法再引起回歸到原本 α 型的轉移。不過，素坯與釉不同，並不會達到完全熔融的狀態，因此直到燒成的最後階段，某些二氧化矽結晶不會與其他原料熔合，會殘留下來，並形成方矽石的形態。這些物質會在冷卻過程中的220℃左右，出現異常收縮，成為作品冷卻破裂的主要原因。

二氧化矽與其他原料的共熔反應

二氧化矽（SiO_2）與其他原料之間的共熔反應，是最為重要的化學反應（參閱p.74〈何謂共熔反應〉）。

素坯和釉中的二氧化矽，與各種媒熔劑產生共熔反應，形成非晶質 SiO_2 和矽酸化合物。圖3-3將舉出與CaO反應，生成各種矽酸鈣化合物的例子。

素坯的燒結與玻璃化

素坯經過熱處理而硬化的現象，是指素坯中的原料之間引發了化學反應。這種硬化反應分為在固體物質的狀態下進行的「燒結」、以及生成液體的「玻璃化」等兩種類型。

燒結是發生在固體狀態的原料（構成原料的化合物）上的現象。經由「共熔反應」，各種原料在比其原本的熔點（原料單獨存在時，從固體轉變為液體的溫度）更低的溫度下開始分解，然後彼此之間產生結合，並轉變為比最初原料更硬的新物質。當各個原料仍處於固體狀態下，並產生一連串的此種反應時就稱為「燒結」。

圖 3-3 矽酸鈣的生成

原料名	矽石	石灰石	
化學式	SiO_2	$CaCO_3$	釉藥之中 加入 CaO
量 （莫耳）	1或者 2 莫耳	1、2或者3 莫耳	

混合後燒成

燒結開始溫度＝600℃ 燒結終了溫度＝1400℃
最終生成物＝各種矽酸鈣

$2CaO \cdot SiO_2$
$3CaO \cdot 2SiO_2$
$3CaO \cdot SiO_2$
$CaO \cdot SiO_2$

「玻璃化」是固體轉變為液體的現象。在熱處理的過程中，當燒結進行時會出現液體，而這種產生液相的現象就稱為玻璃化。

通常大部分的陶器素坯，在燒結階段時，有一部分會形成玻璃化的狀態。瓷器素坯的玻璃化部分更多，而釉幾乎都達到完全玻璃化的狀態。隨著玻璃化的進展，收縮和扭曲變形會愈來愈大，最終達到完全熔融的狀態。

長石是燒結與玻璃化的促進劑

長石在溫度達1150℃（鈉長石）～1250℃（鉀長石）時，會熔解變成玻璃。長石在高溫陶器的燒成溫度帶，會單獨熔解並發揮媒熔劑的機能，而與其他原料熔合在一起。這種特性與其他的媒熔劑不同。除了長石之外，多數的媒熔劑本身通常具有非常高的耐火度，不太容易

熔解，唯有透過共熔反應，才能促進二氧化矽的玻璃化。此外，長石在與其他原料組合時，一定會引起共熔反應，而且比單獨存在時更早開始燒結，大約是960～980℃左右。

長石的另一個重要性質是，熔解時會產生O_2、CO_2、H_2O、SO_2 等氣體，這也是長石含量多的釉藥，發生針孔和釉泡等瑕疵問題的原因。

瓦斯窯燒成的訣竅

　　使用液化石油氣（LP）做為燃料的瓦斯窯，其基本的燒成方法是，在燒成初期以低的瓦斯壓力供氣，隨著時間的過去，逐步少量增加瓦斯的壓力，然後再透過燃燒大量的瓦斯，增加所供給的熱量，使溫度逐步上升。

　　不過，若提高瓦斯的壓力，溫度卻不會上升時，有可能是搭配瓦斯量的空氣（氧氣）量，供應不足的緣故。

　　一般瓦斯窯會設計成可將煙囪上的排煙閥板（damper）全開，而在將風門（風閘、air damper）完全關閉的狀態下進行窯燒，以獲得氧化焰燒成的效果。在這種狀態下，熱會通過煙囪往上升，並不斷向外部排出，因此窯爐內部也形成一股朝著煙囪方向流動的熱流。換言之，在確保煙囪具有充分抽吸力的狀態下，空氣會從燃燒器與燃燒器口的空隙，被這種抽吸力牽引，而被吸入窯爐內部。當空氣與燃燒器的瓦斯混合之後，瓦斯會充分燃燒使溫度順利上升。

　　不過，若採取抑制煙囪抽吸力的操作（將排煙閥板插入煙囪內，使煙道變窄。或者適度地打開風門，吸入外部空氣而形成風簾，以抑制煙道的流量），從燃燒器周邊流入的空氣會變少。此時就算持續供給相同的瓦斯量，也就會變成「因氧氣不足，而使瓦斯無法完全燃燒，溫度也無法上升」的狀態。

　　因此，在某些溫度範圍內，故意抑制煙囪的抽吸力，以進行還原焰燒成時，溫度的上升速度總是會比氧化焰燒成時來得慢。

　　此外，即使不進行抑制煙囪抽吸力的操作，當過多的瓦斯量送入窯爐內時，流入窯內的氧氣量會變得不足，也會使溫度上升變得緩慢。在這種狀態下，若透過調降瓦斯的壓力，反而會使窯爐的溫度上升。

　　總而言之，若窯內溫度能順利逐漸上升，就代表瓦斯量和氧氣量已經達到了平衡狀態。

窯的熱效率

燒成中的素坯產生了化學變化，可說是黏土的主要成分矽酸（SiO_2）的網目狀結晶，在周圍的一氧化物（Ca、Na等）協助之下逐漸被破壞（網目到處被切斷）所致。換句話說，陶藝家將黏土原本規則嚴謹的結晶結構，經由焚燒使結晶結構破壞的做法，就像是「破壞專家」。

這種破壞需要熱能，必須進行燒成取得。在窯燒過程中，被用於提高作品本身溫度的熱量，僅占整體熱量約10%左右。在倒焰式的窯爐中，約有30～25%的熱能從煙囪流失，其餘的熱能則被儲存起來，以維持包含窯內器具（棚板和馬腳）在內的窯爐整體熱度。此外，有些熱能也會從爐壁等地方流失。

一般的陶藝爐（單獨爐）在冷卻時，會喪失所有的熱能，因此下次進行窯燒時，必須重新從室溫開始加熱。在工業陶器領域裡，為了提高熱效率，一般會採用長隧道狀的連續爐。通常這種隧道式的窯爐，入口和出口處都沒有門，能夠一眼看到窯爐深處。隧道的中央部分為燒成區，入口到燒成區為止是預熱區，溫度會逐步提高。中央燒成區另一頭的前方為冷卻區，溫度將逐步下降。

製品會被放置在台車上，以固定時間在窯爐內移動，當一輛台車從入口進入時，完成燒成過程的台車，會從相反方向的另一側出來。還有一種是在爐床上安裝緩慢轉動的滾筒，使直接放置在滾筒上的製品朝前方移動。這種隧道式連續窯中，整體供熱量的30%左右，會被用在製品本身的加熱，相較於單獨爐，能大幅度提高熱效率。

在改善熱效率方面，也進行縮短燒成時間的措施。例如：以1050℃燒成的地板磁磚，採用經過調配、可承受突然性熱衝擊的素坯，並且素坯厚度均勻。釉藥也大量使用已經預熔的原料（玻璃粉），以便能在短時間內熔解。這樣一來燒成時間僅需40分鐘。

※關於燒成的詳細內容，請參閱p.76。

從熱力學的角度觀察窯燒

素燒的過程與注意要點

❶室溫～250℃
注意失去的水分與方矽石的轉移

即使作品表面上看起來已經完全乾燥了，但採取自然乾燥時，乾燥程度無法低於環境的溼度，還是含有某種程度的水分。這些水分在燒成初期的溫度達到100～150℃時才能去除。如果這個階段的溫度急遽上升，水分會立即變成蒸氣，而蒸氣壓力就成為作品爆裂的原因。

溫度在150～200℃時，黏土和高嶺土中的「物理性／化學性結晶水」會蒸發散失。當水分蒸發散失時，必須要有能源（熱），因此可以觀察到此時窯內溫度的上升速度會自然地趨緩。此外，空氣若進入黏土中會產生膨脹，導致作品出現爆發性的破裂狀況。

溫度達到220℃左右時，素坯所含的方矽石會從「α型」轉變為「β型」。此時會出現急遽膨脹的現象，因此在這個溫度的前後階段，必須緩慢地提高溫度。尤其是使用質地細緻、可塑性高的黏土所製作的厚實作品，從開始燒成到溫度達到250℃為止的階段，必須花費2～3小時緩慢地升溫。

❷300～800℃
有機物的燒失。結晶水也全部消失

由碳化物和有機物產生的氣體，在300～900℃左右會從素坯中散發出去。這個階段裡，素坯具有最多的氣孔（隨著後續的燒結過程逐漸遞減），氣體可以輕鬆地散發出去，通常不會產生太大的問題，但是厚實的素坯或質地細緻的黏土，就必須耗費較多的時間進行窯燒。

溫度在400～800℃時，黏土礦物的結晶格子中，「化學性結晶水」會蒸發散失。高嶺土會轉變為偏高嶺土。不同種類的黏土礦物，其散發結晶水的溫度也各有差異。溫度達900℃時，滑石就會喪失結晶水。雖然不必為了讓結晶水有充分的時間，從素坯散發出去，而特地採取緩慢升溫的措施，但窯爐的升溫速度也可能會自然地變慢。此外，為了讓蒸氣容易散發出去，窯燒初期會將窯蓋稍微打開，但溫度接近500℃時就要關閉。當石英從「α型」轉變為「β型」之後的600～815℃時，可採比較快速增溫（1小時100℃左右）的方式進行窯燒。但是，若黏土中含有硫磺成分，或是較為厚實的作品，就必須盡量延長燒成時間。

❸800～850℃
通常的素燒溫度

在達到這個溫度範圍之後，素坯中的偏高嶺土（$Al_2O_3 \cdot 2SiO_2$）會開始轉變為尖晶石（$2Al_2O_3 \cdot 3SiO_2$），氣孔減少而硬度增加，與此同時素坯中的矽酸與鈉、鉀等媒熔劑會產生共熔反應。透過共熔反應進行素坯的燒結，能在800℃左右凝固，因此適合以800℃進行素燒，但是適切的素燒溫度，必須兼顧素坯的「氣孔率」和「物理強度」兩項要素。換言之，良好的素燒作品必須具有強度，而且屬於多氣孔的狀態。

然而，強度和氣孔率卻屬於互相矛盾的要素。素燒的溫度愈高，作品的強度也愈大，施釉時較容易處理，但氣孔相對少，使釉的吸收能力變差，因此必須根據素坯的類型，調整素燒溫度。陶器素坯的素燒溫度通常為800～850℃，高嶺土含量高的素坯（瓷土等）溫度更高，偏高嶺土（喪失結晶水的高嶺土，氣孔率最高，同時也最為脆弱）要轉變為更硬的尖晶石，溫度必須提高到950～1000℃左右。在素燒的整個過程中，必須提高煙囪的抽

吸力，以確保窯內的通風十分通暢。

❹冷卻過程
素燒後的冷卻過程也很重要

素燒結束後窯爐會逐漸冷卻，當溫度下降到570℃左右時，素坯中的「β石英」會回歸為「α石英」，而在溫度220℃左右時「β方矽石」會回歸為「α方矽石」。此時僅有這個部分會產生異常收縮，因此對於素坯的其他部分會造成應力，這便是作品開裂的原因，必須加以注意。事實上，在素燒已經終了、素坯喪失柔軟性的冷卻階段中，作品的開裂狀況，遠比窯爐溫度上升的階段嚴重。

本燒的過程與注意要點

若作品已經素燒過的話，將溫度快速提高到素燒溫度也沒有關係，但要達到釉藥熔解的溫度範圍，就十分耗費時間。此外，窯燒結束後的冷卻過程也很重要。

❶開始燒成～900℃
不易發生問題的溫度帶

以某種程度的快速焚燒也沒問題。如果作品已經完成素燒，除了220℃和573℃兩個敏感溫度帶之外，從燒成初期開始，也可以採取較為快速升溫的方式。

❷945～970℃
開始還原。窯內氧氣量減少

以還原焰燒成時，溫度達到950℃左右之後，要保持這個溫度約15～30分鐘，使窯內溫度均勻一致，以進行「高溫精煉」的過程，接著再進行還原焰燒成。

通常還原焰燒成的開始溫度為945～950℃，但在海拔較高的地方，會延遲到970℃左右。這是因為空氣中的氧氣濃度較低，導致窯內氧氣不足而產生大量的煙塵，使作品有吸附煙塵而變髒的可能性。採用倒焰式的瓦斯窯進行還原焰燒成時，可將煙囪的「排煙閥板」稍微插進去一點，透過抑制煙囪的抽吸力，使從窯爐下方流入的空氣（氧氣）減少。

進行氧化焰燒成時，則無須特別的操作，讓溫度自然地上升即可。

❸1000℃～最高溫度
（為方便起見設定為1230℃）
釉熔解的溫度帶

進行還原焰燒成時，從開始還原到1170℃左右時，要盡量維持還原條件的狀態。在這個階段中，釉還處於多孔質的狀態，燃料（瓦斯氣體）能夠滲透到釉的內部並奪取氧氣，導致釉產生還原反應。後續階段則定期採用中性焰（弱還原，火焰偶而從觀火孔冒出）及還原焰（火焰經常從觀火口冒出），兩種交互燒成的方式（例如：40分鐘的中性焰、20分鐘的還原焰），就能節約燃料並縮短燒成時間。

在快要接近最高溫度時，為了讓釉的化學反應順暢進行，將升溫速度調整為每小時50～100℃左右。圖3-4的燒成範例，花費12小時才達到最高溫度。之所以耗時的原因在於，相較於金屬的熱傳導，陶器的熱傳導非常慢，若急速提高溫度，外側與內部之間會產生很大的溫度差（熱梯度），作品內部也會由於膨脹與收縮程度的差異，而產生扭曲變形並衍生出其他各種問題。

在到達最高溫度時，必須暫時維持這個溫度以進行「高溫精煉」的過程。高溫精煉的目的可歸納為下列三點。

● 讓中途的化學反應結束，或讓反應緩慢地進行。

● 等待釉的表面因空氣蒸發所形成的細小火山口狀的孔洞（針孔）自然封閉。
● 使窯內溫度均勻一致。

❹窯燒結束溫度降至700℃
必須控制冷卻過程

對於釉而言，窯爐的冷卻操作非常重要。例如：特意緩慢進行冷卻的話，就能給予在分子層上發生的排列變化足夠的緩衝時間，促進結晶化的進行。因此，為了透過結晶產生漂亮的啞光釉，首先要保持最高溫度，讓釉充分熔解之後，再特意地緩慢冷卻到700℃左右。

相反地，讓透明釉急速冷卻時，可增加光澤並形成美麗的釉面。這是為了抑制在釉中生成引發失透效果的結晶物質，讓釉停留在更為非晶質（玻璃）的狀態。不過，大多數的素坯和釉，會以700℃左右為界線，開始喪失柔軟性而逐漸凝固。為了避免因急遽收縮產生應力，而引起冷裂的情形，從這個溫度開始，必須避免急速地冷卻。

❺573℃和220℃
要特別注意冷卻至573℃和220℃時

素坯中部分殘留的石英和方矽石冷卻時的「回歸轉移」（參閱p.196圖6-6），比升溫過程中的轉移風險更大。為了緩慢地度過這個階段，必須預先抑制冷卻的速度。

圖 3-4 1230℃的燒成與冷卻曲線例

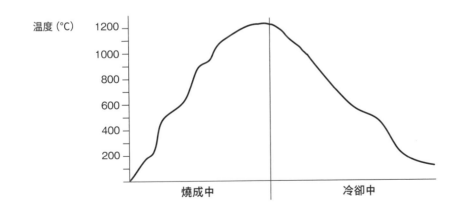

燒成時的變形與龜裂及其原因

扭曲變形與龜裂的原因

在製作、乾燥、燒成的過程中，作品會由於各種不同的原因，處於受到應力影響的狀態，這便是造成扭曲變形和龜裂的原因。以下舉出燒成中造成扭曲變形的例子。

石英與方矽石的轉移造成變形

存在於SiO_2（二氧化矽）含量高的矽石、高嶺土、黏土中的游離矽酸，經常會成為方矽石和石英的形態（參閱p.197【原注12】游離矽酸），能自由地從「α型」轉移為「β型」，並且再從「β型」回歸為「α型」。此時會伴隨著很大的膨脹和收縮現象，使素坯內部有膨脹（或收縮）的部分，與沒有此現象的部分之間，產生應力（扭曲變形）而導致素坯破裂。

請參閱圖3-5。當燒成開始時，素坯會逐漸地膨脹起來。在溫度達到220℃左右時，素坯中的方矽石開始轉變，接著在570℃左右時，石英也跟著產生比素坯其他部分更大的膨脹狀態，同時急速地改變結晶結構，從「α型」轉移為「β型」。這意味著石英和方矽石粒子的周圍，處於「被擠壓的狀態（壓迫）」，不過陶器原本就具有很強的耐力可抵抗擠壓，所以不會產生問題。

相反地，在冷卻過程中，當素坯逐漸收縮時，溫度下降到573℃左右，β石英會急速回歸到α石英。此後再下降到220℃左右，β型方矽石也會回歸為α型，同樣出現急速收縮的狀態。此時其周圍會受到來自石英粒子和方矽石粒子方向的拉扯。由於陶器承受拉扯的能力非常弱，因此會透過產生龜裂來釋放拉扯的應力。

這項問題頻繁地出現在素燒後的冷卻過程，而在本燒後的冷卻過程中出現的比例較少。這是因為以高溫燒結的過程中，素坯中的石英和方矽石結晶會熔解，導致冷卻時收縮率較大的游離矽酸變少的緣故。然而，只要素坯中殘留著某種程度的游離矽酸，燒成中仍然會產生新的

圖 3-5 燒成過程與冷卻過程的素坯所發生的變形（以方矽石為例）

燒成中的素坯

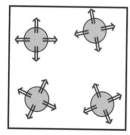

溫度達到220℃左右時，方矽石結晶會膨脹，導致周圍受到「壓迫應力」的擠壓。

方矽石

冷卻中的素坯

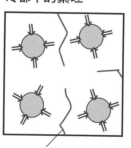

燒成後的溫度下降到220℃左右時，方矽石結晶會收縮，並拉扯周圍。素坯在這個時間點已經喪失柔軟性，因此會藉由龜裂來消除應力。

龜裂

（原注）實際上方矽石結晶並非朝著所有的方向，產生相同的膨脹／收縮。本圖為概念圖。

方矽石結晶，所以還是會帶來風險。若本燒後的冷卻速度太快，就會出現素坯破裂的狀況。

內部與表面的溫度差引起變形增大

相較於金屬，陶瓷器較缺乏熱傳導性，也就是具有熱能傳遞速度緩慢的特徵。燒成中的作品經常存在著溫度不均勻的狀態。這種不均勻的溫度將導致膨脹和收縮不均勻，因此無法避免素坯內部產生變形，而誘發作品扭曲變形和龜裂的狀況。

陶瓷器作品在燒成中與冷卻中，內部產生的扭曲變形並不相同。以圖3-6的磁磚為例。當窯內溫度逐漸上升時，首先會從表面開始變熱，表面顯示出較大的膨脹狀態，而尚未達到與表面溫度相同的內部，則呈現膨脹較小的狀態。因此，表面受到無法同步膨脹的內部影響，在自由行動受到抑制的狀況下，承受了擠壓（壓縮）的力道。相反地，內部則受到先行膨脹的表面牽引，呈現被拉扯伸展的狀態。

另一方面，在燒成後溫度下降的過程中，表面反而比內部先逐漸冷卻和收縮。表面在受到收縮遲緩的內部影響下，呈現被拉扯伸展的狀態，這時內部則受到表面收縮動態的強制性連動，承受來自兩側向內壓擠的力量。

觀察上述兩種情況，會發現「升溫中的內部」和「冷卻中的表面」，會呈現拉扯伸展的狀態。陶器對於被壓縮的力量，具有較大的抵抗力，但是對於被拉扯伸展的力量，則相對的非常脆弱。在這種狀況下，上述兩個部分發生龜裂的可能性較大。不過，通常在「升溫中的內部」不會產生問題，而是在「冷卻中的表面」上發生龜裂現象。以下說明其理由。

在衡量一個陶器作品的「結構性強度」時，會發現表面和邊緣比內部更為脆弱。這是由於邊緣和表面屬於結構連續性被切斷的地方，內部則相對屬於結構具有連續性的地方。一個器皿為了釋放造成裂縫與龜裂時所承受的應力，必然會選擇結構上最脆弱的地方。因此，在兩者（表面與內部）都承受拉扯伸展的力量時，當然表面會比較容易被破壞，內部則能夠持續承受應力。

此外，完成燒成的陶器幾乎已喪失「伸縮性」，因此無法承受冷卻中所產生的「內部變形」應力。這便是燒成後冷卻中的作品，為何會比正在燒成中的作品，更容易破裂的原因。

圖3-6 升溫時與冷卻時，內部變形的差異（以平板狀作品為例）

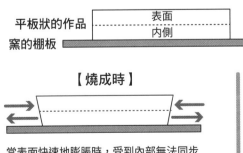

當表面快速地膨脹時，受到內部無法同步膨脹的影響，表面會受到來自兩側的擠壓（壓縮）力量。相反地，內側則受到表面先產生膨脹的影響，呈現被拉扯伸展的狀態。

表面逐漸收縮時，受到內部無法同步收縮的影響，呈現被拉扯伸展的狀態。相反地，內側則受到表面收縮的影響，呈現從兩側強制性擠壓的「壓縮狀態」。

注意素坯在素燒冷卻中的變形

所有的黏土在生土狀態時都擁有結晶水，並在素燒的燒成中喪失水分。黏土礦物的種類很多，因此結晶水蒸發散失的溫度也各不相同，通常是在150～200℃及400～600℃兩個階段喪失結晶水。由於這種現象需要熱能，因此黏土（素坯）會從周圍吸收熱能，以致經常造成窯爐的溫度上升變得遲緩，如圖3-7。

巧合的是上述這兩個喪失結晶水而緩慢升溫的溫度帶，與素坯中的方矽石轉移（220℃左右），和石英轉移（570℃左右）時的兩個敏感溫度帶重疊，因此無意間也達到了與緩慢地進行窯燒相同的結果，能夠抑制素坯因轉移而引起急遽的變形，並減少產生龜裂的風險。

與此對照的是，在素燒燒成結束後的窯爐冷卻過程中，素坯已經沒有結晶水了，這時由於石英和方矽石的回歸轉移，就會引起急速的收縮狀況。換言之，除了石英和方矽石之外的素坯部分，在這兩個有「拉扯伸展」風險的溫度帶上，已經無法獲得溫度調整的支援，因此發生裂痕的可能性很高，如圖3-8。也就是說通常在冷卻過程中，增加內部變形的要因變得較多。

產生變形的其他要因

在結束燒成的素坯內部，燒結狀態的部分和玻璃化的部分會混合在一起，但兩者的收縮率並不相同。因此，若與不太會形成玻璃狀態的低溫燒成的陶器比較，高溫陶器必然會由於「內部扭曲變形」的因素，更容易產生變形和龜裂的問題。

圖 3-7 素燒燒成中的升溫曲線

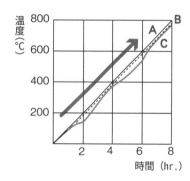

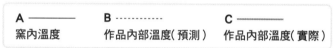

A ———	B ------------	C ———
窯內溫度	作品內部溫度（預測）	作品內部溫度（實際）

假設以圖中 A（細線）這樣，平均升溫的方式進行素燒燒成。陶瓷器的熱傳導較慢，需要一段時間，熱能才會傳導到內部深處，因此作品內部溫度變化，較可能是比 A 稍微低的 B（虛線）。不過，溫度達到 150～200℃和 400～600℃時，結晶水會從黏土蒸發散失並吸收熱量，使升溫速度自然變遲緩，因此實際上作品的溫度會呈現 C 曲線（粗線）狀態。由於升溫變得遲緩的時期，與方矽石和石英的轉移溫度（220℃和 573℃）重疊，因此意外地這兩個敏感溫度帶是緩慢地升溫，降低因急遽的熱膨脹導致破裂的可能性。

圖 3-8 素燒燒成後的冷卻曲線

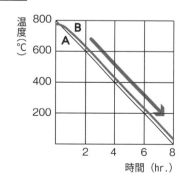

A ———	B ———
窯內溫度	作品內部溫度

當溫度達到 800℃時，素燒燒成就結束了，但作品內部溫度並未達到 800℃。假設窯內溫度如圖中 A（細線）這樣平均地下降冷卻。雖然作品內部的溫度也會隨著下降，不過會如 B（粗線）這樣，在保持比窯內溫度 A 稍微高的溫度下逐漸冷卻。

由於素坯已經不再含有結晶水，若以平均溫度下降時，石英和方矽石就無法緩慢地通過從 β 型，轉移回歸到 α 型的溫度帶。因此素燒作品破裂的危險性會增高。

作品形狀也分為扭曲變形較強及較弱的類型。例如：平板狀、磁磚、盤子等平坦且寬大的形狀，由於受到扭曲變形的應力，會集中在一個方向，因此較為脆弱。還有與窯的棚板接觸面積愈大，面臨膨脹／收縮時的摩擦（抵抗）也愈大。由於此種類型的素燒較容易破裂，為了減少與棚板的接觸面積，裝窯時可採垂直放置的方式。另外點燃一個燃燒器任其燃燒，讓溫度慢慢冷卻，就能減少破裂的情況。此外，開口小的封閉型壺等球狀作品，屬於較不易扭曲變形的形態。

圖3-9顯示內部產生的扭曲變形，來自於作品形狀的差異。此為集中與分散的例子。這裡將圖3-9（a）的四角形與（b）的甜甜圈形簡略化，並以二次元圖形進行比較。假設兩者皆以（c）（d）分割為幾個區段。

每個區段中有一個方矽石結晶。假設就是正在收縮的（e）。各個區段都受到影響而朝著方矽石的方向被拉扯。因此，相鄰的兩個區段之間就產生分別被朝著反方向拉扯的分界線（f），只有在這個分界線上產生的龜裂，使各個區段能夠朝自己的方向移動（g）。甜甜圈形狀則相對減少這種移動。換言之，分界線雖然朝著別的方向被拉扯移動，但是這種移動並非朝著垂直的相反方向，因此力量會被分散而不容易破裂，如圖（h）所示。

扭曲變形的程度也會隨製作技法而有所增減。製作時若強制施加太大的壓力，受到壓力的部位在後續作業中就會產生變形或裂開。作品厚度不均勻時，在乾燥中或燒成中也會產生變形。

總而言之，燒成中的作品無論如何都難以避免產生扭曲變形。換言之，所有的作品在燒成過程中都會產生變動。凡是這種變動超過極限，或是作品無法承受此種變動，就會破裂或產生裂縫。

圖 3-9 由不同作品形狀引起的內部變形，集中與分散的例子

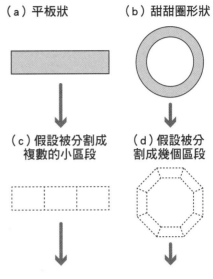

（a）平板狀　　　（b）甜甜圈形狀

（c）假設被分割成　　（d）假設被分
複數的小區段　　　割成幾個區段

（e）各個區段中有一個收縮中的
方矽石粒子

（f）各區段受到方矽石的影響，
朝著方矽石的方向被拉扯。

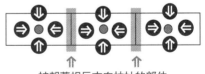

被朝著相反方向拉扯的部位

（g）被施加應力的部分，
必然會產生龜裂

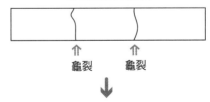

龜裂　　　龜裂

（h）施加應力的方向被分散掉

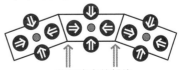

施加應力的部位

91

O3 / 何時會破裂？

在素燒過程中破裂，或是釉燒完成的冷卻過程中破裂

　　從完成本燒燒成的窯爐取出的作品，若出現破裂或裂痕的情況，只要仔細觀察就能大概判斷是哪個階段出了問題。若是直線形的裂縫，邊緣會銳利到可能割傷手指，裂縫中並無釉滲入，就代表這個瑕疵是在釉已經凝固的階段，也就是發生在窯爐溫度相當低的冷卻過程中。這是由於周圍未熔解而殘留在素坯中的石英，或方矽石結晶，在溫度下降到相對應的轉移溫度（ 573℃和220℃ ）時，從「β 型」轉移為「α 型」之際，就會產生很大的收縮量。

　　另一方面，若裂縫的邊緣呈圓滑狀，或釉覆蓋其上，或滲入裂縫裡，就表示在釉熔解之前，裂痕已經存在。也許是素燒時就已經裂開，在沒發現的情況下上了釉並入窯，也可能是在本燒燒成的過程中，釉在熔解之前就破裂了。

　　換言之，

素燒升溫中	素燒冷卻中	釉燒升溫中

　　無論發生在上述哪個階段，就如前面所述，陶瓷器在冷卻過程中，比在升溫過程中更容易破裂，因此在素燒冷卻中產生裂縫的可能性最大。素燒作品中的裂痕非常細微，很容易被忽視就上釉，因此經常在燒成後才發現。

第 **4** 章

釉藥的基本與配方

◇ 何謂釉藥
◇ 釉藥的熔融
◇ 釉藥成分的三要素與功能
◇ 根據三角座標的釉藥配方測試
◇ 何謂塞格式釉方
◇ 透過塞格式釉方能了解什麼？
◇ 塞格式釉方計算
◇ 塞格式釉方何時發揮功能
◇ 何謂透明釉
◇ 何謂不透明釉（失透釉）
◇ 釉藥的呈色
◇ 色釉的著色劑與配方
◇ 調製釉藥

何謂釉藥

在化學組成上，陶瓷器的釉藥（釉）與窗戶玻璃或玻璃容器非常相似。一般玻璃的主要構成要素，是形成玻璃本體的二氧化矽（SiO_2）、以及做為媒熔劑（助熔劑）的氧化鈉（NaO）。釉藥同樣也使用含有形成玻璃的二氧化矽原料，媒熔劑除了使用氧化鈉之外，還使用含有氧化鉀（K_2O）、氧化鈣（CaO）、氧化鎂（MgO）等原料。不論是熔解的玻璃或釉藥，兩者都屬於不具備一定結晶結構的非晶質（非晶體）。

雖然玻璃和釉藥的化學成分和結構很相似，但主要差異在於「在熔解的玻璃狀物質中，存在著賦予黏性的氧化鋁（Al_2O_3）」。在平板玻璃和瓶子等玻璃中，只含有極微量的氧化鋁。玻璃在製造過程中處於熔解狀態時，會變成黏度很低、非常容易流動的狀態。因此氣體很容易從熔解的液態玻璃中排出，形成內部沒有氣泡的透明玻璃板。

另一方面，陶瓷器的釉中則含有大量的氧化鋁。即使是透明釉，若使用放大鏡觀察釉藥累積較厚的部分，就會看到許多無法從釉排出的微小氣泡，被封閉在裡面，也會發現釉在熔解時黏度較高。因此，釉即使是完全熔解的狀態，也不會流動而會附著在素坯上。

釉藥的分類

釉藥可根據外觀、熔解溫度、使用原料等各種要素進行分類。例如：以外觀分類可分為透明光澤釉、不透明光澤釉（乳濁）、不透明無光澤釉（啞光）等。以燒成溫度分類，可分為低溫釉、中溫釉、高溫釉。以使用原料分類，可分為玻璃粉（frit）釉、非玻璃粉釉、長石質釉、鹼釉、石灰釉、硼酸釉、鉛釉等。

本章節以燒成溫度和使用的媒熔劑為主，介紹「低溫釉」、「中溫釉」、「高溫釉」的分類。

〔1〕 低溫釉

低溫釉是使用鉛化合物或其他替代原料，做為主要媒熔劑的釉。長久以來，對於這些釉而言，鉛丹（紅丹、Pb_3O_4）和一氧化鉛（PbO）是最重要的媒熔劑。傳統低溫釉最簡單的配方，是在PbO 50 %+SiO_2 50 %到PbO 25 %+SiO_2 75 %的比例之間，再添加少量的石灰石等副原料。

這種類型的釉具有熔解溫度範圍非常寬廣的特徵，經常在700℃以下就開始熔解，而達到900℃時仍然不會流動。由於鉛具有毒性，現今都以鉛系列、硼系列、鹼系列等各種「玻璃粉（參閱右頁）」替代。不過，這些替代原料的燒成溫度會稍微上升，釉藥熔解的溫度範圍較為狹窄。

〔2〕中溫釉

中溫釉的主要媒熔劑是以硼砂（$Na_2O \cdot 2B_2O_3 \cdot nH_2O$）、硼酸（$B_2O_3 \cdot 3H_2O$）、硬硼鈣石（$2CaO \cdot 3B_2O_3 \cdot 5H_2O$）等硼化合物替代，屬於不需要使用鉛的釉藥。

前述三種原料之中，前兩者屬於水溶性，必須以硼系玻璃粉的形態使用，但是硬硼鈣石屬於非水溶性，可直接放入釉藥中使用。中溫釉的熔解範圍約1000～1150℃，通常使用在添加白雲石或滑石等，被稱為白雲陶器的白色素坯上。

{3}高溫釉

在1200℃以上的高溫才會熔解的釉藥稱為高溫釉。這種類型的釉藥可選擇各種原料做為媒熔劑，不必依賴水溶性原料。媒熔劑最重要的原料，是含有不溶於水形態的鈉（碳酸鈉）和鉀的長石。

除此之外，也使用石灰石（碳酸鈣）、菱鎂礦（碳酸鎂）、碳酸鋇、碳酸鋰、鋅白（氧化鋅）、滑石、白雲石等原料。

上述原料幾乎都屬於非水溶性，能夠將做為媒熔劑元素的鈣（Ca）、鎂（Mg）、鋇（Ba）、鋰（Li）、鋅（Zn）等原料，添加到釉藥之中。

玻璃粉

氧化鉛（Pb_3O_4、紅丹、鉛丹）和碳酸鉛（$2PbCO_3 \cdot Pb(OH)_2$）等鉛化合物，在低溫釉中能做為效果極佳的媒熔劑，形成光澤明亮的優良釉。若不小心進入人體，就算只是一丁點的量也會產生很大的毒性。

「鉛系玻璃粉」是將鉛化合物和矽石等原料，在1260〜1500℃的高溫下熔解為玻璃狀態，經過冷卻之後，再進行粉碎／粉末化。這種材料能夠將溶解出的鉛量，壓低到極少量，是目前取代生鉛化合物的合成原料。

此外，還有硼酸、硼砂、碳酸鈉、碳酸鉀、氯化鈉等，這類既是非常優良的媒熔劑，又屬於水溶性的鹼性原料。若直接使用在釉中，會形成不穩定的釉藥。其原因是硼酸等原料，在調和之後的釉藥水中，一部分會被溶解，施釉時會隨著素坯吸收釉的水分，從釉轉移到素坯上。由於殘留在素坯上的乾燥釉層中，這些原料會變少，導致釉的成分與原本的成分，有著些許差異。

除此之外，這些吸溼的素坯在乾燥過程中，水分必然會從器皿的表面和邊緣蒸發，因此溶解了水溶性原料的水分，通常會呈現從器皿的中心部位，朝表面單一方向移動的狀態。雖然水分到達表面和邊緣時會蒸發，但是硼酸和碳酸鈉等原料並不會蒸發，而是會殘留並凝聚在器皿的表面和邊緣。若將這些素坯裝入窯內進行燒成，當釉熔解時，釉的熔解力便會使積聚在表面和邊緣的這些原料，再度向釉方向移轉，導致這個部分的釉熔解狀況出現異常，或使發色產生變化。

這些水溶性原料若與矽石等放入窯爐內，形成熔融的玻璃粉時，就會轉變為非水溶性，可使用在釉上。這些類型的玻璃粉可大略分為「硼系玻璃粉」和「鹼系玻璃粉」，但也能調製成結合兩者的「硼酸鹼系玻璃粉」、「與鉛組合的硼酸鉛系」，或是添加失透劑的「鋯石玻璃粉」等，有各式各樣的玻璃粉材料。

不使用玻璃粉而混合生原料調製而成的釉，在達到熔融狀態之前的燒成過程中，會產生各種化學變化。然而，玻璃粉屬於已經結束此種化學反應的材料（已經熔解過的材料），因此當做釉原料使用時，可以跳過生原料需要經過的反應過程，在相當低的溫度下就會開始熔化，發揮優良媒熔劑的功能。此外，由於「已經結束排出氣體等化學反應」的緣故，可呈現圓潤光澤的美麗外觀，因此是廣泛使用於量產陶器的釉原料。

釉藥的熔融

幾乎所有的固體物質，都具有規則嚴謹的結構（結晶結構），但是放入窯爐內提高溫度時，固定的結晶結構會出現逐漸鬆弛的狀態，在達到某個溫度時，就會完全喪失結構的規則性。這個時候，肉眼會看到「熔解成為液體狀」。這種從固體轉變為液體的溫度稱為「熔點」，而這種缺乏規則性和對稱性的結構狀態，則稱為「非晶質（非晶體）」。

通常，物質在「熔解」狀態中，具有黏性變低、幾乎呈現「液體狀」的特徵。若加以冷卻，曾經被破壞的結構會自行修復，並在熔點以下再度恢復為規則嚴謹的結構。換言之，液體結晶後會再度恢復為固體物質。例如：水的熔點為 0℃，

熔點以下為固體（冰）；熔點以上為液體（水），可以相互進行可逆性的轉移。

不過，某些物質（二氧化矽、三氧化二硼、五氧化二磷等）熔解時，會變成黏性非常大的液體。若急速冷卻，會妨礙再結晶化的過程，以致在無法恢復原本規則性的結構（固體），也就是仍然處於非晶質的狀態下就固化。陶瓷器的釉藥和平板玻璃，在熔解後的冷卻階段也會產生這種現象。換句話說，雖然釉藥在室溫下呈現固體狀態，其實並非真正的固體，而是在物理化學上，被認為是黏度非常高的液體。請參閱圖 4-1。

圖 4-1 釉是堅硬的液體（概念圖）

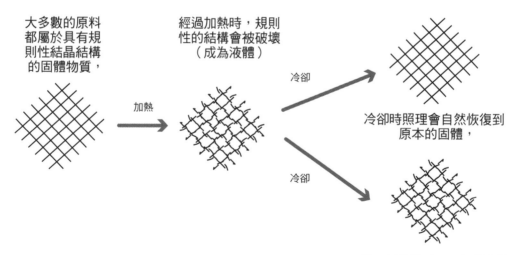

大多數的原料都屬於具有規則性結晶結構的固體物質，

加熱

經過加熱時，規則性的結構會被破壞（成為液體）

冷卻

冷卻時照理會自然恢復到原本的固體，

冷卻

但二氧化矽（SiO_2）卻在被破壞的結構下直接固化

釉藥的主要成分為二氧化矽

　　釉的主要成分為二氧化矽（SiO_2），而做為釉藥原料的矽石，其成分中有90%為二氧化矽，因此接下來會針對矽石加以說明。

　　在自然狀態下，矽石是以三次元方式擴展的規則性網目狀結晶，在其微小的結構中，也重複著與大塊結晶相同的形態。矽石結晶的最小單位，是由一個矽原子（Si）與圍繞在周圍的四個氧原子，所形成的四面體。參閱圖4-2（a）～（e）。

　　這一個四面體與鄰近的四面體，互相連結為六角形的環狀，變成中央有六角形孔洞的網目狀（f）、（g）。然後這個網目朝著上下左右的方向，進行無數次的相互連結，並以三次元的方式擴展，形成一粒矽石的結構。

　　這裡補充說明，兩個鄰近互相結合的四面體，會以共享一個氧原子的方式連結，如（f）。若只從一個四面體觀察，會以為是一個矽原子與四個氧原子的結合，其實矽與氧的比例為1：2。因此，矽石的化學式為SiO_2（二氧化矽）。

圖4-2 矽石的結晶結構

（a）三個氧原子形成三角形（從上方觀看）

（b）第四個氧原子來到頂點（以三次元視角從側面觀看b、c、d）

（c）每一個角都有氧原子的四面體

（d）中央有矽原子

（e）Si -O_4 四面體（從正上方觀看）

中央的 ⊙ 表示氧原子（〇）及隱藏在下方的矽原子（●）

（g）由六角形環連結而形成的網目狀 SiO_4 結晶

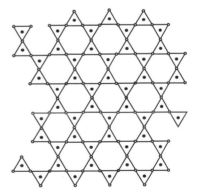

（f）由六個四面體構成的六角形環

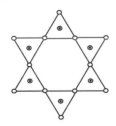

釉藥成分的三要素與功能

釉藥的基本三要素

釉藥是由三種不同功能的要素所構成。表4-1是基本的陶瓷器原料的化學分析值。從此表可知構成原料的成分，是「一個氧原子＋其他元素」、「兩個氧原子＋其他元素」、「三個氧原子＋其他元素」之中的其中一個組合。這三種氧化物則各自具備特定的功能。

二氧化物（基本上是指SiO_2）被稱為「酸性元素」，其功能是「形成玻璃」。

一氧化物（K_2O、Na_2O、CaO、MgO、BaO等）被稱為「鹼族元素」，能幫助二氧化矽熔解。三氧化物（Al_2O_3）為「中性元素」，可發揮介於中間的功能（表4-2）。

表4-1 原料的化學分析值

原料	一氧化物					三氧化物		二氧化物	
	K_2O	Na_2O	CaO	MgO	BaO	Al_2O_3	Fe_2O_3	SiO_2	TiO_2
黏土	2.81%		0.11%	—	—	27.81%	1.31%	56.52%	—
高嶺土	0.26%		0.09%	0.12%	—	38.71%	0.42%	45.91%	0.34%
矽石	0.10%	0.05%	0.03%	0.02%	—	0.57%	0.03%	99.00%	
滑石	—	—	5.1%	28.6%	—	1.20%	0.18%	53.10%	
石灰石	—	—	98.9%	0.36%	0.08%	<0.01%	0.01%	0.05%	
鉀長石	10.45%	3.37%	0.60%	0.10%	—	18.00%	0.08%	67.00%	

表4-2 釉藥的基本三要素

各群組的代表要素	K_2O、Na_2O Li_2O	CaO、BaO、 MgO、ZnO	Al_2O_3	SiO_2
表示群組整體的一般化學式	R_2O	RO	R_2O_3	RO_2
元素名稱	一氧化物·鹼族元素		三氧化物·中性元素	二氧化物·酸性元素
釉藥的功能	降低釉熔解溫度的媒熔劑。破壞玻璃網目的物質。		連結釉玻璃構造被破壞的部分。提高釉的耐火度和黏性。	形成釉玻璃本體。具有形成玻璃的氧化物。

以下針對這三種要素詳細說明。

❶ 具有形成玻璃氧化物功能的酸性元素（SiO₂）

二氧化矽（矽酸、SiO_2）是組成釉最重要的氧化物，幾乎只有它才能形成「釉玻璃本體」。p.97圖4-2（g）及圖4-3（a）

為室溫中的矽石結晶，圖4-3（b）則是結晶在1710℃熔解（破壞），形成非晶質網狀結構，也就是變成了玻璃。由圖可知，熔解後固化的釉，在微觀視角下是呈現布滿孔洞的網目。這些孔洞比水分子小，因此水分無法通過。

實際上，除了矽酸之外，還有五氧化二磷（P_2O_5）、三氧化二硼（B_2O_3）、氧化

圖4-3 SiO₂ 的結晶結構與其熔融

四個氧原子和一個矽原子構成的四面體（從上方觀察時）

○ Ca: 鈣原子

● Al: 鋁原子

（a）在常溫下矽石具有規則嚴謹的網狀結構（結晶結構）

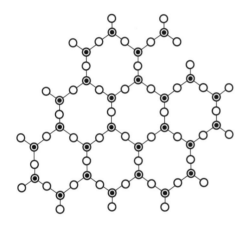

（b）矽石達到其熔點（1710℃）呈現熔解狀態。規則嚴謹的結構被破壞，形成不規則狀態（非晶質、非晶體）

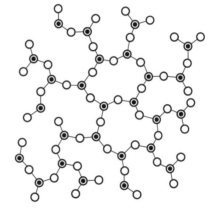

（c）具有切斷結構網目功能的物質（媒熔劑），使矽石在 1710℃以下呈現熔解狀態（熔解的釉藥）

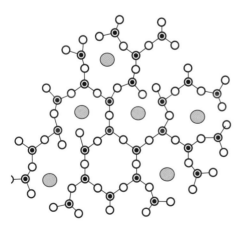

（d）在（c）中添加能連結斷裂網目的元素（鋁）。比（c）釉的熔解溫度更高

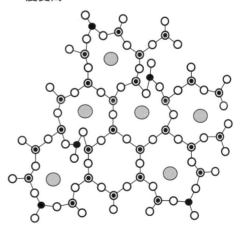

99

鉛（PbO）等，也是屬於能形成玻璃的化合物。骨灰（$Ca_3(PO_4)_2$）可當做磷的供給來源，硼酸（B_2O_3）等則當做硼的供給來源使用。不過，單獨使用這些化合物，並無法形成安定的玻璃，因此通常認定二氧化矽是唯一能形成玻璃的氧化物。

二氧化矽是形成玻璃的主要元素，換句話說也是釉和素坯的重要元素。此外，二氧化矽能使玻璃的網狀結構穩定，因而使釉的熔解溫度上升。除此之外，二氧化矽在熔解狀態時黏度較高，能阻礙釉的再結晶，因此可產生更透明的釉。不過，二氧化矽含量過多時，由於其熔點較高，會使釉喪失透明性，最終就會導致表面粗糙和熔解不足的問題。

❷破壞二氧化矽網狀結構的鹼族元素

鹼族元素（Na、K、Li）和鹼土類金屬元素（Ca、Mg、Zn、Sr、Ba、Pb等），是製造一氧化物的元素，能發揮解開二氧化矽網狀結構的功能，也就是具有媒熔劑的功能。

在釉中添加做為媒熔劑的氧化鈣（CaO）會產生什麼變化？請參閱p.99圖4-3和圖4-4。

為了接納所添加的氧化鈣，原本的矽原子和氧原子的連結會被切斷，呈現六角環狀結構打開的狀態，如圖4-4（a）。而CaO的氧原子會與矽原子結合在一起，如同圖的（b）。

氧化鈣的氧原子帶負電荷，鈣原子帶正電荷。為了恢復電荷平衡，正電荷的鈣原子會進入最鄰近的結構空間中，如圖4-3（c）和圖4-4（b）所示。

氧化鈣透過這種方式，打開了矽酸的網狀結構。這種變化是兩種成分之間引起的共熔反應，並在比矽酸本身崩解（熔化）溫度1710℃更低的溫度下發生。

矽酸網狀結構的崩壞代表矽酸的熔解，換言之，就是釉的熔解。由於釉熔解之後的整體部分，都是由矽酸組成，因此氧化鈣發揮了在比矽酸更低的溫度下，促進矽酸結構崩壞的媒熔劑功能。

正如前面所觀察到的情形，矽石的最小單位為SiO_4的四面體，一個矽原子被四個氧原子包圍，如p.97圖4-2（e）所示。若改從氧原子的角度觀察時，會發現一個氧原子，必然位於被兩個矽原子夾在中間的位置（p.99圖4-3（a））。

隨著氧化鈣的增加，其中的氧（O）加入網目之中並切斷了網目。這種情形若持續發展的話，應該與這些外來的氧結合的矽原子，其數量會逐漸不足，因此就會發生氧原子無法與兩個矽原子結合，

圖4-4 Ca和Al 的功能

（a）切斷 SiO 的連結　　（b）發揮切斷連結的功能，讓氧原子、鈣原子進入中央的空間　　（c）連結鋁原子被切斷的部分

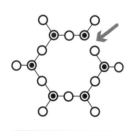
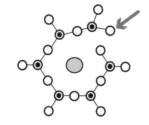
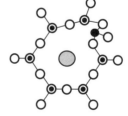

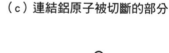

○ O：氧原子　　● Si：矽原子　　⬤ Ca：鈣原子　　● Al：鋁原子　　SiO₄：最小單位

而形成只有與一個矽（Si）結合的氧原子有漸增的現象（圖4-3（c）和圖4-4（b））。

如此一來，釉的二氧化矽網狀結構逐漸崩壞，而形成開放形態，使結構變弱的釉能在更低的溫度下熔解。此外，釉的物理性和化學性強度也會變弱，不僅黏度降低而且容易流動，從結果來說是容易再結晶化。這便是眾所周知的媒熔劑讓釉容易熔解的效果。

不過，無限制地增加媒熔劑，並無法持續發揮媒熔效果。若持續增加媒熔劑（這裡使用CaO）的量，對於矽原子而言，氧和鈣原子的量會相對增加，但是一旦矽和氧的比例失衡，例如變成1：15或1：20時，釉便會無法順利熔化，也就無法形成玻璃。換言之，過量的媒熔劑反而會使釉不容易熔化。

❸使釉不易流動並提高耐火度的中性元素

中性元素本身並不能形成玻璃，但有時能切斷玻璃形成物質的網狀結構（媒熔劑的功能），有時又能修復網狀結構被切斷的部分。它是以這兩種相反的方式，參與二氧化矽形成玻璃結構的物質。這種根據狀況發揮兩種功能的物質，稱為「中性氧化物」，而三氧化物的氧化鋁就是屬於這種物質。在矽石中添加氧化鋁時，其中的一部分會切斷二氧化矽的網狀結構，剩餘的部分則會連接被切斷的網目以修復玻璃。換言之，它具有強化玻璃結構的功能。

不過，在一般的陶瓷器燒成溫度下，主要是發揮後者的功能。通常氧化鋁會連結O-Si-O的切口並加以修復（p.99圖4-3（d））。網目被切斷的部分連接得愈多，網狀結構的可動性就愈差，變得愈不易切斷（不易熔解）。從結果來看，氧化鋁含量高的釉，會變成耐火度變高、黏性變大、不易流動的狀態。

就釉的組成而言，形成玻璃的氧化物（二氧化矽 SiO_2）、破壞玻璃的氧化物（Na_2O等媒熔劑）、修復玻璃的氧化物（氧化鋁 Al_2O_3）這三者，都是不可或缺的物質。若缺少媒熔劑，SiO_2當然無法熔解（不會破壞），而僅有前兩者的話，釉在熔解的同時會向下方流動，此時就需要 Al_2O_3 來降低結構的可動性。

根據三角座標的釉藥配方測試

何謂三角座標

調製高溫使用的釉藥時,必須具備三個要素。其一為形成玻璃質本體的氧化物(通常為二氧化矽),其二為氧化鈣(CaO)、氧化鈉(Na_2O)、氧化鉀(K_2O)、氧化鎂(MgO)等發揮媒熔功能的氧化物。其三為中性氧化物。通常是使用三氧化二鋁(氧化鋁,Al_2O_3)來賦予釉必要的黏性,同時調整釉的熔解狀態。

實際上在調製釉藥時,並非使用前述的純粹氧化物,而是使用包含這些物質的原料。例如:矽石做為SiO_2的來源,石灰石做為CaO的來源,高嶺土做為Al_2O_3和SiO_2的來源,鉀長石則做為K_2O的來源(同時加入SiO_2、Al_2O_3及少量的Na_2O)使用。

若要改變這些原料的混合比例,就必須精確找出適合窯爐溫度的調和比,因此這時會進行測試。而進行原料比例規

圖 4-5 三角座標

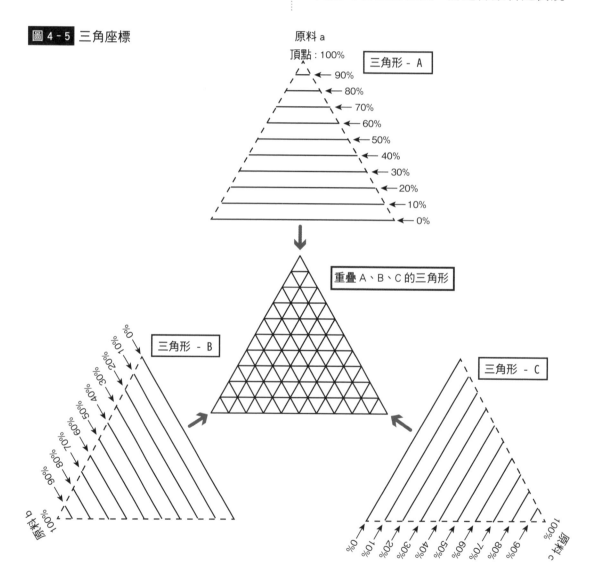

則性變動的測試，會使用稱為「三角座標（或三軸座標）」的圖表。

三角座標是由三個正三角形構成。請參閱圖4-5。第一個「三角形-A」用10條水平線分割。第二個「三角形-B」用10條斜線分割，第三個「三角形-C」用反方向的斜線分割。將A、B、C三個三角形重疊後，就形成一個三角座標。

各三角形的每一條分割線會顯示出百分比。「三角形-A」的頂點代表原料a為100%，其反方向底邊則代表0%。除此之外的每一條線，由底部至頂點以10%為單位遞增，顯示出10～90%。以斜線分割的「三角形-B」，是以左下角的頂點做為三角形-B的頂點，代表原料b為100%。0%的線則是這個頂點對面的邊線。

除此之外的每一條線，同樣以10%為單位遞增，也顯示出10～90%。三角形-C（原料c）也比照相同的方式。

使用三角座標時，會給予座標中的所有交叉點一個編號，如圖4-6所示，順序由左至右，再從上至下。由於三角座標全部共有66個交叉點，表示每次是以10%的比例，改變a、b、c三種原料的搭配組合，所以具有66種不同的組合變化。例如：No.8代表原料a 70%、原料b 20%、原料c 10%的意思。

使用三角座標的釉藥測試

進行釉藥測試時，使用三角座標非常方便。以下介紹1230℃的釉藥測試例子。

首先選擇使用的原料。根據希望調製的釉藥種類，其原料有多樣的選項，但是必須選擇含有鹼性、中性、酸性元素等三要素的原料。這個測試使用鉀長石、石灰石、氧化鋅、矽石、高嶺土等五種原料。

測試時必須不厭其煩地反覆確認。首先，由於鹼族元素（包含鹼土類金屬）具有媒熔功能，因此選擇「一氧化物」。換言之，選擇含有一個氧原子的化合物，以「RO」或「R₂O」的一般化學式顯示的元素。這裡的「R」代表「某種原子」的意思，

圖 4-6 三角座標有66種組合變化

圖 4-6 三角座標有66種組合變化

具體而言，CaO（氧化鈣）、K_2O（氧化鉀）、MgO（氧化鎂）、Na_2O（氧化鈉）、BaO（氧化鋇）、ZnO（氧化鋅）等許多一氧化合物，都屬於這一類族群。

其次的中性元素能賦予熔解的玻璃黏度，如果量多的話，能發揮耐火劑的功能。這種元素屬於由三個氧原子形成的三氧化物，因此以「R_2O_3」表示。實際上是指Al_2O_3。

最後是酸性元素的「二氧化物」，也就是有兩個氧原子的「RO_2」。在二氧化合物的類別中，形成玻璃的二氧化矽尤為重要。換言之，它是形成釉玻璃質本體的必要元素。

從這個角度檢視剛才所選用的五種原料，會發現第一種原料鉀長石（$K_2O \cdot Al_2O_3 \cdot 6SiO_2$）中，就含有三種必要的元素。換言之，其中含有做為媒熔劑的氧化鉀、做為中性氧化物的氧化鋁、做為酸性氧化物的二氧化矽。由此可知，長石是能同時提供釉藥三種必要元素的優良原料，也是具備調製釉藥所有必要條件的原料。不過，只有長石並無法獲得完全熔融的透明釉。

第二種原料是石灰石（$CaCO_3$）。這是在燒成初期排放出二氧化碳而形成CaO，因此被選為僅次於長石的K_2O的第二種媒熔劑。通常鹼族元素（氧化鈉或鉀）的一

表4-3 長石／石灰釉的調配測試（%）

No.	鉀長石	石灰石	氧化鋅	矽石	高嶺土	合計（％）
1	70	18	12	0	0	100
2	70	12	8	7	3	100
3	70	6	4	14	6	100
4	70	0	0	21	9	100
5	60	24	16	0	0	100
6	60	18	12	7	3	100
7	60	12	8	14	6	100
8	60	6	4	21	9	100
9	60	0	0	28	12	100
10	50	30	20	0	0	100
11	50	24	16	7	3	100
12	50	18	12	14	6	100
13	50	12	8	21	9	100
14	50	6	4	28	12	100
15	50	0	0	35	15	100
16	40	36	24	0	0	100
17	40	30	20	7	3	100
18	40	24	16	14	6	100
19	40	18	12	21	9	100
20	40	12	8	28	12	100
21	40	6	4	35	15	100
22	40	0	0	42	18	100
23	30	36	24	7	3	100
24	30	30	20	14	6	100
25	30	24	16	21	9	100
26	30	18	12	28	12	100
27	30	12	8	35	15	100
28	30	6	4	42	18	100
29	20	36	24	14	6	100
30	20	30	20	21	9	100
31	20	24	16	28	12	100
32	20	18	12	35	15	100
33	20	12	8	42	18	100
34	10	36	24	21	9	100
35	10	30	20	28	12	100
36	10	24	16	35	15	100
37	10	18	12	42	18	100

圖4-7 原料的三角座標

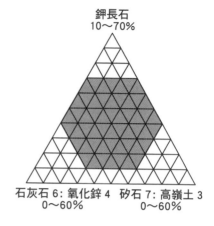

鉀長石
10～70%

石灰石 6：氧化鋅 4　矽石 7：高嶺土 3
0～60%　　　　　0～60%

↓

測試範圍與測試編號

個元素，與鹼性土類元素（鈣、鎂、鋇等）中的鈣形成組合，是最適合做為1230℃左右熔融的釉的媒熔劑。

第三種原料氧化鋅（ZnO）屬於一氧化物，也是當做媒熔劑的原料。如前面所述，「鹼族元素＋鈣」當做媒熔劑使用大致上已經足夠，但是若添加氧化鋅、氧化鋇、氧化鎂等輔助媒熔劑，不僅能使釉的熔解範圍變大，也較為容易獲得透明釉、乳濁釉和啞光釉。（參閱P.107〈何謂塞格式釉方〉）。

矽石之所以被選為第四種原料，是由於在調製釉藥配方時加入SiO_2，能確實促進玻璃的形成。最後是高嶺土，正如其化學式（$Al_2O_3 \cdot 2SiO_2 \cdot 2H_2O$）所示，能增加釉的黏性，同時可調整釉熔解的狀態。

接下來要使用三角座標，將這五種原料採取各種不同的組合比例，進行調製釉藥的測試。

三角座標上的每個三角形中，都配置一個或一個以上的原料。最初的三角形中配置了長石。也就是說，將長石配置在三角座標上方的頂點，如圖4-7所示。石灰石和氧化鋅配置在第二個三角形。在三角座標上是位於左下角的頂點。當一個三角形中配置兩種（或兩種以上）材料時，就必須事先決定兩者的比例。

在這次測試中，石灰石和氧化鋅比例為6：4。此外，剩下的矽石和高嶺土，是以7：3的比例配置在最後的三角形中。

接著是決定各種原料（或原料類組）的用量範圍。這是由於並沒有必要在三角座標上，進行所有的66種調配變化測試。例如：可以預知媒熔劑（石灰石＋氧化鋅）90％的釉藥，根本不會熔解。這裡依照下列方式，決定各種原料的用量範圍。

・長石在10～70%。
・石灰石和氧化鋅的混合物在0～60%。
・矽石和高嶺土的混合物也在0～60%。

原料用量確定之後，就要決定測試的

區域，如圖4-7下方的圖。

分別給予區域中的小三角形的接點一個編號，然後製作各點的原料百分比表格（表4-3）。這時，如果在一個三角形內配置兩種原料時，必須根據事先決定的兩者比例，劃分出百分比。例如：圖4-7的No.1，石灰石和氧化鋅的混合物占30％，因此用6：4的比例分配時，石灰石為18％，氧化鋅為12％（合計30％）。

接著將圖表內的百分比轉換為公克（g）。雖然可根據測試樣本的大小來決定，但是每個點必須要有10公克左右（若沒有能精確測量少量原料的秤，就在每個點增加更多的量）。

秤量各點的原料之後裝入37個小袋子內。所有原料都秤量完畢，就可以放入小容器內，慢慢添加少量的水，並攪拌混合成具有流動性的奶油狀（若有研磨缽，可用研磨棒研磨數分鐘）。將混合物滴在事先素燒過的測試樣本上，用湯匙抹平以進行施釉。輕輕地刮平釉藥，厚度大約介於明信片與水彩紙中間。擦掉流到測試樣本背面的釉藥，用釉下彩顏料標註釉藥編號。

將測試樣本片以1230℃進行燒成。觀察燒成後的熔解狀況、釉藥狀態、以及是否出現開片（釉裂）、剝釉、釉藥溢流等問題。沒有上述問題的樣本是以下的配方。

・透明光澤釉的良好調和結果為編號7、12、13、19。
・半消光釉（半啞光釉）的良好調和結果為編號10、17、24。
・乳濁釉的良好調和結果為編號8、14。

將結果標記在三角座標上，如圖4-8所示。

這些釉並未添加著色劑，屬於透明、乳白或白色啞光釉。除了直接使用之外，也可以做為以添加氧化金屬或現成顏料等，來調製色釉的基底材料。

這裡舉例的測試，是第二個三角形所分配的媒熔劑中，石灰石與氧化鋅的比

例為6：4，但是若以其他的媒熔劑原料取代的話，可獲得不同性質的釉。例如：石灰石與碳酸鎂以6：4配比時，可產生範圍寬廣的啞光釉，如此一來就能配合本身的窯爐特性，選擇適合的白色啞光釉。

若替換成石灰石6與碳酸鋇4的比例，就能增加大範圍的透明釉，而且其周邊也會形成啞光釉。若不搭配氧化鋅和碳酸鋇等輔助媒熔劑，而僅使用石灰石的話，熔解範圍會變窄，但是也能形成透明釉和啞光釉。

透過改變媒熔劑的測試可知，三角座標上相同點位的釉，不一定呈現相同的熔解狀態。換言之，熔融範圍可能變寬或變窄，透明釉的區域也可能變寬，或是不透明區域反而變大。若使用這些釉做為基礎釉來調製色釉（參閱p.141〈釉藥的呈色〉）時，即使僅添加同分量的氧化金屬，也會因為基礎釉不同，而產生明顯的差異。

例如：含有鎂的透明釉，若添加氧化鐵，則可調製出優質的黑天目釉。以含有鋇的釉做為基礎釉，然後添加氧化鐵的青瓷釉，能產生更加青藍色的色調。使用鉻調製綠色或粉紅色的釉時，若在基礎釉中添加鋅的話，鉻的顏色會變成咖啡色或骯髒的橄欖綠。像上述這樣，透過改變媒熔劑的幾種基礎釉，就能獲得各式各樣的色釉。

調製灰釉時，在第一個三角形使用長石，第二的三角形使用各種木灰（稻草灰和稻殼灰除外），第三個三角形使用以矽酸為主要成分的稻草灰、稻殼灰或矽石來進行測試。根據所使用的灰的性質，可獲得各式各樣的釉。

圖4-8 長石／石灰系釉的熔融狀態

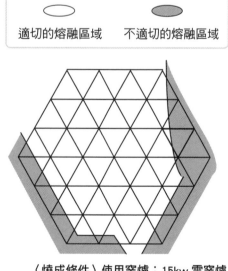

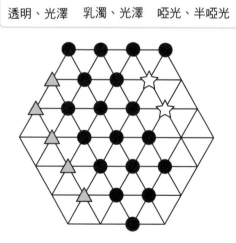

〈燒成條件〉使用窯爐：15kw 電窯爐　　最高溫度：1230 ℃　　燒成時間：12hr.

何謂塞格式釉方

對塞格式釉方的基本理解

若檢視釉藥中所使用的各種原料的化學分析值（p.98表4-1），就能了解主要構成要素是CaO的「含有一個氧的化合物（一氧化物）」、SiO_2的「含有兩個氧的化合物（二氧化物）」，和以Al_2O_3為代表的「含有三個氧的化合物（三氧化物）」。這種一氧化物稱為「鹼性（鹼基）族群」，二氧化物稱為「酸性族群」，三氧化物稱為「中性族群」。

在一氧化物的鹼性族群中，氧化鈣（CaO）、氧化鈉（Na_2O）、氧化鉀（K_2O）等物質，在元素週期表中屬於「鹼」和「鹼性土類金屬群」等各種元素的氧化物，其功能是切斷構成SiO_2網狀結構的連結（讓釉容易崩壞＝容易熔解）。換言之，是發揮「媒熔」的功能。

屬於二氧化物的酸性族群（特殊例子除外）中，僅有二氧化矽（矽酸、SiO_2）是形成釉的玻璃相（網狀結構）的物質。

屬於三氧化物的中性族群，實際上是指三氧化二鋁（氧化鋁、Al_2O_3），理論上具有兩種正好相反的功能（參閱p.171〈三氧化物〉）。在普通的陶瓷器燒成溫度下，氧化鋁主要的作用是補強玻璃的網目（使網狀結構的變動遲緩＝不易流動），實質上可視為是耐火劑和提高釉黏度的增稠劑。

調製釉藥時，若以莫耳量（參閱下一頁）來表示使用原料的構成要素（一氧化物、二氧化物、三氧化物），事先就能大致預測該釉的性質、以及如何以化學的方式進行釉藥操作。接下來的No.1透明釉例子將分別以原料的百分比量，和原料構成要素的莫耳量，來表示同一釉藥的配方。

範例　透明釉（1210 ～ 1230℃用）

百分比配方（合計100％）

鉀長石　25.9％
矽石　37.8％
高嶺土　18.0％
碳酸鈣（石灰石）16.3％
碳酸鎂（菱鎂礦）2.0％

莫耳配方（塞格式釉方）

0.2mol K_2O
0.7mol CaO・0.5mol Al_2O_3・4.5mol SiO_2
0.1mol MgO

上述的莫耳配方稱為「塞格式釉方」，是以德國化學家H.A.Seger的名字命名，此人確立了採用莫耳量調製釉藥的方法。以塞格式來標示釉藥配方，具有下列優點。

・僅透過檢視配方公式，就能推測出該釉大概在哪個溫度範圍內會熔解、會呈現何種（透明、啞光、乳濁）外觀、以及是否容易出現結晶等性質。
・能夠更精確地進行使釉變柔軟（容易熔解），或使釉變硬（不易熔解）的操作。
・即使無法取得與原本配方範例相同的原料，在使用其他原料時，也能判斷需要多少量便可以取代。

不過，塞格式釉方也有其限制，例如：不清楚化學分析值，或就算有理論上的化學式，但成分變動總是很大的原料（例如：木灰或當地採集的泥土等），實際上並無法使用。

以塞格式標示釉藥配方時，會有下列的規定。

・並非標示原料名稱，而是標示「一氧化

物」、「二氧化物」、「三氧化物」。

・將上述三要素依照一氧化物（鹼性要素）、三氧化物（中性要素）、二氧化物（酸性要素）進行分組，並標示這個順序。

・標示三要素的莫耳量。

・將鹼性族群氧化物的合計量，固定設為1莫耳的方式來標示。

塞格式釉方採用二維座標，如圖4-9所示。水平軸表示SiO_2的莫耳量，垂直軸表示Al_2O_3的莫耳量。在這個座標中，顯示出No.1透明釉（$Al_2O_3 = 0.5$莫耳、$SiO_2 = 4.5$莫耳）所在的位置。以塞格式釉方標示的所有釉，都在這個座標中占據某個位置，而且從它的位置就能大概預測該釉的性質。

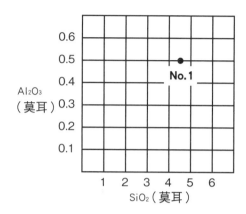

圖4-9 塞格式釉方的二維座標

（$Al_2O_3 = 0.5$ 莫耳　$SiO_2 = 4.5$ 莫耳）

Al_2O_3（莫耳）

SiO_2（莫耳）

莫耳與一莫耳的重量

矽（Si）、氧（O）鈣（Ca）、鋁（Al）等所有的原子，都有其固有的重量，但是它們的重量極為微小，很難測量各種元素每個原子的重量。因此，會以測量大量聚集的原子，來取代測量一個原子的重量。其數量是602，000，000，000，000，000，000，000個，也可以寫成602×10^{21}。換言之，「莫耳」是原子或化合物有「602×10^{21}個」時的別名。

對於所有的原子而言，在提到重量時，通常是指集合這個天文數字時的重量，而且這個數量是處理所有原子時的「單位」，並賦予「莫耳」這個名稱。換句話說，任何原子在提到「有一莫耳」時，通常就是指有這個天文數字般的數量。所有原子的一莫耳，當然有其獨自的重量。一莫耳的氧原子有16g；一莫耳的矽原子有28.1g。

這種方法不僅適用於單一原子的測量，也能針對由幾個原子結合而成的化合物（SiO_2、$CaCO_3$、Al_2O_3 等），進行重量測量。例如：測量一個矽和兩個氧原子組成的二氧化矽的重量時，可將SiO_2視為「一個原子」，測量602,000,000,000,000,000,000,000個SiO_2的重量。這個重量是一莫耳的Si原子，和兩莫耳的O原子的合計重量。換言之，一莫耳的SiO_2等於28.1+16+16=60.1g。

採用塞格式計算釉藥配方時，必須具備這些知識。

透過塞格式釉方能了解什麼？

塞格式釉方的檢視方法① （檢視 Al_2O_3 和 SiO_2 的量）

使用塞格式標示釉藥配方時，只要檢視中性要素（Al_2O_3）和酸性要素（SiO_2）的莫耳量，大概就能推測該釉的性質。在一般的釉藥中，這兩者的量通常會在某個特定範圍內，Al_2O_3 為 0.1～0.6 莫耳，SiO_2 為 1～6 莫耳之間。在這個範圍內，中性要素和酸性要素含量較少的釉，會比含量較多的釉，更能在較低的溫度下熔解。接著就來具體檢視下列的A釉和B釉，進一步了解這種特性。

A	0.2 K₂O 0.7 CaO　· 0.2 Al₂O₃ · 1.8 SiO₂ 0.1 MgO
B	0.2 K₂O 0.7 CaO　· 0.6 Al₂O₃ · 5.4 SiO₂ 0.1 MgO

兩種釉都屬於鹼性族群，唯一的差異是中性要素和酸性要素的量。當然兩者的量都在一般範圍內。A釉的 Al_2O_3 和 SiO_2 都較少（0.2莫耳與1.8莫耳），B釉的兩者則相對較多（0.6莫耳與5.4莫

耳）。以結果來說，A比B（1250℃左右）在更低的溫度（1200℃左右）下熔解。圖4-10中顯示這兩種釉在座標內所占的位置。

不過，在圖4-10中，座標上方的帶狀區域（a）是 Al_2O_3 的莫耳量較多，但是右側垂直帶區域（b）則是 SiO_2 較多的區域。因此兩者重疊的右上角部分（a、b）的釉，就是會在較高溫熔解的釉。此外，座標下方的區域（c）為 Al_2O_3 較少的區域，左側區域（d）為 SiO_2 較少的區域。因此，位於區域（c、d）的釉，會比位於其他區域的釉，在更低的溫度下熔解。

重要的是，Al_2O_3 和 SiO_2 兩者中，若其中一方的量較少，而另一方的量較多時，釉就無法完全熔解。例如：在同一圖表中，區域（Q）屬於 Al_2O_3 較多而 SiO_2 較少的地方，區域（R）則相反，屬於 SiO_2 較多而 Al_2O_3 較少的地方。位於這些區域的釉，會無法完全熔解。

總而言之，同屬於鹼性族群的釉，中性要素和酸性要素的量，將決定釉熔解的難易度，而隨著兩者的莫耳量增多，熔解溫度也會升高。

塞格式釉方的檢視方法② （檢視 Al_2O_3 和 SiO_2 的比例）

檢視中性要素和酸性要素的比例，就能大概預測這種釉熔解時，會變成「透明」或「啞光（消光不透明）」，又或「乳濁（有光澤不透明）」哪一種狀態。

這個比例是利用 Al_2O_3 為 SiO_2 的幾倍求出。例如：前面舉例的B釉，Al_2O_3 為0.6莫耳，SiO_2 為5.4莫耳，因此假設 Al_2O_3 是1時，則有9倍（$0.6 \times 9 = 5.4$）的 SiO_2。換言之，「$Al_2O_3 : SiO_2 = 1 : 9$」，而這種釉熔解時會形成透明釉。

圖4-10 塞格式釉方座標中熔融的狀態

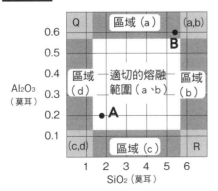

石灰系釉（媒熔劑含有較多CaO的釉）的 Al_2O_3／SiO_2 比例，大概在1：6到1：10之間時會變成透明狀。超過1：10（例如：1：12）時，則會形成乳濁狀的外觀。比例在1：6以下（例如1：4）時，就會呈現啞光效果。

讓我們檢視圖4-11進一步詳細探討。這個圖表是以下列的塞格式釉方，顯示一系列石灰系釉的熔解狀態。也就是說，將 Al_2O_3 的量從0.2莫耳開始往上加到0.6莫耳為止，SiO_2 的量調整為2～5.5莫耳，來進行釉的熔融測試。為方便了解 Al_2O_3 和 SiO_2 的單獨作用，所有釉中的鹼性族群成分都完全相同。

圖中的四條斜線表示 Al_2O_3／SiO_2 的比例，分別為：1：3、1：6、1：10、1：15。光澤透明釉主要出現在1：6和1：10兩條斜線包夾的區域中，而且在同一區域下方的釉會流動，顯示釉熔解程度較高。

石灰系釉的塞格式釉方

0.2 K_2O
0.7 CaO・0.2～0.6 Al_2O_3・2.0～5.5 SiO_2
0.1 MgO

在這個透明釉區域的左側，有另一個扇形區域，此區域被 Al_2O_3／SiO_2 比例為1：6和1：3的線分割。當 Al_2O_3 為1時，SiO_2 僅有3～6倍，因此屬於

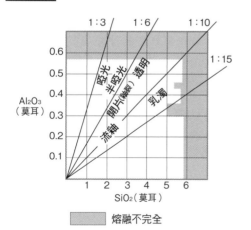

圖4-11 石灰系釉的熔融狀態

熔融不完全

Al_2O_3 比例相對增多，而 SiO_2 相對減少的區域。在這個區域內，會出現灰長石（CaO・Al_2O_3・2SiO_2）或矽灰石（CaO・SiO_2）的微小結晶所形成的啞光釉。

Al_2O_3／SiO_2 比例超過1：10的右側扇形區域，SiO_2 為 Al_2O_3 的10倍以上，也就是 SiO_2 相對較多的區域。這個區域會有出現乳濁釉的趨向。

綜合以上所述，當 Al_2O_3／SiO_2 的比例取得平衡時，釉熔解會變成「透明」。當 Al_2O_3 的比例相對較高時，則形成「啞光」。相反地，SiO_2 的比例較多時，會由於玻璃形成氧化物（Glass-Forming Oxides）過多，而呈現乳濁狀的光學性失透現象（參閱p.133〈何謂透明釉〉、p.134〈何謂不透明釉〉）。

不論在何種情況下，當 Al_2O_3 或 SiO_2 的其中之一（或兩者）過多時，就會失去平衡而殘留無法完全熔解的物質，導致釉無法順利熔解。不過，圖4-11的測試結果，是鹼性族群的主要成分為氧化鈣（CaO）的石灰系釉的情況。若鹼性族群的構成要素改變的話，「透明」、「啞光」、「乳濁」的分界線位置，也會出現某種程度的變動。

塞格式釉方的檢視方法③（檢視鹼性族群的構成要素）

觀察一氧化物是由何種鹼性要素構成時，就能大概預測釉會在什麼樣的溫度下熔解。通常高溫釉中的鹼性（K_2O、Na_2O、Li_2O），及鹼性土類金屬（MgO、CaO、BaO、ZnO、其他）的氧化物，是以氧化鈣（CaO）為主要媒熔劑。不過，若CaO的莫耳量過多的話，這種釉就會如下列情形這樣，在非常高的溫度下熔解。

瓷器用透明釉（1320～1380℃）
$0.3\,MgO$ $0.7\,CaO$ $\cdot\ 0.3\,Al_2O_3 \cdot 3.0\,SiO_2$

釉中若添加某種鹼族元素（K_2O 或 Na_2O）時，熔解溫度下降到 1250℃ 左右就會熔解。這種情形就如下列的透明釉，通常 CaO 含量最多的情況不會改變。

透明釉（1230～1250℃）
$0.2\,K_2O$ $0.7\,CaO$ $\cdot\ 0.5\,Al_2O_3 \cdot 4.5\,SiO_2$ $0.1\,MgO$

當強力媒熔劑的鹼性氧化物（氧化鉀 K_2O、氧化鋰 Li_2O、氧化鈉 Na_2O）取代 CaO，而形成主導地位時，就如同土耳其藍釉般，熔點會下降到 1200℃ 以下。

鹼性族群中的一氧化鉛（PbO）變多時，就會像低溫透明釉一樣，使溫度下降到 800℃ 以下。

土耳其藍釉（1150～1180℃）
$0.23\,K_2O$ $0.36\,BaO$ $\cdot\ 0.36\,Al_2O_3 \cdot 3.6\,SiO_2$ $0.41\,Li_2O$ （添加物：$CuCO_3$ 2%）

低溫透明釉（790℃）
$0.3\,CaO$ $0.7\,PbO$ $\cdot\ 0.1\,Al_2O_3 \cdot 2.0\,SiO_2$

塞格式釉方的檢視方法④（了解座標中4個區域的性質）

二維座標可區分成 A、B、C、D 等四個區域，如圖 4-12 所示。區域間的分界線是以圖 4-11 為基準，並根據塞格式釉方中的鹼性要素的類型變動，並非很明確地畫出一條線。

各個區域基本上具有以下特徵。

區域 A

由於 Al_2O_3／SiO_2 的比例取得平衡，通常在這個區域內，會呈現不易流動（黏度大）且具有光澤的透明釉。透過添加失透劑，也可形成啞光釉。

區域 B

這個區域中的 Al_2O_3 和 SiO_2 的量都較少，導致鹼性族群（媒熔劑）相對多，而形成黏度非常低的釉。所以會出現非常容易熔解的「透明釉」，或是具有流動性的「啞光釉」。在冷卻過程中，當某種物質達到飽和狀態而形成結晶化時，由於低黏度的緣故，會成長為較大的結晶，因此便出現了結晶釉。此外，中性元素（Al_2O_3）和酸性元素（SiO_2）都較少，也就是鹼族元素相對較高的緣故，釉具有強大的熔解力，無論添加何種失透劑，都無法獲得預期的效果。

區域 C

這是 SiO_2 的比例相對於 Al_2O_3 高的區域。透過兩個以上的液相（玻璃相）分離，可形成乳濁釉（矽酸質失透，參閱 p.137〈乳濁釉〉）。添加二氧化鈦（TiO_2）可以加倍提高釉的失透性。若氧化鋅（ZnO）較多時會促進乳濁效果，而添加五氧化二磷（P_2O_5）也能增加乳濁性。

氧化鋇（BaO）含量較多的釉，在這個區域中也會變成透明。若氧化鎂（MgO）較多的話，在這個區域中也會出現啞光效果。不僅如此，這個區域內會出現啞光釉，是由於未完全熔解的 SiO_2 殘留在釉中，而引起失透現象，因此隨著窯燒溫度

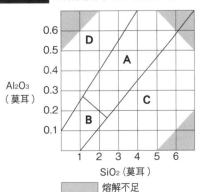

圖4-12　熔融圖中的四個區域

Al_2O_3（莫耳）

SiO_2（莫耳）

熔解不足

的變動，不熔解物質的量也會隨之變動。基於上述原因，釉的外觀也具有不安定性，因此不推薦做為實用的啞光釉。

區域D

這是Al_2O_3相對較多的區域，即使不添加失透劑，也會出現啞光釉。這個區域的失透現象，是由於各種結晶物質的生成，或過剩的Al_2O_3無法進入熔解的釉中所導致的結果。這些固體物質會引起光的散射，產生被稱為「啞光」的失透效果。此外，在大多數的情況下，結晶屬於燒成後冷卻過程中生成的物質，如果窯爐急速冷卻的話，會妨礙結晶的生成，使釉變成透明狀態。如果啞光效果是由於未熔解的Al_2O_3所引起時，釉的表面會呈現粗糙狀。從衛生角度來看，並非適合使用的釉。

區域內的下方部分是Al_2O_3的量較少的地方（不過，SiO_2也比較少的緣故，故同樣是Al_2O_3相對較多），因此除了黏度較低之外，也會生成較大的結晶。如果氧化鋅（ZnO）多的話，這個區域也會像區域C一樣變成乳濁狀態。

綜合以上所述，B、C、D區域是受到「玻璃形成氧化物（SiO_2）不足」、「性質相異的玻璃相分離」、「生成新結晶」、「某種原料未能充分熔入」等各種機制的影響，使釉無法變成透明的區域。換言之，唯有釉中所使用的原料取得平衡時，才能形成透明的玻璃（透明釉）。若原料組合無法獲得平衡，在窯爐達到最高溫度時，即使熔解成透明的玻璃狀態，在後續的冷卻過程中，過剩的原料也會分離出來，而形成某種新的結晶物質（固體）或玻璃（液體），而這些物質會使釉喪失透明性。

塞格式釉方的檢視方法⑤（哪種鹼性要素最多）

大部分的高溫釉是以鈣（CaO）為主要媒熔劑，但是若其他的氧化物過多時，

釉的熔解樣態會產生變化。以下以ZnO、MgO、BaO為例加以說明。

優良的乳濁釉和結晶釉，但也形成透明和啞光效果的鋅釉

鋅釉（1230℃）
0.20 K_2O
0.20 CaO · 0.1～0.6 Al_2O_3 · 1.0～6.0 SiO_2
0.60 ZnO

在高溫釉中，氧化鋅（ZnO）的莫耳量比氧化鈣少時，最能發揮媒熔劑的作用。超過0.6莫耳時，釉就會變成不易熔解。不過，若是為了獲得啞光釉、乳濁釉，或尤其希望獲得結晶釉時，就會特意調製ZnO過量的釉。圖4-13顯示ZnO為0.6莫耳、CaO為0.2莫耳的一系列鋅釉的熔融狀態。

在區域A中會出現與石灰系釉相同的高光澤透明釉。這代表原料的分量處於平衡狀態，而且都熔入所有釉的玻璃相內（熔解進入）的意思。

在區域B內，若控制冷卻的過程，就會出現因矽鋅礦結晶（$2ZnO·SiO_2$）大幅成長而形成的結晶釉。不過，若急速冷卻的話，就能獲得透明釉分散在釉中的微小結晶，所形成的啞光釉（鹼性或鹼基性失透）。不論是結晶釉或啞光釉，兩者都

圖4-13 鋅釉（$K_2O·CaO·ZnO$）的熔融圖

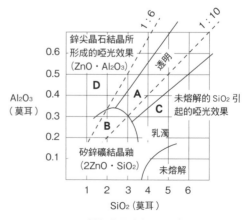

〈燒成溫度〉1230℃

有可能成為黏度非常低和很容易流動的釉。

在區域C內，由於兩種玻璃（高氧化矽玻璃和普通氧化矽玻璃）的分離，而獲得光澤乳濁釉，若添加TiO_2或骨灰這類的失透劑，則可獲得促進乳濁的良好結果。不過，在C的外圍區域（「SiO_2和Al_2O_3兩者都多」或「SiO_2較多而Al_2O_3較少」），無法完全熔解的SiO_2會殘留，導致因熔解不足而生成失透釉。

在區域D內，高ZnO釉的典型特徵在於，啞光釉或帶少許（或者相當多）光澤的半啞光釉，與區域C的乳濁效果常難以區分。這個區域的失透效果，是由於無數的細小鋅尖晶石結晶（$ZnO \cdot Al_2O_3$）所引起。因此從這個化學式就能了解，在Al_2O_3多而SiO_2少的區域，會增進這種結晶的生成。

最適合啞光釉的碳酸鎂釉

燒成溫度在1280℃以下的釉，通常氧化鎂（MgO）的量，以0.5莫耳為最高限度，並且不能夠超過氧化鈣的用量。換言之，若氧化鎂的量保持在比氧化鈣少的狀態下，就更能充分發揮媒熔功能，呈現更佳的共熔反應。但是，若量過多時，不僅會降低功能，也會由於表面張力變大，而變得容易誘發縮釉等問題。不過，特意增加MgO含量的釉，能透過釉中出現的微小結晶，獲得效果良好的啞光釉。

碳酸鎂釉（1230℃）
0.15 K_2O
0.30 CaO · 0.1~0.6 Al_2O_3 · 1.0~6.0 SiO_2
0.45 MgO
0.10 ZnO

如塞格式釉方所示，圖4-14是MgO比CaO多的一系列碳酸鎂釉的熔融狀

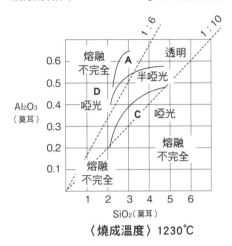

圖4-14

碳酸鎂釉（$K_2O \cdot CaO \cdot MgO$）的熔融圖

〈燒成溫度〉1230℃

態。碳酸鎂釉的典型特徵是透明區域極端小，原本透明的區域也變成啞光釉。此外，一般的乳濁區域（區域C）也不會呈現乳濁狀態，而這裡也變成啞光釉。

適合透明釉也能獲得啞光效果的鋇釉

鋇釉（1230℃）
0.20 K_2O
0.20 CaO · 0.25~0.60 Al_2O_3 · 2.5~6.0 SiO_2
0.60 BaO

在某些情況下，氧化鋇（BaO）比其他鹼性土類金屬，更具有強力的媒熔效果。此外，相較於鋅和鎂傾向於促進結晶的生成，而鋇卻具有抑制的作用，因此鋇釉的透明區域較為寬廣。以下是一系列鋇釉的熔融狀態（圖4-15）。

此圖可以看出相較於一般的石灰系釉，鋇釉呈現更寬廣的透明區域。換言之，區域A大幅度超越了Al_2O_3／SiO_2比為1：10的分界線，幾乎侵入區域C。在區域C內，除了由於未完全熔解的懸浮矽石，導致小區域的失透之外，幾乎沒有出現乳濁狀態。

在區域B中，由於氧化鋇具有很大的膨脹／收縮性，因此有產生開片（釉裂）的可能。

啞光區域（區域D）朝著SiO$_2$多的方向擴展，甚至來到原本的區域A。這個區域的啞光失透現象，是由於微小的鋇長石結晶（BaO・Al$_2$O$_3$・2 SiO$_2$）於冷卻過程中，在釉的表面沉澱的緣故。在一般的燒成過程中，這種結晶並不會成長變大，而是眼睛無法識別的極微小結晶，完全覆蓋在釉的表面，形成具有絲綢般質感的啞光效果。在這個區域下方出現的啞光，特別稱為「鹼性（或鹼基性）啞光」。

在相同的區域內，會出現釉的裡面封閉著小氣泡的釉。有時也可以觀察到釉的表面出現很小的開孔（針孔）。這是由於碳酸鋇中的二氧化碳，在溫度達相當高（1200℃）時才會排出，因此有最後還殘留在釉中的趨向。

圖 4 - 15

鋇釉（K$_2$O・CaO・BaO）的熔融圖

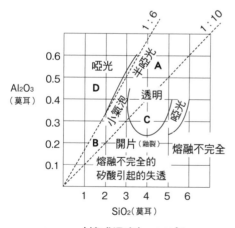

〈燒成溫度〉1230℃

塞格式釉方計算

關於塞格式釉方的計算方法，首先必須了解幾項基本原則。不管是將釉藥的百分（公克）比，換算成塞格式釉方，或是將塞格式釉方換算成百分（公克）比，都需要了解幾項關鍵原則才能順利進行。

塞格式釉方的計算方法

進行塞格式釉方的計算時，是將原料分為「一氧化物」、「二氧化物」、「三氧化物」等構成要素，並使用化學式表示。表4-4的（1）和（2）為其一覽表。

主要的釉原料及其化學式	將原料根據氧化物來區分的化學式和莫耳重量（g）				原料1莫耳的合計重量
	一氧化物及1莫耳的重量	三氧化物及1莫耳的重量	二氧化物及1莫耳的重量	其他元素的1莫耳重量	
矽石 SiO_2	−	−	SiO_2 60.1g	−	60.1g
鉀長石 $K_2O \cdot Al_2O_3 \cdot 6SiO_2$	K_2O 94.2g	Al_2O_3 102g	$6SiO_2$ 60.1×6=360.6g	−	556.8g
鈉長石 $Na_2O \cdot Al_2O_3 \cdot 6SiO_2$	Na_2O 62g	Al_2O_3 102g	$6SiO_2$ 60.1×6=360.6g	−	524.6g
高嶺土 $Al_2O_3 \cdot 2SiO_2 \cdot 2H_2O$	−	Al_2O_3 102g	$2SiO_2$ 60.1×2=120.2g	$2H_2O$ 18×2=36 g	258.2g
氧化鋁 Al_2O_3	−	Al_2O_3 102g	−	−	102g
石灰石、碳酸鈣 $CaCO_3$	CaO 56.1g	−	−	CO_2 44g	100.1g
碳酸鎂 $MgCO_3$	MgO 40.3g	−	−	CO_2 44g	84.3g
碳酸鋇 $BaCO_3$	BaO 153.3g	−	−	CO_2 44g	197.3g
碳酸鋰 Li_2CO_3	Li_2O 29.9g	−	−	CO_2 44g	73.9g
碳酸鍶 $SrCO_3$	SrO 103.6	−	−	CO_2 44g	147.6g
氧化鋅 ZnO	ZnO 81.4g	−	−	−	81.4g
白雲石 $CaCO_3 \cdot MgCO_3$	CaO, MgO 56.1g, 40.3g	−	−	$2CO_2$ 44×2=88g	184.4 g
滑石 $3MgO \cdot 4SiO_2 \cdot H_2O$	$3MgO$ 40.3×3=120.9g	−	$4SiO_2$ 60.1×4=240.4g	H_2O 18g	379.3 g

表4-4 釉使用的基本原料一氧化物、二氧化物、三氧化物的莫耳重量(1)

主要的釉原料及 其化學式	將原料根據氧化物來區分的化學式和莫耳重量（g）				原料1莫耳 的合計重量
	一氧化物及1 莫耳的重量	三氧化物及1 莫耳的重量	二氧化物及1 莫耳的重量	其他元素的 1莫耳重量	
葉長石、鋰長石 $Li_2O \cdot Al_2O_3 \cdot 8SiO_2$	Li_2O 29.9g	Al_2O_3 102g	$8SiO_2$ 60.1×8 $=480.8g$	－	612.7g
壽山石 $Al_2O_3 \cdot 4SiO_2 \cdot H_2O$	－	Al_2O_3 102g	$4SiO_2$ 60.1×4 $=240.4g$	H_2O 18 g	360.4g
氫氧化鋁 $Al_2O_3 \cdot 3H_2O$	－	Al_2O_3 102g	－	$3H_2O$ 18×3 $=54g$	156.0g
矽灰石 $CaO \cdot SiO_2$	CaO 56.1g	－	SiO_2 60.1g	－	116.2g
鋰輝石、紫鋰輝石 $Li_2O \cdot Al_2O_3 \cdot 4SiO_2$	Li_2O 29.9g	Al_2O_3 102g	$4SiO_2$ 60.1×4 $=240.4g$	－	372.3g
硬硼鈣石 $2CaO \cdot 3B_2O_3 \cdot 5H_2O$	$2CaO$ 56.1×2 $=112.2g$	$3B_2O_3$ 69.6×3 $=208.9g$	－	$5H_2O$ 18×5 $=90g$	411.1g
硼砂、四硼酸鈉 $Na_2O \cdot 2B_2O_3 \cdot 10H_2O$	Na_2O 62g	$2B_2O_3$ 69.6×2 $=139.2g$	－	$10H_2O$ 18×10 $=180g$	381.2g
無水硼砂、熔融硼砂 $Na_2O \cdot 2B_2O_3$	Na_2O 62g	$2B_2O_3$ 69.6×2 $=139.2g$	－	－	201.2g
硼酸、三氧化二硼 $B_2O_3 \cdot 3H_2O$	－	B_2O_3 69.6g	－	$3H_2O$ $18 \times 3 = 54g$	123.6g
無水硼酸 B_2O_3	－	B_2O_3 69.6g	－	－	69.6g
硼酸鈣 $CaO \cdot B_2O_3 \cdot 6H_2O$	CaO 56.1g	B_2O_3 69.6g	－	$6H_2O$ $18 \times 6 = 108g$	233.7g
氧化鉛、黃色鉛、一氧 化鉛（密陀僧） PbO	PbO 223.2g	－	－	－	223.2g
紅丹、四氧化三鉛、鉛 丹 Pb_3O_4	$3PbO$ 223.2×3 $=669.6 g$	－	－	O 16 g	685.6g
（鹼基性）碳酸鉛、 鉛白、鹼式碳酸鉛 $2PbCO_3 \cdot Pb(OH)_2$ （$3PbO \cdot 2CO_2 \cdot H_2O$）	$3PbO$ 223.2×3 $=669.6g$	－	－	$2CO_2 \cdot H_2O$ （44×2）$+18$ $=106g$	775.6g

表4-4 釉使用的基本原料一氧化物、二氧化物、三氧化物的莫耳重量(2)

此外，根據構成原料的一、二、三氧化物聚集數量達到「1莫耳」（參閱 p.108〈莫耳與一莫耳的重量〉和圖4-16）時的「重量（公克）」為基礎，進行釉藥的塞格式釉方計算。「1莫耳」是原子或分子達到天文數字 602,000,000,000,000,000,000,000 個（有21個零）時的稱呼。

例如：矽石的化學式是 SiO_2，但並不是把它看做「一個 Si 原子和兩個 O 原子的集合」，而是想成「由 1 莫耳的 Si 和 2 莫耳 O 組合而成」。如此一來，1 莫耳的 SiO_2

實際上重量達到 60.1 公克，在計算重量時既具體又方便，如表4-4（1）所示。

這種思考方式適用於所有的原料，因此鉀長石的化學式 $K_2O \cdot Al_2O_3 \cdot 6SiO_2$，除了可以說是由「1莫耳的 K_2O」+「1莫耳的 Al_2O_3」+「6莫耳的 SiO_2」組合而成，也可以說是「1莫耳的鉀長石」。

1莫耳的鉀長石有 556.8g，換言之就是「1莫耳的 $K_2O=94.2g$」+「1莫耳的 $Al_2O_3=102g$」+「6莫耳的 $SiO_2=60.1×6=360.6g$」=556.8g。1莫耳的 K_2O 的重量，是根據元素週期表上的重量來進行計算。以 K_2O 為例，1莫耳 K

圖4-16 莫耳的概念

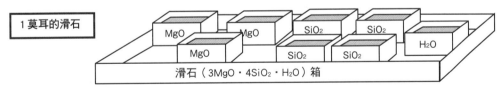

1莫耳的矽石

矽石（SiO_2）箱。
其中裝著 1 莫耳 Si 原子和 2 莫耳 O 原子。

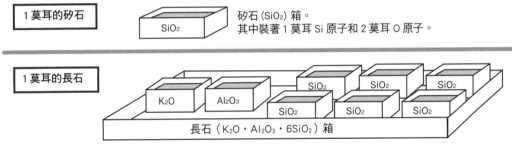

1莫耳的長石

長石（$K_2O \cdot Al_2O_3 \cdot 6SiO_2$）箱

K_2O 箱中裝著 2 莫耳的 K 原子和 1 莫耳的 O 原子。Al_2O_3 箱中裝著 2 莫耳的 Al 原子和 3 莫耳的 O 原子。SiO_2 箱有六個，分別裝著 1 莫耳的 Si 原子和 2 莫耳的 O 原子。最外側的箱子稱為「1 莫耳的長石箱」。

1莫耳的滑石

滑石（$3MgO \cdot 4SiO_2 \cdot H_2O$）箱

1 莫耳的滑石，是由三個 MgO 箱（3 莫耳的 MgO）、四個 SiO_2 箱（4 莫耳的 SiO_2）、一個 H_2O 箱（1 莫耳的 H_2O）所構成。例如：0.4748 莫耳的滑石，是由三個 0.4748 莫耳的 MgO 箱（共 1.4244 莫耳的 MgO）、四個 0.4748 莫耳的 SiO_2 箱（共 1.8992 莫耳的 SiO_2）及一個 0.4748 莫耳的 H_2O 所組成。

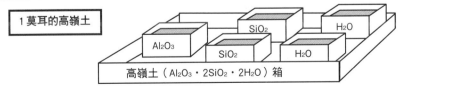

1莫耳的高嶺土

高嶺土（$Al_2O_3 \cdot 2SiO_2 \cdot 2H_2O$）箱

1莫耳的高嶺土，是由 1 莫耳的 Al_2O_3、2 莫耳的 SiO_2 及 2 莫耳的 H_2O 所組成。例如，0.0939 莫耳的高嶺土由 0.0939 莫耳的 Al_2O_3、0.1878 莫耳的 SiO_2（0.0939×2）及 0.1878 莫耳的 H_2O（0.0939×2）所組成。

原子為39.1g，O原子為16g，因此重量為39.1+39.1+16=94.2g。

此外，某些原料中含有結晶水（H_2O）和二氧化碳（CO_2）等，會在燒成中消失（都不屬於一、二、三氧化物）的元素，在表4-4中則另外標示為「其他元素」。

百分（公克）比換算成塞格式釉方

這裡介紹的塞格式釉方的計算方法雖然有點迂迴，但是具有容易理解的優點。計算步驟大致分為三個階段，首先來檢視整體流程。

在步驟1中，先將現在釉藥配方使用的「每種原料為多少公克（或多少％）」，轉換為「一、二、三氧化物為多少公克（g）」的表示方式。換言之，就是將原本稱為長石、矽石等原料，轉換為各個原料成分中的「一氧化物、二氧化物、三氧化物各有幾公克（g）」的意思。例如：當標示為「矽石＝20g」時，則改寫成「SiO_2＝20g」，標示為「鉀長石＝50g」時，則分成「K_2O幾g、Al_2O_3幾g、SiO_2幾g」。當然三者的合計為50g。

在步驟2中，將以公克表示「有多少g」的這些氧化物，換算成「有多少莫耳」。假設釉藥的SiO_2量為30g，在表4-4(1)中顯示1莫耳的SiO_2為60.1g，因此30g就相當於0.499莫耳（四捨五入為0.5莫耳）。在步驟3中，將所有的氧化物換算成莫耳量之後，只把一氧化物（CaO、K_2O等）的量加總起來時，可能會得出非整數的莫耳數（例如0.365莫耳等）。這時必須把這個合計量，當做是1莫耳來計算。二氧化物和三氧化物的莫耳數，也必須根據這樣的方式進行計算。最後將一、二、三氧化物分別群組化，並依照順序標示，就完成塞格式釉方的計算。

接著讓我們根據這樣的步驟，將「實習・表1」的釉藥公克數轉換為塞格式釉方。請使用電子計算機進行精確計算。

步驟1

現在要將個別的原料「××g」，以構成該原料的「一氧化物有多少g」、「二氧化物有多少g」、「三氧化物有多少g」來表示。這是因為塞格式釉方是將原料區分為一、二、三氧化物來描述，所以必須遵循這個方式。

每種原料都要分別計算，所以先從矽石開始進行計算。

{1} 將「矽石＝20g」改寫為「氧化物有多少g」

這種釉的矽石＝20g。參照表4-4(1)的資料，矽石的化學式為SiO_2，因此SiO_2＝20g。

{2} 將「鉀＝42g」改寫為「每種構成元素的氧化物有多少g」

第二種原料的長石為42g。根據表4-4的資料，鉀長石的化學式為$K_2O \cdot Al_2O_3 \cdot 6SiO_2$，因此必須區分為「$K_2O$有多少g」、「$Al_2O_3$有多少g」、「$SiO_2$有多少g」。已知$K_2O + Al_2O_3 + 6SiO_2$的合計為42g，若不清楚各個構成元素的重量時，可使用表4-4求出個別的重量。

從這張表可知1莫耳的鉀長石是556.8g。這是其構成元素1莫耳的K_2O+1莫耳的Al_2O_3+6莫耳的SiO_2的合計重量。換言之，就是94.2g+102.0g+360.6g=556.8g。因此可製

實習・表1

矽石	鉀長石	高嶺土	石灰石	滑石	合　計
20g	42g	8g	10g	20g	100g

釉藥配方的表示方式是以重量（公克）取代百分比，因此合計為100g。

作出對應表「實習・表2」。

接著計算未知量（a、b、c）。首先以比例計算的方式，求出K_2O的重量a，和計算b、c的部分。

```
a×556.8=94.2×42
a=（94.2×42）÷556.8
a=7.106
```

換言之，在算式中，釉的K_2O重量約7.1g。

接著用相同的方法，計算Al_2O_3量（b）和$6SiO_2$量（c）。

```
b×556.8=102.0×42
b=（102.0×42）÷556.8
b=7.694
```

換句話說，Al_2O_3為7.7g。C則為，

```
c×556.8=360.6×42
c=（360.6×42）÷556.8
c=27.200
```

$6SiO_2$為27.2g。

因此a＋b＋c的合計為42g。

{3} 將「高嶺土＝8g」改寫為「構成元素的氧化物有多少g」

算式中，釉的高嶺土為8g。高嶺土的化學式為$Al_2O_3・2SiO_2・2H_2O$，因此是$Al_2O_3+2SiO_2+2H_2O=8g$，但必須分別計算$Al_2O_3=$多少g、$2SiO_2=$多少g、$2H_2O=$多少g。根據表4－4（1）的資料，可製作出對應表「實習・表3」。

分別計算各個未知量（d、e、f），可獲得以下的結果。

```
d×258.2=102.0×8
d=（102.0×8）÷258.2
d=3.160
```

也就是說，高嶺土中的Al_2O_3為3.2g。

```
e×258.2=120.2×8
```

実習・表2

	K_2O的重量	Al_2O_3的重量	$6SiO_2$的重量	整體重量
鉀長石1莫耳為標準規格時	94.2g	102.0g	360.6g	556.8g
目前計算中的釉藥	未知 a	未知 b	未知 c	42g

実習・表3

	Al_2O_3的重量	$2SiO_2$的重量	$2H_2O$的重量	整體重量
高嶺土1莫耳時	102.0g	120.2g	36.0g	258.2g
計算中的釉藥	未知 d	未知 e	未知 f	8g

$$e = (120.2 \times 8) \div 258.2$$
$$e = 3.724$$

高嶺土中的 $2SiO_2$ 為 3.7g。

$$f \times 258.2 = 36 \times 8$$
$$f = (36 \times 8) \div 258.2$$
$$f = 1.115$$

高嶺土中的 $2H_2O$ 為 1.1g。
因此 d+e+f 合計為 8g。

{4} 將「石灰石 = 10g」改寫為「構成元素的氧化物有多少 g」

釉的石灰石（$CaCO_3$）量為 10 g。從表 4-4 的資料中，可知石灰石是一氧化物（CaO）及其他氧化物（CO_2）所組成。這些成分的總量為 1 莫耳時，重量為 100.1 g。依此做為標準規格，製作成表格「實習・表4」，檢視計算中的釉會呈現何種結果。

針對兩個未知量（g、h），分別採取比例計算方式，可獲得以下的結果。

$$g \times 100.1 = 56.1 \times 10$$
$$g = (56.1 \times 10) \div 100.1$$
$$g = 5.604$$

換言之，石灰石中的 CaO 為 5.6g。

$$h \times 100.1 = 44 \times 10$$
$$h = (44 \times 10) \div 100.1$$
$$h = 4.395$$

石灰石中的 CO_2 為 4.4 g，g＋h 合計為 10g。

{5} 將「滑石 = 20 g」改寫為「構成元素的氧化物有多少 g」

釉的滑石為 20 g。參照表 4-4(1) 滑石的化學式（$3MgO \cdot 4SiO_2 \cdot H_2O$）為 1

實習・表4

	CaO 的重量	CO₂ 的重量	整體重量
石灰石 1 莫耳為標準規格時	56.1g	44.0g	100.1g
目前計算中的釉藥	未知 g	未知 h	10g

實習・表5

	3MgO 的重量	4SiO₂ 的重量	H₂O 的重量	整體重量
滑石 1 莫耳為標準規格時	120.9g	240.4g	18.0g	379.3g
目前計算中的釉藥	未知 i	未知 j	未知 k	20g

實習・表6

	一氧化物			三氧化物	二氧化物	其他	
	K₂O	CaO	MgO	Al₂O₃	SiO₂	H₂O	CO₂
矽石量	—	—	—	—	20.0g	—	—
鉀長石量	7.1g	—	—	7.7g	27.2g	—	—
高嶺土量	—	—	—	3.2g	3.7g	1.1g	—
石灰石量	—	5.6g	—	—	—	—	4.4g
滑石量	—	—	6.4g	—	12.7g	0.9g	—

莫耳時，將各構成元素的重量、以及合計重量（379.3g）當做標準規格，製作出計算中的釉藥滑石量及其相關表格「實習・表5」。

採取相同方法，計算各個未知量（i、j、k）。

```
i×379.3=120.9×20
i=（120.9×20）÷379.3
i=6.375
```

由上式得出，滑石中的$3MgO$為6.4g。

```
j×379.3=240.4×20
j=（240.4×20）÷379.3
j=12.676
```

滑石中的$4SiO_2$為12.7g。

```
k×379.3=18×20
k=（18×20）÷379.3
k=0.949
```

滑石中的H_2O為0.9g。

透過這種方式，可將所有原料區分為一、二、三氧化物（以及其他成分），並轉換為重量，然後彙整成一張表格，如實習・表6所示。

從這張表格中，可以看出釉中的SiO_2來自於矽石、長石、高嶺土和滑石，而Al_2O_3則來自於長石和高嶺土。接著，將相同元素的數字相加，製作成簡潔明瞭的「實習・表7」表格，合計為100g。換言之，這些氧化物原本來自於哪種原料完全不重要。

接下來暫時回到p.118、119補充說明一下。分別計算長石（$K_2O・Al_2O_3・6SiO_2$）的構成元素時，會獲得「$6SiO_2=27.2g$」的結果，如實習・表2所示。其中這個數字「6」，代表莫耳量中的K_2O和Al_2O_3和SiO_2的比例為1：1：6。但我們現在必須轉換為「二氧化物中的SiO_2有多少g」，因此在這個計算過程中，SiO_2的莫耳量為K_2O和Al_2O_3的六倍，就不具特別的意義。在表格「實習・表6」中，不會標示「$6SiO_2$為27.2g」，而是單純標示「SiO_2為27.2g」。基於相同的理由，表格中的$2SiO_2$、$2Al_2O_3$和滑石的$3MgO$、$4SiO_2$，也採取刪掉前面數字的方式。

步驟 2

將一氧化物幾g、二氧化物幾g、三氧化物幾g的表示方式，轉換為「多少莫耳」。從K_2O開始，依照CaO、MgO、Al_2O_3的順序進行轉換計算，而這項作業也會利用表4-1（1）。換句話說，我們會把這張表當做「標準規格」，製作出對應表以進行比例計算。

實習・表7

一氧化物			三氧化物	二氧化物	其他		合計
K_2O	CaO	MgO	Al_2O_3	SiO_2	H_2O	CO_2	
7.1g	5.6g	6.4g	10.9g	63.6g	2.0g	4.4g	100g

實習・表8

K_2O的標準規格	1莫耳	94.2g
計算中的釉藥	未知v	7.1g時

實習・表9

CaO的標準規格	1莫耳	56.1g
計算中的釉藥	未知w	5.6g時

{1} 將「$K_2O=7.1g$」換算成「$K_2O=$多少莫耳」（實習・表8）

```
v×94.2=1×7.1
v=（1×7.1）÷94.2
v=0.0754
```

換言之，7.1g的K_2O相當於0.0754莫耳。

{2} 將「$CaO=5.6g$」換算成「$CaO=$多少莫耳」（實習・表9）

```
w×56.1=1×5.6
w=（1×5.6）÷56.1
w=0.0998
```

5.6g 的CaO相當於0.0998莫耳。

{3} 將「$MgO=6.4g$」換算成「$MgO=$多少莫耳」（實習・表10）

```
x×40.3=1×6.4
x=（1×6.4）÷40.3
x=0.1588
```

6.4g 的MgO相當於0.1588莫耳。

實習・表10

MgO 的標準規格	1莫耳	40.3g
計算中的釉藥	未知x	6.4g時

{4} 將「$Al_2O_3=10.9g$」換算成「$Al_2O_3=$多少莫耳」（實習・表11）

```
y×102.0=1×10.9
y=（1×10.9）÷102.0
y=0.1069
```

10.9g的Al_2O_3相當於0.1069莫耳。

{5} 「$SiO_2=63.6g$」換算成「$SiO_2=$多少莫耳」（實習・表12）

```
z×60.1=1×63.6
z=（1×63.6）÷60.1
z=1.0582
```

63.6g的SiO_2相當於1.0582莫耳。

不過，在步驟2中，會忽略步驟1結果表中的CO_2和H_2O，不進行此項計算。這是因為這些元素會在燒成過程中消失，不會殘留在釉內，因此不納入塞格式釉方。這意味著計算時會忽略釉原料的一

實習・表11

Al_2O_3 的標準規格	1莫耳	102.0g
計算中的釉藥	未知y	10.9g時

實習・表12

SiO_2 的標準規格	1莫耳	60.1g
計算中的釉藥	未知z	63.6g時

實習・表13

	一氧化物		三氧化物	二氧化物
K_2O	CaO	MgO	Al_2O_3	SiO_2
0.0754莫耳	0.0998莫耳	0.1588莫耳	0.1069莫耳	1.0582莫耳

實習・表14

	K_2O	CaO	MgO	合計
現在的狀態	0.0754莫耳	0.0998莫耳	0.1588莫耳	0.334莫耳
希望這樣調整	未知A	未知B	未知C	1莫耳

部分，但是，從塞格式釉方反推算出百分比（公克），還是可以還原到原來的比例。從p.124〈從塞格式釉方計算百分（公克）比配方〉便可了解這種計算方式的可行性。

總結計算的結果，製作出「實習・表13」。

步驟3

只看以莫耳量表示的一氧化物族群（K_2O、CaO、MgO），將三種元素的莫耳量相加，以計算出合計量。然後將這個合計量，並調整為1莫耳（塞格式釉方中，有一項「一氧化物的合計量必須為1莫耳」的規定）。

{1} K_2O、CaO、MgO 莫耳量的變更計算

三種一氧化物的合計總量為0.334莫耳。在一氧化物的合計量必為1莫耳時，就需要製作對應表（實習・表14），來計算各氧化物需變更為多少莫耳。

首先進行K_2O的變更計算，

$$A \times 0.334 = 0.0754 \times 1$$
$$A = (0.0754 \times 1) \div 0.334$$
$$A = 0.2257$$

總之，要將K_2O的量修正為0.2257莫耳。

接著進行CaO和MgO莫耳量的變更計算。雖然可以採用與K_2O相同的換算方式，但是這裡要介紹另一種計算方法。將原本為0.0754莫耳的K_2O，變更為0.2257莫耳，使一氧化物的總量為1莫耳，表示等同於調整為2.99倍（0.2257除以0.0754等於2.99），因此也必須將

CaO和MgO調整為2.99倍。

CaO的未知B為0.0998莫耳×2.99＝0.2984莫耳，MgO的未知C為0.1588莫耳×2.99＝0.4748莫耳，K_2O、CaO、MgO合計起來是1莫耳（實際計算為0.9989）。

{2} 三氧化物、二氧化物的莫耳量計算

當一氧化物族群調整為2.99倍時，Al_2O_3和SiO_2的量也必須調整為2.99倍。否則，依照步驟計算出來的釉藥，將會喪失其持續性而變成其他物質。

Al_2O_3應變成0.1069莫耳×2.99＝0.3196莫耳，SiO_2則變成1.0582莫耳×2.99＝3.1640莫耳。

將這個結果依照一氧化物、三氧化物、二氧化物的順序排列，就形成這個釉的塞格式釉方。一氧化物的鹼性成分（K_2O、Na_2O）排在前面，鹼性土類金屬及其他（CaO、MgO、ZnO等）則排在後面。如果兩個群組中有複數元素時，則以量多者為優先順序。

【塞格式釉方】
0.2257 K_2O
0.4748 MgO・0.3196 Al_2O_3・3.1640 SiO_2
0.2984 CaO

或者是採取下列四捨五入的方式加以簡略化。不過，必須確保一氧化物的合計量為1.0。這種釉屬於含鎂量較多的白色啞光釉。

【塞格式釉方】
0.23 K_2O
0.47 MgO・0.32 Al_2O_3・3.16 SiO_2
0.30 CaO

從塞格式釉方計算百分（公克）比配方

接下來將使用塞格式釉方進行換算成公克的計算。

0.2257 K$_2$O

0.4748 MgO · 0.3196 Al$_2$O$_3$ · 3.1640 SiO$_2$

0.2984 CaO

這個塞格式釉方，是從前面的實習計算結果所獲得的配方。以下說明從這個塞格式釉方，獲得百分比（或公克）配方的方法。總而言之，會得到同實習‧表1以公克標示的結果。

計算過程會用講課形式進行。

塞格式釉方本身要求「找出含有某種元素（CaO、SiO$_2$等）」的原料。因此，必須尋找包含所指定元素的原料（例如：含有CaO的石灰石和充當SiO$_2$的矽石），並使用這種原料。

針對所選擇的原料，塞格式釉方也有「要使用這樣的量（莫耳量）」的指示。因此，這些原料僅能使用塞格式釉方所要求的莫耳量。其次，根據p.115表4-4（1）的一覽表，計算出所使用的莫耳量，相當於多少公克（g）。然後針對塞格式釉方中的所有氧化物，分別進行這項作業。

完成這項作業之後，就能算出所使用的原料和其分量（g）。將這些數量相加得出合計量（g）。若這個合計量不是100g，就必須經過調整計算，使合計量為100g。

在這個計算中，使用「實習‧表15」的格式將很便利。在筆記本上畫線分成兩欄，左側列出塞格式釉方要求的氧化物及其莫耳數（a）。在計算過程中，右側空白處（b）可用來紀錄使用的原料及莫耳數、以及換算成公克等。接著準備電子計算機，從步驟1開始進行。

步驟 1

{1} 使用鉀長石當做塞格式釉方所要求的K$_2$O原料

實習‧表15僅是顯示p.129實習‧表22（計算完整圖）的開頭部分。首先從K$_2$O開始計算（不一定要按照K$_2$O→MgO的順序）。因為「塞格式釉方要求找出含有K$_2$O的原料」，因此要思考哪種原料含有K$_2$O。除了鉀長石之外，其他原料（非可溶性原料）並沒有含K$_2$O，因此就用鉀長石（K$_2$O · Al$_2$O$_3$ · 6SiO$_2$）。

由於塞格式釉方要求需要0.2257莫耳的K$_2$O。若使用0.2257莫耳的鉀長石，則含有0.2257莫耳的K$_2$O，因此可在表格右側的空白處（b），寫入「使用0.2257莫耳的鉀長石K$_2$O · Al$_2$O$_3$ · 6SiO$_2$」。

實習‧表15

(a) 標示各氧化物及其莫耳數					右側空白處可用來紀錄計算過程
K$_2$O	MgO	CaO	Al$_2$O$_3$	SiO$_2$	(b) 使用 0.2257 莫耳的鉀長石 K$_2$O · Al$_2$O$_3$ · 6SiO$_2$
0.2257	0.4748	0.2984	0.3196	3.1640	(e)〔標準規格〕1 莫耳的鉀長石為 556.8g。
(c) 0.2257			(d) 0.2257	1.3542 (0.2257×6)	〔目前情況〕0.2257 莫耳等於幾公克？ 〔計算〕? = 556.8 × 0.2257（g） ? = 125.7 g
0	0.4748 (g)	0.2984	0.0939	1.8098	←(f) 畫出區隔線

在左欄「K_2O為0.2257（依照塞格式釉方的要求）」的下方，填入0.2257（依照要求配置）(c)。

不過，由於鉀長石如其化學式為$K_2O \cdot Al_2O_3 \cdot 6SiO_2$所示，是包含三種元素的原料，1莫耳的長石是由1莫耳的K_2O、1莫耳的Al_2O_3、6莫耳的SiO_2組合而成。現在若以0.2257莫耳的長石，取代1莫耳的長石，則必須將0.2257莫耳的K_2O、0.2257莫耳的Al_2O_3、1.3542莫耳（0.2257莫耳的6倍）的SiO_2加起來。檢視左欄的塞格式釉方，會發現「也存在著Al_2O_3和SiO_2」。換言之，這些以打包方式一起出現的元素，也是必需元素，因此左欄Al_2O_3的下方要填入0.2257，SiO_2的下方則填入1.3542(d)。

現在的計算目的是「將原料換算成以多少公克（或多少百分比）表示的配方」，因此要求出目前使用的0.2257莫耳的鉀長石，到底有幾公克(g)。這時也必須利用表4-4（1）。在這個表格中，鉀長石1莫耳的重量為556.8g，若以此做為標準規格，就可以計算出0.2257莫耳的鉀長石有多少公克(g)。如實習・表15(e)所示，將計算過程填入右欄，紀錄標準規格（1莫耳時為556.8g），然後在其下方寫入現在的計算（0.2257莫耳等於多少公克）。依據這個數據進行比例計算後，就能得出「要使用125.7g的鉀長石」。

這樣就完成長石的換算計算了。接著，在同表的(f)地方畫一條橫線區隔開

來，將塞格式釉方所要求的莫耳量，減去這裡提供的莫耳量，並填入左欄。

由於K_2O已經完全滿足，因此數值為0。Al_2O_3則為要求量（0.3196）扣除供給量（0.2257）之後，剩下0.0939莫耳。SiO_2則是要求量（3.1640）減去供給量（1.3542）之後，剩下1.8098莫耳。MgO和CaO並未進行任何計算，因此直接將目前的莫耳量寫在下方。位於橫線(f)下方的這些數值，就是滿足塞格式釉方要求的氧化物的莫耳數(g)。

{2} 塞格式釉方要求有CaO，因此使用石灰石

實習・表16顯示使用長石後的塞格式釉方的狀態。雖然可依照順序從MgO開始計算，但本次從CaO開始進行計算作業。由於塞格式釉方要求需有0.2984莫耳的CaO，因此在表4-4（1）中，搜尋含有CaO的原料。結果會發現石灰石（$CaCO_3$，以氧化物區分的形式為$CaO \cdot CO_2$）是適合的原料。雖然成分中含有CO_2，但CO_2（二氧化碳）在燒成中便會排出，因此也可列入無妨（不過，像是硬硼鈣石（$2CaO \cdot 3B_2O_3 \cdot 10H_2O$）這種原料，含有塞格式釉方沒有要求，也無法在燒成中消失的元素（例如：B_2O_3），就屬於不適合使用的原料。

在實習・表16中，以石灰石的化學式（以一、二、三氧化物表示），將「使用

實習・表16

K_2O	MgO	CaO	Al_2O_3	SiO_2	
0	0.4748	0.2984	0.0939	1.8098	(h) 使用 0.2984 莫耳的石灰石
CO_2 0.2984		0.2984			(j) 當 1 莫耳的 $CaO \cdot CO_2$ 相當於 100.1g 時，0.2984 莫耳等於多少公克？ $? = 100.1 \times 0.2984$ $? = 29.9\,g$
	(i)				
	0.4748 (l)	0	0.0939 (m)	1.8098	(k) 畫出區隔線

125

0.2984莫耳的石灰石CaO·CO₂」寫於右欄（ h ）中。CaO·CO₂的化學式表示CaO和CO₂兩者的比例為1：1，換句話說CaO有1莫耳時，CO₂也要有1莫耳。因此就目前的情況，CaO為0.2984莫耳的話，CO₂也必須要有0.2984莫耳。在左欄CaO的要求量下方填入0.2984（ i ）。不過，塞格式釉方並沒有要求需要CO₂，因此沒有CO₂的欄位。就先暫時寫在空白處（圈起來的地方）。

接著在右欄寫出0.2984莫耳的石灰石，相當於多少公克的計算過程。從表4-4（ 1 ）中，可以查到1莫耳的CaO·CO₂有100.1g。那麼0.2984莫耳等於多少公克便能夠計算出來，其結果是29.9g，如實習·表16（ j ）所示。

換言之，就知道使用的石灰石為29.9g。接著畫一條橫線（ k ）代表結束計算。將塞格式釉方要求的CaO量（ 0.2984 ）扣除供給量（0.2984莫耳），兩者相減為0填入（ 1 ）的地方，這樣就結束石灰石的計算作業。

MgO、Al₂O₃、SiO₂並未進行任何計算，因此直接將個別的莫耳量，填入橫線（ k ）下方的（ m ）地方。

{3} 以滑石充當塞格式釉方要求的 MgO

實習·表17是完成石灰石計算的塞格式釉方。由於尚有幾種氧化物的要求量還沒求出，所以繼續從MgO開始計算。含有MgO的原料包括菱鎂礦（MgCO₃）、滑石（ 3 MgO· 4 SiO₂·H₂O）、白雲石（CaCO₃·MgCO₃）。就目前情況，可在菱鎂礦和滑石之中擇一使用，但是不可使用白雲石（理由後述）。在原始的比例配方（p.118 實習·表1）中，原本就使用滑石，而現在的計算目的是還原求出公克，所以還是使用滑石。

在用量方面，由於塞格式釉方要求必須有0.4748莫耳的MgO，如果認為直接使用0.4748莫耳的滑石比較容易，那就錯了。其理由是1莫耳的滑石（ 3 MgO· 4 SiO₂·H₂O）是由3莫耳的MgO所組成，假設使用0.4748莫耳的滑石，則要加入3倍的MgO量，也就是1.4244莫耳（0.4748×3）。（參閱p.117圖4-16）。因此，為了讓MgO量為0.4748莫耳，可將三分之一的量＝0.1583莫耳，當做滑石必要的莫耳量。在右欄內填入「使用0.1583莫耳的滑石（ 3 MgO· 4 SiO₂·H₂O）」，如實習·表17（ n ）所示。

接著計算出0.1583莫耳的滑石相當於多少公克。從表4-4（ 1 ）中，可以查到「1莫耳的滑石為379.3 g」，所以能採取比例計算方式，算出0.1583莫耳的滑石是幾公克。實習·表17（ o ）為計算結果，滑石用量為60.04g。

換左欄的計算作業。因使用0.1583莫耳的滑石而獲取的三種元素，包括0.4748莫耳的MgO（三倍量），0.6332莫耳的SiO₂（四倍量），H₂O則為等量的0.1583莫耳。在左欄塞格式釉方所要求的

實習·表17

K₂O	MgO	CaO	Al₂O₃	SiO₂	
0	0.4748	0	0.0939	1.8098	（n）使用 0.1583 的滑石 3 MgO· 4 SiO₂·H₂O
H₂O 0.1583	0.4748 (0.1583×3)		(p)	0.6332 (0.1583×4)	（o）滑石 1 莫耳時為 379.3g 那麼 0.1583 莫耳時為幾公克？ ? = 379.3 × 0.1583 ? = 60.04 g ———（q）
	0		0.0939	1.1766	
		(r)			

MgO和SiO$_2$的莫耳量下方，填入這裡提供的各項莫耳數值。

H$_2$O（結晶水）不是塞格式釉方要求的元素，而且在燒成中便會消失，不會殘留在釉中，因此列進去也沒有問題。不過，表格中沒有H$_2$O的欄位，就暫時寫在最左側的地方。畫一條橫線（q）表示結束滑石的計算作業。接著針對MgO和SiO$_2$，將塞格式釉方所要求的量，減去這邊供給的量，MgO就變成0莫耳，SiO$_2$還有1.1766莫耳。由於Al$_2$O$_3$不進行任何計算作業，（r）中保留原本的0.0939莫耳。

{4} 由於Al$_2$O$_3$和SiO$_2$緣故，使用高嶺土

實習・表18為滑石計算作業已完成的狀態，但其中還有兩個未被調整的元素（Al$_2$O$_3$和SiO$_2$）、以及其必要的莫耳數（0.0939和1.1766）。就目前情況，雖然Al$_2$O$_3$與SiO$_2$可分別從氧化鋁和矽石取得，但是高嶺土（Al$_2$O$_3$・2SiO$_2$・2H$_2$O）已經含有這兩種元素，所以此次會選用高嶺土。

在塞格式釉方中，所要求的Al$_2$O$_3$使用量為0.0939莫耳。在右欄（s）中填入「使用0.0939莫耳的高嶺土Al$_2$O$_3$・2SiO$_2$・2H$_2$O」。使用0.0939莫耳的高嶺土（其化學式中三元素的比例為1:2:2），代表釉中含有0.0939莫耳的Al$_2$O$_3$、0.1878莫耳（兩倍量，0.0939×2）

的SiO$_2$、以及0.1878莫耳的H$_2$O（參閱p.117圖4-16），因此在左欄（t）相對應的位置，分別填入莫耳量。

此外，由於沒有H$_2$O的欄位，因此寫在最左側的空白處。將塞格式釉方的要求量，減去這些物質的供給量後，Al$_2$O$_3$變成0，而SiO$_2$還有0.9888莫耳（u）。

接著在右欄中計算所使用的0.0939莫耳的高嶺土，相當於多少公克（g）。從表4-4（1）可以查到1莫耳的高嶺土有258.2g，根據這個數據進行比例計算，得出結果為?= 24.2 g，如實習・表18（v）所示。換言之，就是使用了24.2g的高嶺土。

{5} 剩下的SiO$_2$用矽石

實習・表19是最後剩下的SiO$_2$及其必要莫耳量。除了矽石之外，沒有其他原料是只含SiO$_2$，因此只能使用矽石。在用量方面，當然是0.9888莫耳，因此在右欄的空白處（w）填寫「使用0.9888莫耳的矽石」。左欄（x）內塞格式釉方所要求的SiO$_2$量（0.9888莫耳）下方，填入這裡供給的量（0.9888莫耳），經過減法運算之後，SiO$_2$就變成0（y），這代表已經用各種原料，滿足了塞格式釉方所要求的所有氧化物及其莫耳量。在右側的空白處，以矽石1莫耳時的重量（60.1g）為基準，進行比例計算後，0.9888莫耳時的重量就是59.4g（z）。到此便結束步

實習・表18

K$_2$O	MgO	CaO	Al$_2$O$_3$	SiO$_2$	
0	0	0	0.0939	1.1766	**(s)** 使用 0.0939 莫耳的高嶺土 Al$_2$O$_3$・2SiO$_2$・2H$_2$O
H$_2$O 0.1878		(t)	0.0939	0.1878	**(v)** 高嶺土為 1 莫耳有 258.2g，0.0939 莫耳時有多少公克？ ? = 258.2 × 0.0939 ? = 24.2 g
		(u) 0		0.9888	

127

K₂O	MgO	CaO	Al₂O₃	SiO₂	
0	0	0	0	0.9888	（w）使用 0.9888 莫耳的矽石
				（x）0.9888	（z）矽石為 1 莫耳時有 60.1g，0.9888 莫耳時有多少公克？
					? = 60.1 × 0.9888
					? = 59.4 g
				（y）0	

驟1所有的計算作業。

為方便說明，截至目前為止都是以個別表格的方式呈現，實際上只要一個表格就能完成所有的計算，如實習・表22（p.129）。左側是根據塞格式釉方要求的氧化物的莫耳量，計算出相同莫耳量的氧化物，右側則紀錄「選擇使用的原料」、「決定其使用的莫耳數」、「將其莫耳數換算成公克」的計算過程。換言之，左側為一、二、三氧化物及其莫耳量，右側為實際的原料及殘留的公克量。

步驟 2

將步驟1使用的原料及其重量填入表內。可知總量相加合計為299.24g。接著製作成對應表，如實習・表20所示，透過調整計算將合計調整為100g。

例如：矽石的未知量D如下列所示，

$$D × 299.24 = 59.4 × 100$$
$$D = (59.4 × 100) ÷ 299.24$$
$$D = 19.85$$

計算結果為19.85。

用相同的計算方式，進行E、F、G、H的計算。結果分別為42.00g、8.09g、9.99g、20.06g。經四捨五入後，獲得實習・表21的結果。如此就還原至p.118實習・表1最初的百分（公克）比配方。

	矽石	鉀長石	高嶺土	石灰石	滑石	合計
現在的狀態	59.4g	125.7g	24.2g	29.9g	60.04g	299.24g
希望這樣調整	未知D	未知E	未知F	未知G	未知H	100g

	矽石	鉀長石	高嶺土	石灰石	滑石	合計
釉藥配方	20g	42g	8g	10g	20g	100g

到底該使用哪種原料

　　塞格式釉方始終以一、二、三氧化物來表示，所以要選擇何種原料，取決於個人判斷。因此，當需要MgO時，除了可選擇只含有MgO的碳酸鎂（雖然化學式為$MgCO_3$，但CO_2不會殘留在釉中）之外，滑石（$3MgO \cdot 4SiO_2 \cdot H_2O$）或白雲石（$CaCO_3 \cdot MgCO_3$），也是可以考慮的候補原料。

　　不過，在實習‧表22的計算過程中，當指定使用MgO時，塞格式釉方已經不需要CaO的元素，因此這個情況就不能使用白雲石。另一方面，塞格式釉方還有要求需要SiO_2，因此可使用滑石。換句話說，此種情況下，可從碳酸鎂和滑石兩者之中擇一使用。根據所選擇的原料，其後續的計算也不盡相同。總而言之，正因為選擇的原料不同，所以從相同的塞格式釉方，會得到兩種截然不同的配方，但基本上會是能夠在相同溫度下熔解的同種釉。

　　此外，在計算順序上，並不需要依照塞格式釉方列出的順序（例如：開頭為K_2O，其次為MgO，然後是CaO等），進行原料的配置。不過，假設當初使用的矽石，已經滿足所需SiO_2的總量。現在因為需要K_2O，而考慮使用長石，但長石也含有SiO_2，這樣一來就會造成無法使用長石的困擾。關於這一點必須加以注意。

實習‧表22

K_2O	MgO	CaO	Al_2O_3	SiO_2	
0.2257	0.4748	0.2984	0.3196	3.1640	使用 0.2257 莫耳的鉀長石 $K_2O \cdot Al_2O_3 \cdot 6SiO_2$
0.2257			0.2257	1.3542	1 莫耳的鉀長石，重量為 556.8g
				$(0.2257×6)$	那麼 0.2257 莫耳時是幾公克？
					? = 258.2 × 0.0939
					? = 24.2 g
0	0.4748	0.2984	0.0939	1.8098	使用 0.2984 莫耳的石灰石 $CaO \cdot CO_2$
		0.2984			1 莫耳的石灰石，重量為 100.1g
CO 0.2984					那麼 0.2984 莫耳時是幾公克？
					? = 100.1 × 0.2984
					? = 29.9 g
	0.4748	0	0.0939	1.8098	使用 0.1538 莫耳的滑石 $3MgO \cdot 4SiO_2 \cdot H_2O$
	0.4748			0.6332	1 莫耳的滑石，重量為 379.3g
	$(0.1583×3)$			$(0.1583×4)$	那麼 0.1583 莫耳時是幾公克？
H_2O 0.1583					? = 379.3 × 0.1583
					? = 60.04 g
	0		0.0939	1.1766	使用 0.0939 莫耳的高嶺土 $Al_2O_3 \cdot 2SiO_2 \cdot 2H_2O$
			0.0939	0.1878	1 莫耳的高嶺土，重量為 258.2g
H_2O 0.1878				$(0.0939×2)$	那麼 0.0939 莫耳時是幾公克？
					? = 258.2 × 0.0939
					? = 24.2 g
			0	0.9888	使用 0.9888 莫耳的矽石 SiO_2
				0.9888	1 莫耳的矽石，重量為 60.1g
					那麼 0.9888 莫耳時是幾公克？
					? = 60.1 × 0.988
					? = 59.4 g
0	0	0	0	0	

塞格式釉方何時發揮功能

當我們有了一個釉藥配方，希望另尋釉的調性和熔解方式稍微不同的釉時，若活用塞格式釉方，則非常便利。

首先找到參考用的釉（基礎釉）。若釉屬於百分（公克）比配方時，先轉換為塞格式釉方。這種釉可以是自己正在使用的釉，也可以是參考文獻所獲取的配方，或是某人傳授的配方。不論是無色（透明、白色啞光、乳白等），或加入某些添加物的色釉也無所謂。不過，基礎釉的配方中不能含有做為著色用的金屬類（鐵、銅、鈷、錳、鎳、鉻化合物等或市售顏料）、失透劑（錫、鈦、矽酸鋯的氧化物或矽酸化合物、以及市售的失透劑、乳濁劑），必須先分離出來。

換言之，若基礎釉為百分比配方時，則將上述原料抽離之後的部分當做基礎釉，並調整為100％（100ｇ），其他添加物則以多少百分比的形式，再添加到基礎釉。此外，轉換成塞格式釉方時也是如此，先將基礎釉的部分轉換成塞格式釉方，後續再將添加物以百分比的形式加上去。

這裡將以下的釉藥配方當做基礎釉。

基礎釉	0.25 K₂O 0.45 Li₂O · 0.45 Al₂O₃ · 3.5 SiO₂ 0.30 BaO + 添加物CuCO₃（碳酸銅）3%

圖4-17 採用塞格式釉方的釉藥測試範例

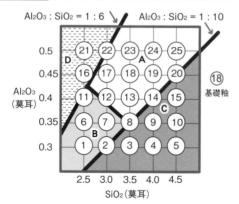

這是約在1170℃熔解、添加3％碳酸銅的著色劑，所形成的土耳其藍透明光澤釉。這種釉本身沒有特別的缺陷，可透過改變Al_2O_3和SiO_2的量，找出不同色調或熔解狀態的釉。因此，要來製作一個橫軸為SiO_2莫耳量、縱軸為Al_2O_3莫耳量的二維座標，以確認基礎釉在此座標上的位置。圖4-17中，顯示基礎釉的位置為⑱。

接著決定基礎釉周圍的測試範圍。換言之，就是設定該釉周圍四邊圈住的區域範圍，並測試位於其中的釉。調整Al_2O_3和SiO_2的比例，能改變釉的外觀和熔解狀態。例如：圖中的區域Ａ（大約Al_2O_3：SiO_2=1：6～1：10，屬於石灰系釉中的透明區域）、區域Ｂ（出現透明、鹼基性啞光、結晶釉的區域。雖然與區域Ａ的Al_2O_3：SiO_2比例相同，但是兩者的莫耳量較少）、區域Ｃ（許多釉呈現矽酸質乳濁效果的區域，Al_2O_3：SiO_2=1：10以上）、區域Ｄ（呈現氧化鋁啞光和結晶釉的區域，Al_2O_3：SiO_2=1：3～1：6）。

可根據希望獲得的釉變更測試範圍。若希望獲得比基礎釉更容易熔解的釉，就以基礎釉為基點，向左下方擴大測試範圍。相反地，若希望提高熔解的溫度，則可朝向右上方調整測試範圍。不怕麻煩費時的話，可多加嘗試擴展測試範圍。

圖中SiO_2線（垂直線）與Al_2O_3線（水平線）的交叉點編號No.1～No.25，就是此次測試範圍中的釉。例如：No.1的塞格式釉方，如下所示。

No.1 釉	0.25 K₂O 0.45 Li₂O · 0.3 Al₂O₃ · 2.5 SiO₂ 0.30 BaO + 添加物CuCO₃（碳酸銅）3%

No.1～No.25的SiO_2和Al_2O_3的量，如表4-5所示。在這項測試中，一氧化物（塞格式釉方左項的元素）為固定，而且所有的測試釉藥都相同。接著將所有釉進行塞格式釉方的計算，並換算成百分比配方。其結果如表4-6所示。

以下為測試步驟。首先準備各種釉。這時必須根據表4-6製作公克數的表格。此時若能夠使用拖盤天平秤量少量（約100mg到50g的範圍）的原料，一種釉的

總量只需準備10～20g就足夠，但只能使用以公克為單位的廚房用秤時，每種釉就必須準備50～100g左右。

將秤量完成的各種釉原料，裝入預先準備的25個小袋子中。若為添加著色金屬類和失透劑的釉，則將粉末狀態的基礎釉當做100%，再分別添加3%、5%的添加物。現在的範例是在所有的袋子內，添加3%的碳酸銅。

結束25種釉的秤量作業後，就可以

| 表4-5 | 測試釉藥的莫耳量 |

測試釉藥 No.	Al_2O_3（莫耳量）	SiO_2（莫耳量）
1	0.3	2.5
2	0.3	3.0
3	0.3	3.5
4	0.3	4.0
5	0.3	4.5
6	0.35	2.5
7	0.35	3.0
8	0.35	3.5
9	0.35	4.0
10	0.35	4.5
11	0.4	2.5
12	0.4	3.0
13	0.4	3.5
14	0.4	4.0
15	0.4	4.5
16	0.45	2.5
17	0.45	3.0
18	0.45	3.5
19	0.45	4.0
20	0.45	4.5
21	0.5	2.5
22	0.5	3.0
23	0.5	3.5
24	0.5	4.0
25	0.5	4.5

| 表4-6 | 測試釉藥的百分比 |

測試釉藥 No.	鉀長石	碳酸鋰	碳酸銅	氧化鋁	矽石	合計（%）
1	46.90	11.19	19.94	1.72	20.25	100
2	42.59	10.16	18.11	1.56	27.58	100
3	39.00	9.31	16.58	1.43	33.68	100
4	35.97	8.58	15.30	1.32	38.83	100
5	33.38	7.96	14.19	1.22	43.24	99.99
6	46.11	11.00	19.61	3.38	19.91	100.01
7	41.93	10.00	17.83	3.07	27.16	99.99
8	38.45	9.17	16.35	2.82	33.20	99.99
9	35.51	8.47	15.10	2.60	38.32	100
10	32.98	7.87	14.02	2.42	42.71	100
11	45.34	10.32	19.28	4.98	19.58	100
12	41.30	9.85	17.56	4.54	26.75	100
13	37.92	9.05	16.12	4.17	32.74	100
14	35.05	8.36	14.90	3.85	37.83	99.99
15	32.58	7.77	13.86	3.58	42.21	100.01
16	44.60	10.64	18.97	6.54	19.26	100
17	40.68	9.71	17.30	5.96	26.35	100
18	37.40	8.92	15.90	5.48	32.29	99.99
19	34.61	8.26	14.71	5.07	37.35	100
20	32.20	7.68	13.69	4.72	41.71	100
21	43.88	10.47	18.66	8.04	18.95	100
22	40.09	9.56	17.05	7.34	25.96	100
23	36.89	8.80	15.69	6.76	31.86	100
24	34.17	8.15	14.53	6.26	36.88	99.99
25	31.82	7.59	13.53	5.83	41.22	99.99

進入釉調整和施釉的階段。將每種釉分別倒入容器內（若有研磨缽和研磨棒，可善用），加水混合後調整至黏稠但能流動的狀態。預先準備小塊的素坯片（測試片），使用湯匙等工具將釉藥滴流塗抹在測試樣本上。

這些測試樣本所用的泥土，建議使用燒成後的顏色為白色者，但也可以使用自己平常慣用的泥土。輕輕刮一下施釉層時，其厚度要有如明信片般薄的程度，為了做到這點，混合過程中要調整水量和施釉方法。擦掉流到背面的釉，然後用顏料寫下釉的編號。

土耳其藍釉是氧化焰燒成專用的釉，因此各種釉只要準備一片即可，但若是氧化焰和還原焰兩種燒成方式都能使用的釉，每種釉就必須準備兩片。接著分別進行兩種燒成測試。燒成之後要檢查釉的熔解狀況和調性，選擇最符合窯爐溫度，也就是既不會過度熔解，也不會熔解不足的釉。將所選擇的配方，在實際的作品上施釉，再確認一次結果會比較安心。

這項釉藥的測試結果，就如圖4-18、圖4-19所示。效果良好的光澤釉為No.2、3、8，No.2為深濃土耳其藍，No.3和No.8是透明的淡土耳其藍，兩者都呈現出比No.18基礎釉（淺淡光澤的藍釉）更漂亮的釉色。此外，效果良好的消光釉是No.6、16、21，任何一種都能獲得具有啞光效果的深濃土耳其藍。

這種釉的特異之處，是與一般的高溫釉不同，屬於完全不使用鈣（石灰石）做為媒熔劑的高鹼性釉。因此其燒成溫度為較低的1170℃。圖4-19是只根據熔點，將外觀區分為「光澤」和「啞光」，但從圖中可以了解石灰系的高溫釉，出現光澤或啞光效果的區域完全不同。

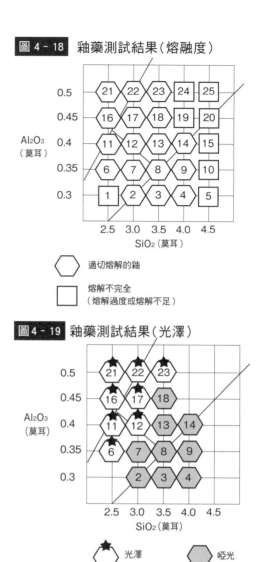

圖 4 - 18 釉藥測試結果（熔融度）

Al_2O_3（莫耳）

SiO_2（莫耳）

⬡ 適切熔解的釉

▢ 熔解不完全（熔解過度或熔解不足）

圖 4 - 19 釉藥測試結果（光澤）

Al_2O_3（莫耳）

SiO_2（莫耳）

★ 光澤　　⬡ 啞光

在網際網路上也能計算釉藥配方

在某些網站上，能夠瞬間完成從釉藥的百分比配方，轉換成塞格式釉方，或從塞格式釉方轉換成百分比配方的計算作業。例如：信樂窯業技術實驗場的技術資訊網頁，一般民眾都可以使用，非常便利。

滋賀縣工業技術綜合中心

信樂窯業技術實驗場

百分比配方轉換成塞格式釉方

https://www.shiga-irc.go.jp/scri/tech_info/ratio_to_seger/

塞格式釉方轉換成百分比配方

https://www.shiga-irc.go.jp/scri/tech_info/seger_to_ratio/

何謂透明釉

形成透明釉的機制

　　如圖4-20所示，當光線照在釉面時，一部分會被表面反射，一部分會進入釉的內部，這時光線會在釉的表面形成某個角度的彎折。換言之，光從「某種物質（空氣）」通過「別的物質（釉）」時，必然會產生折射。此外，當光抵達釉膜層下方的素坯時，由於無法穿透於是會折回釉面。接著在離開釉面時，又再度產生折射。

　　當釉面平整時，光被表面反射的角度很均勻，釉看起來閃閃發亮，就形成所謂的「光澤釉」。此外，進入釉中與折射到外面的光束，保持相同的折射角度時，釉看起來就會透明。若同時滿足上述兩項條件，就會形成「光澤透明釉」。

　　不過，釉中不含氣泡的情況非常罕見。由於氣泡（氣體）會引起光的散射，嚴格說來，即使是透明釉，也很少有完全透明的狀態。

　　若希望盡可能使釉透明的話，必須滿足以下條件。
①首先是釉藥配方中的原料比例，必須屬於互相平衡的狀態。若釉中某種原料過多或過少，熔解時就無法形成透明狀態。（參閱p.102〈根據三角座標的釉藥配方測試〉）。

②釉的厚度必須適當。換言之，為了讓燒成中產生的氣體容易揮發散出，釉膜層應該相對薄一點。

③為了讓氣體容易揮發散出，就必須降低釉的黏度。但黏度過小時，不僅釉容易流動，也會促進結晶生成，進而導致光的散射，使透明度降低。

④當燒成最後階段達到最高溫度時，暫時保持這種高溫（或稍低10～20℃的溫度）以進行高溫精煉，讓氣體排出後的痕跡被填平，使表面變得平滑，將是重要關鍵。不過，若保持高溫的過程太久，釉分解過度，反而會產生大量的氣體。

⑤若希望提高釉的透明度，在燒成結束後，從最高溫度降低到700℃為止的階段，為了避免釉液中飽和的物質結晶化，理想做法是讓窯爐溫度適切地急速冷卻。

⑥使用球磨機或球磨罐適切地研磨釉藥。原料粒子愈細，不同原料間的化學反應，就能更加順利，其結果是讓釉更容易熔解，透明度也會隨之提高。

圖4-20 規則性光線的反射與折射（光澤透明釉）

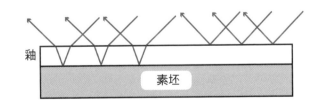

釉

素坯

當光在釉面上反射的角度具有規則性時，釉面會呈現光澤。此外，釉中不存在會引發漫反射的物質，並保持同樣的折射角度時，釉就會呈現透明狀態。

何謂不透明釉（失透釉）

不透明釉（失透釉）是釉中存在著某些物質。

當釉熔解成為液體狀的玻璃時，其中若存在著某些其他的物質，釉就會變成不透明。根據那些物質在釉中的狀態，「不透明釉（失去透明性，因此也稱為「失透釉」）」可區分為「乳濁釉」和「啞光釉（消光釉）」等兩種類型。

乳濁釉

乳濁釉是指釉中存在著某些物質，而且釉的表面很平滑。

當釉中存在著某些物質時，進入釉內部的光線，在抵達素坯之前，會與那些物質相撞而產生散射。於是看起來就會呈現不透明狀態。在這種情況下，如果釉的表面很平滑，光的表面反射具有規則性，則釉會呈現光澤效果。換言之，屬於「不透明的光澤釉」，通常稱之為「乳濁釉」。

啞光釉

啞光釉是某些物質凸出於釉的表面。

如圖4-21所示，釉中存在著某些物質，而這些物質凸出於釉的表面，使釉面變得不平滑。除了光在釉內部散射之外，表面的反射也變得不規則（漫反射）。於是釉的光澤降低，釉的表面呈現少許粗糙和潤澤的質感。這種不透明且光澤少的釉，稱為「啞光釉」或「消光釉」。

當然，釉的樣態會從某種類型逐漸轉換為其他類型，因此有些釉很難判斷屬於何種類型。不過，簡單的區別方法就是用鉛筆，在釉的表面輕輕畫線。若表面上沒有留下鉛筆筆跡，就屬於光澤透明釉和不透明光澤釉。若能描繪出清晰的線條就屬於啞光釉。

為了刻意呈現兩種不透明釉（乳濁和啞光）的效果，通常會用某些方法在熔解的釉液中製造某種「物質」，而這些物質可能是固體、液體或氣體物質。

啞光釉的形成機制

某些釉會因為熔解不足的緣故，使其表面呈現粗糙的啞光效果，但並非是這裡提到的啞光釉。雖然表面粗糙不平的釉具有裝飾品等用途，但使用時弄髒，就很難清理乾淨。良好的啞光釉縱然表面並非完全平滑，卻能符合衛生方面的要求。這樣的啞光釉並非由於熔解不足的緣故，而是某種固體物質均勻地擴散於釉中，並凸出於釉的表面，因而呈現光澤少、透明度低的柔潤質感。

這種固體物質出現在熔解的釉液中的原因，可能是生成某種結晶，抑或是存在著化學性質不活躍的物質。

圖 4-21 光的不規則反射與折射（啞光釉）

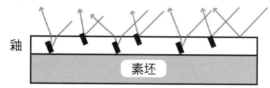

釉

素坯

◾ 固體物質

由於釉中存在著固體物質的緣故，光無法自由通過，並在碰到該物質時產生不規則的散射，因此使釉不具透明度。此外，固體也凸出於釉面，光在表面上形成漫反射，而使釉的光澤較少。

在釉中生成結晶，就能產生啞光釉

製造啞光釉的方法之一，是在調製釉藥的過程中，特意增加某種原料的量。這些分量過剩的元素，雖然一度會在釉熔解時，一起熔解進入釉中，但在燒成後的冷卻過程中，會因飽和[原注9]而形成結晶化。如以下四個範例所示，搭配各種釉原料及其構成要素，就能形成結晶化。

例1

媒熔劑過多時，會形成結晶化

若氧化鈣的量過多時，除了與二氧化矽結合形成玻璃之外，剩餘的氧化鈣在燒成後，會隨著窯爐溫度下降，而形成灰長石（$CaO \cdot Al_2O_3 \cdot 2SiO_2$）和矽灰石（$CaO \cdot SiO_2$）的結晶。因此，在已經屬於透明釉的基礎上，只增加石灰石的量以製造啞光釉，是常採用的手法。這種釉稱為「石灰質啞光釉」。若石灰增加過多的話，釉會無法熔解。

若氧化鎂的添加量過多時，會產生皂石（steatite）結晶（$MgO \cdot SiO_2 \sim MgO \cdot 2SiO_2$）。當氧化鈣和氧化鎂兩者都過量時，則會產生透輝石結晶（$CaO \cdot MgO \cdot 2SiO_2$）。氧化鋅（ZnO）也和鈣一樣容易形成結晶，會產生鋅尖晶石（$ZnO \cdot Al_2O_3$），碳酸鋇則會生成鋇長石（$BaO \cdot Al_2O_3 \cdot 2SiO_2$）結晶。此種由於媒熔劑過多而引起的失透現象，稱為「鹼性失透」。

例2

二氧化矽和氧化鋁過剩，促進結晶生成

若同時增加氧化鋁和二氧化矽等兩種氧化物時，會出現莫來石（$3Al_2O_3 \cdot 2SiO_2$）和方矽石（SiO_2）的細小結晶，使釉呈現失透狀態。由於要同時引進這兩種元素的緣故，可使用高嶺土（$Al_2O_3 \cdot 2SiO_2 \cdot 2H_2O$），因此這種釉稱為「高嶺土質啞光釉」。

例3

將失透劑加入釉中，以產生結晶化

一般「失透劑」包括二氧化鈦（TiO_2）、二氧化錫（SnO_2）、二氧化鋯（ZrO_2）。這些元素大部分都會在釉熔化時，熔解並融入其中。換言之，二氧化矽在達到燒成最後階段，形成非晶體（非晶質）構造時，這三種失透劑會組合進入網狀結構中。然後在冷卻過程中，隨著溫度逐漸下降，這些氧化物會無法繼續組合進入釉玻璃之中，而解析出矽酸鈦鈣（$CaO \cdot TiO_2 \cdot SiO_2$）、矽酸錫鈣（$CaO \cdot SnO_2 \cdot SiO_2$）、矽酸鋯（$ZrO_2 \cdot SiO_2$）等矽酸化合物（與矽酸結合的化合物）的微小結晶。通常這些失透劑添加到釉中的比例為5～10%。

例4

金屬化合物也能引起結晶化

金屬化合物通常是用來給釉上色，其使用目的並非產生啞光釉，但是氧化鈷（CoO）或氧化鐵（Fe_2O_3）的添加量多時，

【原注9】飽和：食鹽（氯化鈉、NaCl）可溶於水。換言之，將鹽加入水中，經過強力攪拌的話，水會變成透明狀態。不過，若是持續增加鹽的分量，在某個時間點就無法再溶解，而會殘留在容器底部。這代表食鹽的溶解量有極限，水中的鹽分已經達到飽和狀態。食鹽在水中的溶解量會隨著溫度改變，水溫愈高、溶解量愈多；水溫愈低則相反。因此，將食鹽達到飽和程度的水溶液加以冷卻時，無法溶解的鹽分會在容器底部形成結晶。釉中也會產生類似的現象。在燒成結束後、溫度達到最高的時間點時，熔解的釉液能夠容納許多原料。但是窯爐逐漸冷卻之後，某些物質會達到飽和點，無法再進入釉中，於是剩餘的物質會自然結晶化。這些結晶物質會引發釉的失透現象。

就很容易引起結晶化。如果釉的整體都產生這種結晶，便會呈現失透效果。

前述四個範例都是某種物質過剩所導致的結果。由於解析出不存在於原本釉藥配方中的新結晶，在生成時經常凸出於釉面之上，因此與化學的惰性物質所引起的失透（後續詳細）不同，釉面並不是光滑，而是具有絲綢般質感的啞光釉。

啞光釉與結晶釉

由結晶所產生的啞光釉，是肉眼無法仔細分辨的極微小結晶，覆蓋在釉的整個表面上。此外，當透明釉中局部出現各種顏色的星形和扇形的大結晶時，這種釉就稱為「結晶釉」。乍看之下，這兩種釉完全不同，其實都是在相同的機制下形成。其差異在於結晶的大小和數量。當無法辨認的無數微小結晶，均勻地擴散於釉中時，肉眼會看到啞光釉，而少數結晶成長到視覺看得到的大小時，就形成結晶釉。

結晶變大的條件之一，是必須維持溫度在 $1150 \sim 1100°C$ 左右數個小時，讓釉慢慢地冷卻。另一個條件是，為了讓釉中形成的小結晶，聚集起來成長到大的結晶體，就必須降低釉的黏性，因此釉藥配方中要減少氧化鋁的量。因此，結晶釉一定會變成黏度低，而且極度容易流動的狀態。

與製造結晶釉時所採取的逐漸冷卻的方式相反，燒成後的冷卻若採取比較快速的方式，大量的微小結晶會取代大的結晶體，並覆蓋在釉的表面上，形成完全的啞光釉。這代表通常會成為啞光釉的釉，若採取極端快速的冷卻方式，不給予生成結晶的時間，也可能形成透明釉。

半啞光釉～光澤釉

殘留化學上不活躍的成分而導致失透時，就形成半啞光釉～光澤釉。

如前面所述，除了以二氧化錫、二氧化鈦、二氧化鋯等「矽酸化合物」的形式結晶化，使釉失透之外，另外也有矽酸鋯等其他類型的失透劑。這些物質的化學性耐受性很強，對於熔解的釉會融合周遭物質的作用（熔解力）具有抵抗力，從燒成初期到最後階段為止，都以原樣殘留下來，導致釉喪失透明性。這種情況如圖4-22所示，由於表面光滑具有光澤，所以與接下來會詳細說明的不透明光澤釉（乳濁釉），從外觀上很難區別。不過，釉中也存在著固體物質，失透的機制與啞光釉相同。

這些無法進入熔解釉液網狀結構中的物質，也就是在化學上無法與其他物質，形成共熔物的物質稱之為「顏料」。顏料比後續說明的「著色料」，更具有讓釉失透的效果。

除了矽酸鋯之外，以相同的機制讓釉失透的物質，還有三氧化二銻（Sb_2O_3）和現成失透劑（通常稱之為乳濁劑）。不

圖4-22 規則的表面反射與不規則的內部折射（半啞光釉）

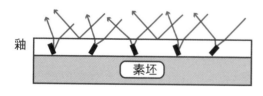

釉　　素坯

▰ 固體物質

由於釉中存在著固體物質的緣故，光無法自由通過，並在碰到該物質時產生不規則的彎曲（散射），因此釉呈不透明。此外，這些固體物質並非在燒成中和冷卻中生成，並不會凸出於釉面上，因此釉的表面很平坦。光的表面反射具有規則性，使釉具有相當的光澤，或是成為平滑質感的半消光（半啞光）狀態。

過，這些失透劑雖然具有耐久性，但對於釉的化學性攻擊，並非屬於完全惰性的物質。釉的鹼性成分會促進釉的熔解力，因此添加失透劑的基礎釉，鹼性成分少為其重點，否則無法獲得均勻的失透效果，會導致產生不均勻的問題。

乳濁釉

乳濁釉是透過混合兩種釉產生失透效果

如前面所述，當釉中存在著某種固體物質時，在物理性上會妨礙光的通過，使釉欠缺透明度而導致失透。此外，固體以外的物質也會讓釉失去透明度。如圖4-23所示，如果釉中存在著液體或氣體物質，雖然光可以通過這些物質，但會引起折射而使光線散亂，導致釉呈現不透明的樣態。相對於固體物質引起的「物理性失透」，這種失透現象稱為「光學性失透」。光學性機制引起的失透釉中，並不存在固體物質，而呈現有光澤的不透明狀態。為了與存在固體物質的「啞光釉」區隔，所以稱之為「乳濁釉」。「白荻釉」和「稻草灰釉（うのふ釉）」就屬於這種類型的釉。

採用生料調製的釉（並非熔塊釉），乍看之下雖是表面平滑有光澤的透明釉，但仔細觀察就會發現表面有無數的細微小點。這是釉和素坯在燒成中，排出各種氣體而殘留下來的痕跡。當大量的氣泡被封閉殘留在釉中，釉就會呈現失透狀態。不過，通常乳濁釉中的這些氣體，就如以下說明，是由兩種不同的液體（釉），在釉中生成的氣體。

那麼，為何釉中會生成兩種釉呢？

形成玻璃的氧化物中，最基本的元素是二氧化矽（矽酸），但是三氧化二硼（硼酸、B_2O_3）和五氧化二磷（磷酸、P_2O_5）等，若與二氧化矽一起使用時，也屬於會形成玻璃的物質。如果在釉中使用含有硼的硼砂（$Na_2O \cdot B_2O_3 \cdot nH_2O$）、或硼酸（或硼系玻璃粉）、含有磷的骨灰（$Ca_3(PO_4)_2$）或磷灰石（apatite、$Ca_5(PO_4)_3(F,Cl,OH)$），熔解時就會形成富含硼和磷的玻璃（硼酸玻璃和磷酸玻璃）。

這是因為它的性質與主要由矽酸構成的一般玻璃（矽酸玻璃）不同，因此一種釉中的兩種玻璃，會以微小水滴般的形態分離。這種分離（相分離）是在窯燒後的冷卻過程中進行。

例如：把油倒入有水的杯子中，與水分離浮在水上方的油也是透明狀態，但是經過激烈攪拌後，就會呈現乳濁狀態。此時水中呈現分散狀態的細小油滴，會導致光的散亂而呈現失透效果。在一種液體中存在著膠體狀的另一種液體的現象，稱為「乳化（emulsion）」。由兩種玻璃相分離所形成的乳濁釉，也是由相同的機制所形成。

在大多的植物灰釉中，都含有不同程度的五氧化二磷。以東亞地區來說，為了獲得由這兩種玻璃的相分離，所形成的乳濁效果，很常採用木灰當做高溫釉的媒熔劑。此外，殘留在灰中的碳加上磷，

圖 4-23 由氣體或液體物質引起光的不規則折射（乳濁釉）

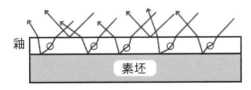

釉

素坯

○ 與氣體的氣泡（氣體）或釉本體性質相異的玻璃（液體）

氣泡（氣體）或磷酸系和硼酸系的玻璃（液體），取代了固體物質，並以小水滴的形態分散在釉中。光線雖然可以通過，但會彎曲折射的緣故，使釉呈現不透明狀。另一方面，由於釉的表面很平滑，所以具有光澤。這種不透明光澤釉稱為「乳濁釉」。

可促進乳濁效果。這是由於燃燒木材、鋸屑、樹葉、稻殼等，以獲取植物灰燼時，在平常的空氣中很難使所有的有機物全部燃燒殆盡，因此自然會殘留碳素。這些物質在後續的窯燒過程中，會同時產生水（水蒸氣）和二氧化碳（氣體）。如果這些物質無法從釉中完全排出，而被封閉在釉中，就會讓釉產生光學性失透現象。

表4-7是為了將磷導入釉中，所使用的原料及其化學分析值。

失透的概述

以下歸納失透的機制，如圖4-24所示。

為了獲得失透效果而使用的原料中，包含鹼性族群的物質（CaO、ZnO、MgO）、酸性物質（SiO_2、SnO_2、ZrO_2、TiO_2）、中性族群物質（Al_2O_3、Sb_2O_3）、以及矽酸化合物（ZrO_2・SiO_2）等各種物質。此外，為了獲得期望中的效果，也可將上述原料加以搭配組合使用。例如：在已經稍微失透的釉中，添加二氧化錫、矽酸鋯或現成失透劑，可促進失透效果。

「啞光（消光不透明）」和「乳濁（光澤不透明）」等釉的失透，是由於釉中存在著固體、液體或氣體等極微小的某種物質，導致光線產生反射或折射所引起的現象。

這種分散狀態的微小物質，稱之為「分散相」或「非連續相」，而這些物質分散於其中的母體（在這種情況下為釉），稱為「分散媒」或「連續相」。分散相可分為下列三種。

固體物質

固體物質有兩種生成方式。第一種是從燒成初期就存在的物質，換言之，這是在調製釉藥時就已經添加的原料，並在燒成過程中，都不會被破壞或產生變化，直到燒成結束仍持續保留原來樣態的物質。第二種是在燒成後的冷卻過程中所生成的物質。這些物質在燒成中，一度因受熱而導致結晶結構遭到破壞，但在後續的冷卻過程中，又再度結晶化，這時往往會生成原本釉藥配方中所沒有的新結晶。

液體物質（非晶體／非晶質）

當一種釉中存在著矽酸（二氧化矽）和磷（或硼）等兩種玻璃形成物質時，就會分離生成矽酸質和磷酸質（或硼酸）等兩種液相（玻璃）。此外，若釉中的矽酸過多時，也會分離生成一般的氧化矽玻璃，及高氧化矽玻璃等兩種液相。

表4-7 磷原料及其化學分析值

原料	SiO_2	Al_2O_3	Fe_2O_3	CaO	MgO	MnO	K_2O	Na_2O	P_2O_5	P.P.I	合計（%）
骨灰	0.9	—	0.002	41.7	—	—	3.1		26.5	27.7	99.9
磷灰石	0.06	—	0.72	55.7	0.2	—	0.8		39.24	—	96.72
稻草灰	82.18	1.36	0.42	3.69	1.35	0.004	2.48	0.36	0.68	6.58	99.1
木灰	14.08	3.69	1.94	35.9	5.44	0.41	1.49	0.55	2.14	34.32	99.96
松灰	24.39	9.71	3.41	39.73	4.45	2.74	8.98	3.77	2.78	—	99.96

氣體物質

多數的窯燒原料中都含有可揮發成氣體的物質，因此必然會產生氣體。例如：黏土中混入結晶水、有機物、水溶性鹽類、硫磺等成分，水約在100℃、氮和氯約在200℃、結晶水（氫氧基）約在500℃、CO或CO_2約在700℃、SO_2或SO_3約在900℃左右，就會變成氣體排放出去。

天然狀態下的長石自然含有氣體，碳酸鋇在1200℃時會分解釋放出二氧化碳。

釉和素坯在燒結熔化的過程中，也會排出氣體。尤其是黏性大的釉，氣體較難排出時會導致釉的失透。

除了這些含在原料中的部分元素，會因為氧化（氣體化）而喪失之外，陶瓷原料中也存在著本身在燒成中會逐漸揮發的物質。例如：氧化鋯約在950℃、氧化鉛和氧化銅約在1000℃、三氧化鉻約在1050℃、三氧化二硼約在1150℃時，就會揮發形成氣體化。

圖4-24 失透的三種機制

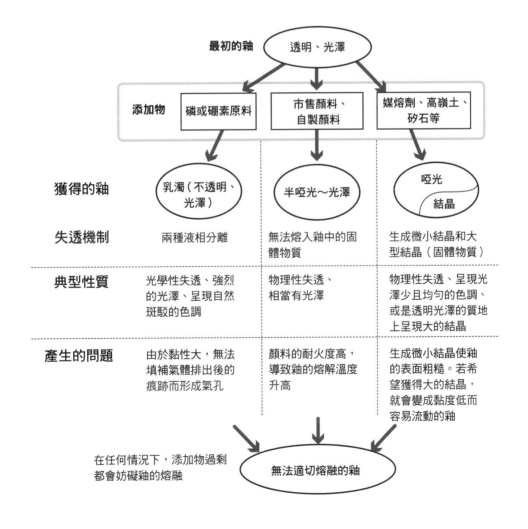

139

各種失透劑與其性質

二氧化錫（SnO₂）

幾乎在所有的溫度下，二氧化錫都能充分發揮失透劑的功能。當釉中的矽石較多、氧化鋁較少時，二氧化錫會形成比二氧化鈦更白的矽酸錫鈣（$CaO \cdot SnO_2 \cdot SiO_2$）結晶。二氧化錫能提高釉的黏度及熔解溫度，並能增加表面硬度，賦予釉彈性，因此具有增強防止開片（釉裂）的抵抗性。通常釉中會添加約 4～10%。二氧化錫具有改變各種顏色的性質，例如：添加二氧化錫之後，由於氧化鐵而呈現茶色或黑色系的釉，在多數情況下，都會轉變為帶有溫暖感的橙褐色系。

鋯化合物

除了二氧化鋯（ZrO_2）之外，還有矽酸鋯（$ZrO_2 \cdot SiO_2$）、許多不同商品名稱的鋯系列失透劑。這些失透劑是與鋯、矽石、鎂、鋅等原料組合而成，目前已經取代前述的二氧化錫，受到廣泛使用。

若在釉中添加矽酸鋯或類似矽酸鋯的現成失透劑，釉就會由於「顏料的呈色」（參閱次頁的〈釉藥的呈色〉）而失去透明性。這是由於失透劑無法進入釉的玻璃中的緣故，而這也是賦予釉不透明外觀最確實有效的方法。換句話說，矽酸化合物的失透劑，可說最不易受到釉藥配方、燒成溫度、整體環境等外部條件的影響。

另外，二氧化鋯會在釉達到最高溫度而熔解的時間點，一度熔入釉中。然而在燒成後的冷卻過程中，達到飽和狀態而無法熔入釉中的部分，會與矽酸產生自然反應，最後解析出矽酸鋯的結晶。

鋯石化合物能提高釉的黏性及熔解溫度、增加釉表面的硬度，及增強化學的抵抗性。通常釉中會添加 5～10% 左右。

二氧化鈦（TiO₂）、金紅石

二氧化鈦和二氧化鈦被鐵汙染後形成的「金紅石」，是經常使用的失透劑原料。金紅石被鐵汙染的程度，範圍從 1～25% 不等。二氧化鈦使釉喪失透明的原因，包括以矽酸鈦鈣（$CaO \cdot TiO_2 \cdot SiO_2$）形態再結晶、以及性質相異的玻璃相分離所引起。

金紅石也會由於鐵汙染而讓釉呈現著色現象。

磷酸化合物

若釉中同時使用磷酸化合物和矽石，其形成的玻璃會與矽石形成的玻璃不同，釉將呈現光學性的失透現象。此時釉的表面很平滑，因此能獲得具有光澤的失透效果（乳濁），而不會成為完全的啞光（消光）。除了磷灰石（$Ca_5(PO_4)_3(F,Cl,OH)_1$）和純粹的磷酸鈣（$Ca_3(PO_4)_2$），含 45% 磷酸鈣的骨灰之外，也使用各種植物灰。

三氧化二銻（Sb₂O₃）

三氧化二銻添加在含鹼性成分多的釉中，能發揮失透劑的功能，形成白色半啞光釉。若與鉛釉而非鹼釉組合時，三氧化二銻則會成為黃色顏料。不論哪種情況，都不會熔入釉中，而是屬於「顏料著色」所引起的失透現象。

釉藥的呈色

釉藥的呈色機制

白色釉的表面不會吸收光線，而是反射或折射光的所有波長。另一方面，各種色釉則會吸收可視光線中的某些波長，只反射某個特定的波長。這種反射光會成為視覺上可見的釉色。

添加氧化金屬等元素就可以獲得色釉，但是所添加的物質，到底在釉中發生何種變化呢？

釉屬於二氧化矽的網狀結構，賦予釉色彩的物質（負責著色的物質），大致上分為能夠組合嵌入網狀結構、以及無法嵌入網狀結構而單獨存在的物質。

前者是負責著色的物質能夠嵌入二氧化矽的網狀結構，表示這種物質已經熔入釉之中。釉在化學上屬於液體（並非結晶），因此這種狀態稱為非晶體（非晶質）

（參閱p.37【原注3】）。

後者則是負責著色的物質獨立於網狀結構之外，表示這種物質並不會熔解，而一直保持固體（大多為結晶）狀態，能以獨立個體單獨在釉中擴散。此外，這種負責著色的物質在保持固體狀態時，根據該固體存在於釉中的狀態、以及該物質的大小，可細分為幾種不同的色彩呈現機制。圖4-25是歸納上述內容的結果。

負責著色的物質嵌入二氧化矽網狀結構的離子呈色

在探討離子引起釉藥呈色機制之前，先來複習一下p.99圖4-3「SiO_2的結晶結構與其熔融」。構成釉玻璃本體的二氧化矽結晶的最小單位，是一個矽原子（Si）和四個氧原子（O）構成的四面體形狀，如p.97圖4-2。

圖 4-25 釉的著色機制

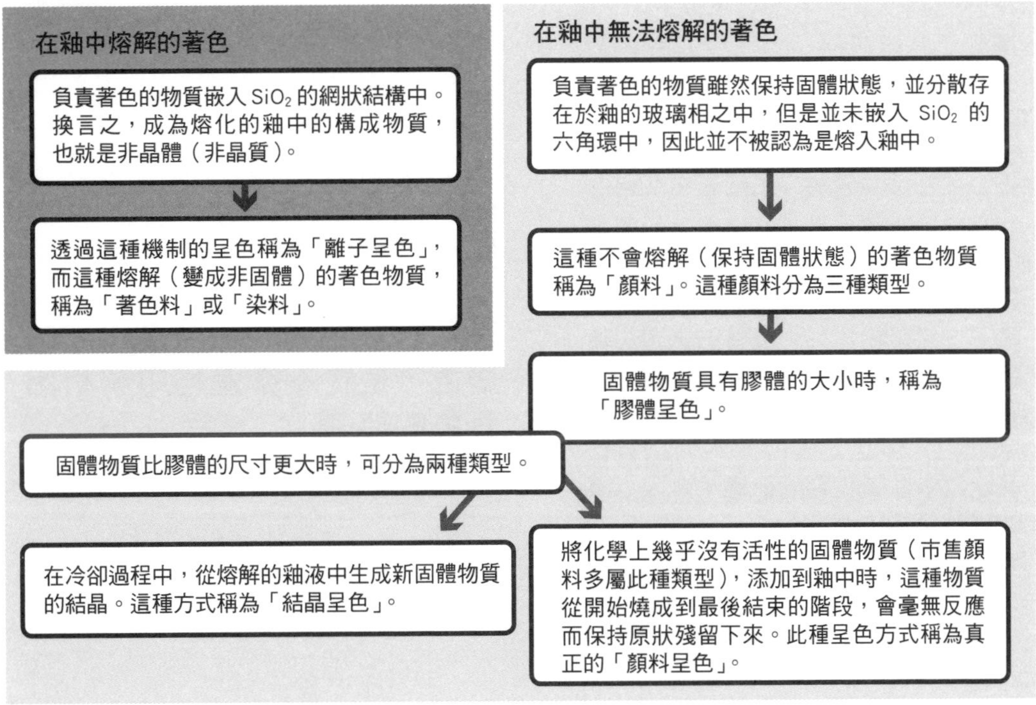

在釉中熔解的著色

負責著色的物質嵌入 SiO_2 的網狀結構中。換言之，成為熔化的釉中的構成物質，也就是非晶體（非晶質）。

透過這種機制的呈色稱為「離子呈色」，而這種熔解（變成非固體）的著色物質，稱為「著色料」或「染料」。

在釉中無法熔解的著色

負責著色的物質雖然保持固體狀態，並分散存在於釉的玻璃相之中，但是並未嵌入 SiO_2 的六角環中，因此並不被認為是熔入釉中。

這種不會熔解（保持固體狀態）的著色物質稱為「顏料」。這種顏料分為三種類型。

固體物質具有膠體的大小時，稱為「膠體呈色」。

固體物質比膠體的尺寸更大時，可分為兩種類型。

在冷卻過程中，從熔解的釉液中生成新固體物質的結晶。這種方式稱為「結晶呈色」。

將化學上幾乎沒有活性的固體物質（市售顏料多屬此種類型），添加到釉中時，這種物質從開始燒到最後結束的階段，會毫無反應而保持原狀殘留下來。此種呈色方式稱為真正的「顏料呈色」。

如p.99圖4-3所示，集合六個這種Si-O四面體，可形成六角形的環狀。這種六角環以三維方式大量連結，形成很大的網狀結構，最後成為一個小的二氧化矽（矽石原料）顆粒。「熔解的釉（一度熔解，後來冷卻凝固的釉）」是由於媒熔作用，導致二氧化矽原本規則嚴謹的網狀結構，遭到破壞的狀態。

CaO、Na_2O、BaO等媒熔劑，屬於帶有一個氧原子的「一氧化物」。如p.100圖4-4所示，這個氧原子會切斷Si-O網目的連結，使六角環的一個部分成為開放狀態。為了獲得電荷上的平衡，剩下的Ca、Na、Ba等原子會嵌入六角形的環狀內。

負責著色的物質大多都和氧化鈷（CoO）一樣，同屬一氧化物，或和三氧化二鐵（Fe_2O_3）與二氧化錳（MnO_2）一樣，在燒成中會變成一氧化物，例如FeO、MnO。因此，這些物質都會發揮出媒熔作用。換言之，這些氧原子會切斷矽酸的網目連結，讓鈷、鐵、錳等金屬原子嵌入六角環內。

當某種物質以上述的方式嵌入矽酸的網狀結構時，也就是成為網目的一部分時，這種物質就可說是已經熔入釉中，而且這個時候的這種物質已經離子化了。以氧化鈷為例，氧原子帶負電荷（O^{2-}），鈷金屬原子為正電荷（Co^{2+}）。這種由於離子化的氧化金屬熔入釉中，使釉產生著色的機制，就稱為「離子呈色」。

很多色釉都是離子呈色的結果，其中包括由鈷產生的琉璃釉、由鐵產生的青瓷釉、由銅產生的織部釉、由錳產生的茶褐色釉等。

另一方面，讓釉著色的金屬化合物中，除了一氧化物之外，也有三氧化二鐵和三氧化鉻等，屬於三氧化物的物質。這些物質在燒成中，經常會分解為類似FeO的一氧化物，但是若維持原本的三氧化物，就能以中性氧化物的形態，介入二氧化矽的網狀結構中。

換言之，並非以媒熔（一氧化物）的形態介入網狀結構，反而是透過媒熔作用，發揮連結和修復破壞之處，使釉凝固（不易熔解）。即使是這種情況下，由於金屬元素已經嵌入釉的網狀結構中（已經熔解），所以能夠獲得由鐵產生的黑褐色，或由鉻產生的綠色等穩定的著色效果。

離子呈色的特徵在於，使用比其他呈色機制更少量的金屬，就能獲得均勻穩定的色彩，而且由於釉中不存在任何固體物質，因此能形成具有透明感的釉。不論在陶瓷或其他領域，都將這種熔解類型的著色物質，稱為「著色料」或「染料」，與僅擴散但不熔入釉中的「顏料」，在稱呼上有所區別。

負責著色的物質不介入二氧化矽網狀結構即為顏料呈色

在被稱為「顏料呈色」的著色中，賦予釉色彩的氧化金屬類著色物質，並未嵌入二氧化矽的網狀結構中。換言之，並非「熔入釉中（使釉玻璃本身著色）」，而是某種非常微小的有色固體物質，在不與釉的網狀結構產生關聯的前提下，以獨立狀態分散於釉中所引起的呈色反應。當釉中存在著無數分散的微小粒子時，射入釉層的光會碰撞到這些微粒，產生散亂的漫射現象，因此比釉中不存在固體物質的「離子呈色」的色釉，呈現更渾濁而不透明的狀態。

這種「顏料呈色」可細分為「由結晶引起」、「由顏料粒子引起」，及「由膠體引起」等三種呈色類型。

在顏料呈色中，由結晶引起的呈色，是在冷卻過程中解析出有色的結晶

「結晶所引起的呈色」，是顏料呈色之中的一種呈色方式。

如p.135【原注9 飽和】的說明，當

窯燒達到最高溫度時，許多物質能夠熔入液體狀的釉中，但是在燒成結束後、溫度開始逐漸下降時，釉中就無法再熔入大量的物質。換言之，在釉藥配方中，添加大量的三氧化二鐵和氧化鈷等某些氧化金屬時，這些物質會在燒成過程中，一度與二氧化矽的網狀結構連結，成為結構的一部分，但當無法持續存在於網狀結構內時，有一部分會離開網狀結構，形成結晶化。

此時，這些過剩的物質會從液體（玻璃化液狀的釉＝非晶質）中分解析出，成為固體（細小的結晶）。在這個階段中，並非僅限於以最初的氧化金屬形態，進行析出或結晶化，也會以氧化金屬與矽石的混合物（矽酸化合物）、與氧化鋁的混

在冷卻過程中生成結晶

在燒成後的冷卻過程中，實際上會生成各種不同的結晶。以下列舉幾個例子。

◎CaO・Al_2O_3・$2SiO_2$（灰長石）會出現在石灰和高嶺土含量多的釉中，可形成啞光釉。

◎經常生成CaO・SiO_2（矽灰石、矽酸鈣）。

◎$3Al_2O_3$・$2SiO_2$（莫來石）會出現在不含石灰或含量非常低的石灰釉中。

◎BaO・Al_2O_3・$2SiO_2$（鋇長石）結晶會在氧化鋁含量較多，而矽石含量較少的含鋇釉中生成。

◎MgO・Al_2O_3・$2SiO_2$、MgO・$2Al_2O_3$・$6SiO_2$、2MgO・$2Al_2O_3$・$5SiO_2$（菫青石）會出現在鎂含量多的釉中。

◎MgO・SiO_2（頑火輝石）和MgO・$2SiO_2$（原輝石）結晶也會在含鎂量較多的釉中生成。

◎（CaO・MgO）$2SiO_2$（透輝石、矽酸石灰鎂）結晶，會在鹼性成分較多，氧化鋁和二氧化矽較少的釉中生成。

◎在釉中添加10～15％的多量氧化鈷時，會生成帶有紫色調的粉紅色2CoO・SiO_2（矽酸鈷）結晶。

◎ZnO・Al_2O_3（鋅尖晶石）會在氧化鋅釉中生成。這是一種鋁酸鋅尖晶石（p.183〈最穩定的尖晶石型顏料〉）。

◎2ZnO・SiO_2（矽鋅礦）是在氧化鋁較少、鹼性成分較多的釉中，添加鋅而生成的結晶。這種扇形或星形的結晶，可成長到數公分大小。

這些結晶中的某些結晶，可透過控制冷卻的過程，使其成長到視覺上能夠辨認的大小，而這種釉稱為「結晶釉」。

合物（鋁酸化合物），或是以純粹金屬的形態，生成某種新的結晶。

當釉中和釉的表面完全被結晶填滿時，釉會呈現不透明的啞光（消光）狀態。若這種結晶有顏色時（正確說法是反射光的特定波長），則會形成該色彩（該波長）的啞光釉。相反地，若結晶沒有顏色（反射所有的波長）時，則會形成白色啞光釉。

在燒成中不會變化而殘留的顏料微粒，是真正的顏料呈色

為避免在燒成中變色或失色（化學上不活性），市售的現成顏料都是預先調好的工業產品。這種顏料從開始燒成到最後階段，不論色彩或大小都維持原有的固體狀態，並分散在整體釉中，使其著色而能呈現釉的顏色。

這種顏料必須經過高溫燒成、粉碎、洗淨等特殊製造程序，因此一般很難自製，只能在市場上購買。不過，對於具有能將周遭物質熔入的「強熔解力」釉，縱使是現成的顏料，也會被分解或熔入釉中。這種情況將會使釉的色調改變，或喪失原有的色彩。

只要不會發生上述色彩變調的情況，這種透過燒成中，顏料微粒子不會變化的呈色，是製作某種特定色釉最為確切的方法。此外，顏料不像前述的結晶生成那樣凸出於釉的表面，因此通常會成為平滑有光澤的不透明釉。

在顏料之中，有一個族群的顏料擁有通稱為「尖晶石」的共同結構，特別具有耐久性，加熱時也不易變質。最為常見的尖晶石，其化學式為$RO \cdot R_2O_3$，是由一個一氧化物（RO）、以及一個三氧化物（R_2O_3）結合而成的化合物（通常不會達到固定的化學結構狀態，正確說法並非「化合物」，而是「固熔體」），（參閱p.183〈最穩定的尖晶石型顏料〉）。

負責著色的物質達到膠體大小，就屬於膠體呈色

「膠體呈色」也屬於「顏料呈色」的族群，這是由於負責著色的物質，也不會嵌入二氧化矽的六角形環狀網狀結構中，而在結構之外維持原本的「固體」樣態，因此與「由有色結晶引起的呈色」、以及「由顏料微粒子所引起的呈色」，同屬於顏料呈色的著色機制。就膠體呈色而言，負責著色的物質是某種新生成的結晶，這點與有色結晶引起的呈色一樣。差異之處在於負責著色的物質粒子的尺寸，膠體呈色屬於非常細小的狀態（稱為「膠體」大小在$1\mu m$或以下的粒子）。

不可思議的是，即使是同一種物質，在未達到膠體的大小時，也會呈現不同顏色。例如：在高溫下產生而被稱為硃砂的紅色釉，如化學式$CuO + CuO \rightarrow Cu_2O + O$所示，是以還原焰燒成，使氧化銅（CuO）還原為氧原子較少的氧化亞銅時，所呈現的顏色。

不過，氧化亞銅不一定都呈紅色，若未達到膠體的大小，則無法呈現紅色。氧化亞銅（Cu_2O）之所以能夠「呈現紅色」，是由於反射太陽光中的紅色波長，而吸收其他波長的緣故，但事實上除了紅色波長之外，據說也會反射少量黃色和藍色的波長。

當Cu_2O的粒子過大時，會反射較多的藍色波長；當粒子太小時，黃色波長的反射具有主導性。唯有粒子為膠體大小時，才會優先反射紅色波長，結果看起來就會呈現紅色。

我們在釉藥中使用的氧化金屬原料，即使已經充分研磨成粉末狀，但是粒子的尺寸仍然太大，在燒成中很難讓所有的粒子，都成為期望中的膠體大小。膠體呈色的特徵是比其他呈色機制更不穩定，因此硃砂釉被認為是很難獲得穩定紅色的釉。

金屬之中有很容易形成膠體大小的金屬，相反地也有不易形成膠體大小的金

屬。類似三氧化二鐵（Fe_2O_3）的鐵化合物，若要達到膠體的大小，必須使用強烈還原焰進行燒成，但是金、銀、銅則能簡單達到膠體的大小。例如：金屬的金在粒子尺寸較大時呈現金色，添加到釉中熔解時變成無色。隨著窯爐冷卻，一度熔解的金會從釉中分離，而在析出膠體大小的金結晶過程中，會從很小的膠體，逐步轉變為較大的膠體，並從紅色逐漸轉變為紫色和藍色。

使用釉上彩專用的金液描繪之後，雖然已經用布擦乾淨，但燒成後之所以會出現擦拭痕跡，是因為肉眼看起來已經擦乾淨，實際上往往還殘留少許的金液。這些稀薄擴散的金粒子，透過燒成會形成膠體大小的尺寸，因此會出現這種現象。

膠體呈色與同屬於顏料呈色的其他兩種呈色機制，也就是由有色結晶引起的呈色、以及由市售現成顏料粒子所引起的呈色，釉中都存在著妨礙光線通過的固體物質，所以無法形成透明釉。不過，膠體呈色的特性是固體物質非常微小，因此不會呈現完全失透的現象。在三種顏料呈色之中，相對能呈現一定的透明感。此外，釉的表面光滑且具有光澤。

要記住，一種色釉並非僅限於由一種呈色機制產生著色，某種氧化金屬在一種釉中，也可能呈現不同的形態。例如：鈷青釉的氧化鈷以媒熔劑的形態，進入二氧化矽的網狀結構中，但是另外一部分的鈷，則在網狀結構之外，形成膠體大小的結晶。換言之，嚴格說來，鈷青釉（琉璃釉）是由「離子呈色」和「膠體呈色」兩種著色機制所形成的色釉。

同一種著色物質在嵌入二氧化矽網狀結構時的狀態、以及因過剩而析出結晶時，會分別獲得不同的色彩。此外，除了相異的呈色機制所引起的不同色彩之外，也會由於其他因素導致同樣的釉，呈現不同的色彩。

首先，某些原料會使釉色產生變化。例如：添加鎂的釉會使鉻綠變成茶褐色。鋇可讓含鐵的青瓷釉，增強偏藍的色調。鈉和鋰能使因銅而呈現的綠色，轉變成土耳其藍。許多被認為是失透劑（或乳濁劑）的物質（二氧化鈦、二氧化錫等），經常會讓釉的色調，產生戲劇性的變化。例如：通常呈現綠色的鉻，若與錫搭配組合的話，就能獲得粉紅色。

此外，為了改變其他氧化金屬的色調，也會使用氧化鎳。氧化鋁若與二氧化錳組合，可製成耐高溫的粉紅色顏料（參閱 p. 183〈顏料〉）。在還原焰燒成時，氧化金屬類會成為氧元素較少的形態，當然色彩也會隨之改變。

色釉的著色劑與配方

著色劑（氧化金屬類）

三氧化二鐵（Fe₂O₃）

鐵的化合物包括三氧化二鐵（Fe₂O₃、紅色氧化鐵、赤鐵礦）、磁鐵礦（Fe₃O₄）、褐鐵礦（FeOH／FeOH₃）、黃鐵礦（硫化鐵、FeS₂）等許多種類，其中通稱為「氧化鐵紅」的三氧化二鐵最為普遍。

雖然三氧化二鐵的熔點為1548℃，但在1200℃左右就會開始逐漸分解。即使在氧化焰燒成下，三氧化二鐵的一部分會喪失氧元素而還原為氧化亞鐵，如下列化學式。

$$2Fe_2O_3 \rightarrow FeO \cdot Fe_2O_3 + FeO + O \uparrow$$

（↑的記號，代表燒成中喪失的氣體）

氧化鐵（FeO）屬於只有一個氧原子的一氧化物，當做媒熔劑使用時，Fe原子會進入二氧化矽網狀結構所形成的六角環之中。在這種情況下，釉的黏度會變低，使釉變得容易流動。

第二種情況是假如三氧化二鐵沒有分解的話，便會以中性氧化物的形態發揮作用。換言之，雖然三氧化二鐵也會熔入釉中，但是會以連接二氧化矽網狀結構開口處的形式，參與網狀結構的形成。以這種形式嵌入網狀結構時，三氧化二鐵會提高釉的黏性，使釉變得不易流動。

第三種情況是鐵化合物大量進入釉中，但是並無法熔入釉內，也就是會形成無法嵌入二氧化矽網狀結構的鐵。例如：若在釉中添加12％（或以上）的三氧化二鐵，在冷卻過程中，會在液態釉中達到飽和狀態，分離／析出鐵結晶，形成鐵砂釉

等鐵紅色系的釉、以及金彩釉等具有鐵結晶的釉。

如此一來，單一的三氧化二鐵就能經由「介入SiO₂的網狀結構」、「添加到釉中的量」、「釉中使用的其他成分」、「窯燒方法」等方式，提供黃或橙色系、青綠、從米色到焦茶色的茶褐色系、灰色、黑色等多樣化的色彩。若添加2.5％或以上的三氧化二鐵，可獲得範圍極寬廣的茶褐色系的色釉。添加10％能得到黑釉（黑天目，天目釉適合鎂和矽石成分較多，氧化鋁較少的釉）。

在100％的釉藥中，添加1～2％少量的三氧化二鐵（或3％左右的矽酸鐵）就能獲得青瓷釉。這種釉以還原焰燒成時，會由於轉變為氧化亞鐵（FeO）而呈現青綠色。

氧化鈷（CoO）

鈷的化合物中包括一氧化物（CoO）、三氧化物（Co₂O₃）、四氧化物（Co₃O₄）和碳酸鈷（CoCO₃）。三氧化二鈷呈現灰色，在895℃時會失去氧原子而變成一氧化物。一般最常使用的黑色四氧化三鈷，在800～900℃時會分解變成一氧化物。碳酸鈷為紅紫色粉末，800℃之後會開始分解變成一氧化物。

鈷的一氧化物（氧化鈷）為黑灰色，是前述列舉的複數鈷化合物分解時的最後產物，雖然從1800℃就會開始分解，但熔點卻是遠高於此溫度的2860℃。

氧化鈷從0.1％的極微量，開始呈現藍色的著色效果，添加3％時變成常見的琉璃釉，5％時形成鮮明的海軍藍色釉。氧化鈷是在所有的溫度下，最為穩定且效能佳的氧化金屬之一，色彩幾乎不會因為燒成溫度、釉的成分、窯爐狀況而變調，但釉中若存在5～10％的二氧化鈦（TiO₂）或二氧化錫（SnO₂）時，原來的

鈷藍色調，就會轉變為水藍色或青綠色。

由於一氧化物的氧化鈷屬於媒熔劑，因此能夠讓釉的熔解溫度下降，但是在許多情況下，並未發揮明顯的媒熔效果，這通常是由於在釉中的使用量極少的緣故。氧化鈷之所以是媒熔劑，就意味著呈現藍色是金屬鈷的原子，熔入液態釉中的玻璃體（嵌入二氧化矽的網狀結構內）的結果。

另一方面，當添加到釉中的量過多（100％的釉藥中添加10～15％）時，鈷在釉中無法完全熔解，而容易形成矽酸鈷（$CoO \cdot SiO_2$）的紅紫色結晶，並覆蓋在釉面上，而呈現紅紫色啞光的外觀。

除了氧化鈷之外，碳酸鈷也是常用的著色劑。碳酸鈷在800℃會分解為氧化鈷和二氧化碳氣體，因此進入釉中也仍然保留氧化鈷的形態。由於碳酸鈷的原料粒子很細，因此能平均分散於釉中，以結果來說能獲得均勻的色調。尤其，若想提高瓷土的白色度，就很適合添加0.03％左右的極微量碳酸鈷。用碳酸鈷替換一氧化鈷時，100g的氧化鈷相當於158.7g的碳酸鈷。

二氧化錳（MnO_2）

二氧化錳是黑色粉末狀，根據品質的差異，MnO_2含量在60～95％之間。使用錳最容易獲得的顏色是茶褐色系列。在石灰／長石質的高溫釉和低溫鉛釉之中，添加1～8％的二氧化錳，可獲得枯草色、米色、茶褐色。

二氧化錳在1080℃時會喪失一個氧原子，變成一氧化錳（MnO、熔點1650℃）。由於一氧化物屬於媒熔劑，即使本身屬於高熔點，但在更低的溫度下就能發揮媒熔的功能。不過，要注意的是市售的原料往往粒子較粗，很難完全嵌入二氧化矽的網狀結構中，只有一部分會做為媒熔劑熔入釉中。在這種情況下，會形成亮褐色透明的釉底，其中散布著未熔化的黑褐色粒子。

錳並沒有類似鐵化合物般強力的著色效果，所以在多數的情況下，都是與其他的氧化金屬組合，用來調整釉的色調。

在還原焰達1300℃的溫度下，錳與氧化鋁結合，就能製造出具有穩定耐溫性質的粉紅色顏料（參閱p.185〈自製顏料〉）。

此外，添加錳也可獲得下列各種色彩。在鹼性成分較多、氧化鋁較少的低溫釉中，添加1～3％的二氧化錳，錳可以完全熔入釉中（嵌入釉的二氧化矽網狀結構內），而呈現紫丁香的紫色。釉的鹼性成分愈多，色彩愈偏紅色調。若添加二氧化錫（SnO_2）的話，不僅可減少錳的需要量，而且色彩會偏向藍紫色調。添加硼的釉會形成帶有紫色的茶褐色。

此外，若在低溫～中溫釉中，添加大量（15～20％）錳乾電池用的純度極高的二氧化錳，會形成金屬錳結晶，因此就能獲得類似金屬銅研磨後，具有金屬外觀的釉。

二氧化錳不僅可添加在釉中，也可使用在素坯上。例如：在素坯土中添加15～20％的二氧化錳，就能當做金屬熔融化妝土使用。此外，將二氧化錳溶於水後，當做顏料直接塗在素坯上，可獲得類似黑色金屬的效果。

除了最常用的二氧化錳之外，也會使用其他的錳化合物。一氧化錳為綠色粉末，雖然熔點較高（1650℃），但1150℃左右就會開始與二氧化矽產生反應，顯示出強烈的媒熔效果。不論窯爐的條件和狀況（氧化焰燒成或還原焰燒成），黑褐色粉末狀的三氧化二錳（Mn_2O_3）在溫度達940～1080℃時一定會喪失氧氣，這就是這個溫度範圍內熔解的釉，之所以產生釉泡的原因。此外，也使用熔點為1705℃的紅色四氧化三錳（Mn_3O_4）。碳酸錳（$MnCO_3$）在300～500℃會分解並釋放出二氧化碳氣體，並在變成一氧化錳之後，立即吸收周圍的氧氣而變成二氧化錳。

氧化銅（CuO）

黑色的氧化銅（一氧化銅，CuO）和綠色的碳酸銅（CuCO₃），是最常被用來添加到釉或顏料中的氧化銅原料。碳酸銅在500℃釋放出二氧化碳氣體之後會變成一氧化銅，因此進入釉中的都是一氧化銅，如下列化學式所示。

$$CuCO_3 \rightarrow (500℃) \rightarrow CuO + CO_2 \uparrow$$

氧化銅對於窯爐的條件和狀況、以及釉的配方極為敏感，在氧化焰燒成時會維持一氧化銅的形態，發揮強力的媒熔作用，使大多數的釉變成綠色。換言之，銅的原子（Cu）嵌入熔解的矽酸網狀結構時，會使釉呈現綠色。需求量約在1%（淺綠色）～5%（深綠色）的範圍之間。

另一方面，透過調整釉的配方可以改變色調。例如：高溫的長石質釉和低溫鉛釉會成為綠色，而中溫的鹼性釉（含有鈉+鋰的釉）會變成土耳其藍。

在還原焰燒成下，氧化銅會轉變為氧化亞銅（Cu₂O），如下列化學式所示，硃砂、銅紅釉就是這種氧化亞銅在形成膠體大小時，所產生的色彩。

$$2CuO + CO \rightarrow Cu_2O + CO_2 \uparrow$$

儘管銅紅效果的需求量僅約0.5%，但銅在燒成中容易揮發的緣故，因此實際上必須添加1.5%左右的量。當釉中的氧化鋁和鈣的成分較多時，就無法獲得鮮紅色，而鋇和錫反而具有安定色調的作用。銅這種具有「揮發性」的性質，還可能汙染窯中其他作品。此外，燒成條件為中間程度（介於氧化焰燒成和還原焰燒成的中間狀況）時，銅會呈現透明且帶有黃色調的鮮明色彩。

三氧化鉻（Cr₂O₃）

在釉中添加2～5%的三氧化鉻，可呈現典型的鉻綠色。不過，鉻對於幾種原料相當敏感。例如：若添加鎂（MgO）或鋅（ZnO），則會變成茶褐色或橄欖色。

理論上三氧化鉻屬於中性氧化物族群，因此根據不同情況，有時會成為「破壞玻璃網目的物質（媒熔劑）」，或成為「修補玻璃網目的物質（耐火劑）」，嵌入二氧化矽的網狀結構中。然而這種情況下，鉻熔入釉中的量很少，化學上的活性相當低。因此，若在釉中添加大量的鉻，又會變成消光或熔解不足的狀態。

與二氧化錫組合搭配時，在氧化焰燒成中，可獲得粉紅或酒紅的色彩（參閱表4-8）。不過，如果釉中存在著含鋅的高嶺土類原料，則粉紅色調會遭到破壞。氧化鉻的熔點較高，但溫度達1200℃左右時就會變得不安定而開始揮發，在氧化焰燒成中，周圍含有錫的釉會被汙染成粉紅色。

氧化鎳（NiO）

通稱氧化鎳的族群中，包括一氧化物（一氧化鎳NiO、灰綠色和墨綠色）、二氧化物（二氧化鎳NiO₂、黑色）、三氧化物（三氧化鎳Ni₂O₃、黑色）、四氧化物（Ni₃O₄）、碳酸鎳（NiCO₃、淺綠色）等。不論使用何者，都是以一氧化鎳的形態進入釉中。

單獨使用鎳時，在多數情況下，都呈現不太具有魅力的灰綠色系列，因此通常是與其他氧化金屬組合搭配，做為調整或變化其色調等用途。若添加到含有鉛或鋅的低溫釉中，可獲得青綠色（蘋果綠），則屬例外。

其他著色劑

除了前述的著色劑之外，還有比較特殊的原料，例如：可獲得紅色的鈾（U）和硒（Se）、呈現黃色的銻（Sb）、獲得黃色或光澤的釩（V）或鉍（Bi）、獲得金色和紅紫色的金（Au）等不常見的金屬。

色釉配方

以下列舉的多數色釉，都是依據p.102〈根據三角座標的釉藥配方測試〉的方法，製作出基礎釉之後，再添加氧化金屬類或自製顏料等原料，所調配出來的釉藥配方。請參考p.160〈調製釉藥〉，自行調製看看。

排除部分的透明釉之外，No.5～No.107的燒成試片樣本，請參閱本書開頭的彩色頁。

配方範例中的「鉀長石」，是指在所含的鹼性成分中，鉀的成分比鈉（氧化鈉）更多的長石類的總稱。福島長石就是典型的鉀長石，南鄉長石也屬於這個類別。此外，「鍛燒氧化鋅」這種原料，是指將氧化鋅（鉛白）的粉末，直接放入素燒的容器內，以1200～1250℃左右的溫度燒成的物質。由於未經燃燒的氧化鋅，在燒成中會產生很大的收縮，因此有誘發縮釉的可能性。

在沒有特別指定的情況下，可在燒成溫度1210～1230℃左右，採取氧化焰和還原焰兩種條件來進行燒成。

為了讓釉能適切地發色，選用合適的素坯土尤為重要。這裡採用質地細緻、燒成後呈現白色的黏土。針對會出現結晶的釉，控制窯爐的冷卻速度也很重要。窯爐冷卻速度太快的話，可能較不容易形成結晶。

表4-8 基礎釉與色釉的配方範例（1～10）

		1 透明釉	2 透明釉	3 透明釉	4 乳白光澤釉	5 乳白光澤釉	6 白色啞光釉	7 白色半啞光釉	8 白色啞光釉	9 灰白啞光釉	10 極淡綠白半啞光釉
基礎釉	矽石	37.80%	34%	14%	36.70%	30%	20%	27.5%	14%	14%	21%
	鉀長石	25.90%	30%	60%	36.70%	34%	42%	36.7%	50%	60%	50%
	高嶺土	18.00%	16%	6%	1.80%	4%	8%	3.4%	6%	6%	9%
	石灰石	16.30%	18%	12%	18.30%	20%	10%	11.0%	18%	12%	—
	碳酸鎂	2.00%	2%	—	—	—	—	—	12%	8%	8%
	鍛燒氧化鋅	—	—	8%	1.80%	8%	—	21.5%	—	—	—
	滑石	—	—	—	4.60%	5%	20%	—	—	—	12%
	合 計	100%	100%	100%	100%	101%	100%	100.1%	100%	100%	100%
添加物	骨 灰	—	—	—	1.8%	4%	—	—	—	—	—
	二氧化錫	—	—	—	—	—	—	—	10%	—	10%
	碳酸銅	—	—	—	—	—	—	—	—	—	3%

（原注）p.149～159配方表中的添加物，採用基礎釉為100%時的外加比例。
※ 10：僅可使用於氧化焰燒成。

表 4-8 色釉配方範例（11～21）

		11	12	13	14	15	16	17	18	19	20	21
		飴釉	飴釉	黑天目釉	黑天目釉	油滴天目釉	柿／鐵紅釉	鐵砂釉	鐵紅結晶釉	金彩結晶釉	金茶結晶釉	柿紅釉
基礎釉	矽石	23.5%	21%	21.7%	22.2%	33.35%	30.67%	34%	15.39%	24.5%	20.56%	12%
	鉀長石	42.4%	40%	57.5%	56.0%	52.85%	47.76%	30%	58.97%	42.8%	47.60%	50%
	高嶺土	6.2%	9%	7.2%	8.2%	5.66%	8.30%	16%	—	—	—	11%
	石灰石	21.7%	18%	13.6%	12.1%	4.75%	—	18%	11.54%	23.5%	21.40%	20%
	碳酸鎂	—	—	—	—	3.39%	9.04%	2%	—	—	10.44%	—
	碳酸鋇	—	12%	—	—	—	4.23%	—	—	—	—	—
	滑石	6.2%	—	—	1.4%	—	—	—	14.10%	9.2%	—	7%
	合計	100%	100%	100%	99.9%	100%	100%	100%	100%	100%	100%	100%
添加物	骨 灰	1.5%	—	—	1.5%	—	14%	—	12.82%	2%	—	12%
	二氧化錫	—	5%	—	—	—	—	—	—	—	—	—
	二氧化鈦	—	—	—	—	—	—	—	—	11%	6%	—
	三氧化二鐵	8%	6%	9%	8%	8%	14%	12%	15.39%	7%	12%	15%
	二氧化錳	6%	—	—	—	4%	—	—	—	—	—	—
	氧化鈷	—	—	—	—	0.5%	—	—	—	—	—	—

※15：僅限於氧化焰燒成。
※18：以氧化焰燒成時為光澤鐵紅釉。以還原焰燒成時，在天目風格的黑褐色光澤底釉中，漂浮著鐵紅色的閃耀細微結晶。
※19：茶褐色的釉中整體呈現金褐色的結晶。

表 4-8 色釉配方範例（22～31）

		22	23	24	25	26	27	28	29	30	31
		青瓷釉	青瓷釉	鉻青瓷釉	民藝青瓷釉	銅綠青瓷釉	織部釉	織部釉	民藝青釉	伊羅保～灰釉風格	志野釉
基礎釉	矽石	13%	16.9%	28.8%	21%	21%	17.7%	18.59%	14%	28.1%	—
	鉀長石	56%	52.8%	42.4%	40%	40%	44.6%	56.28%	50%	26.7%	—
	霞石正長岩	—	—	—	—	—	—	—	—	—	58.7%
	高嶺土	5%	4.5%	3.9%	9%	9%	2.0%	0.50%	6%	16.5%	—
	皂土	—	—	—	—	—	—	—	—	—	3.7%
	氧化鋁	—	—	—	—	—	—	—	—	—	28.7%
	石灰石	14%	14.7%	15.3%	18%	18%	17.5%	13.07%	18%	21.4%	0.8%
	碳酸鎂	—	—	—	—	—	—	—	12%	—	—
	碳酸鋇	12%	10.0%	—	12%	12%	13.8%	6.03%	—	—	—
	鋰輝石	—	—	—	—	—	—	—	—	—	8.2%
	鍛燒氧化鋅	—	0.3%	—	—	—	—	—	—	—	—
	滑石	—	0.8%	9.6%	—	—	4.4%	5.53%	—	7.3%	—
	合計	100%	100%	100%	100%	100%	100%	100%	100%	100%	100.1%
添加物	骨灰	3%	0.3%				2%	2%	—	—	—
	二氧化錫	—	2.5%	—			—	—	—	5%	—
	二氧化鈦	—					—	—	—	10%	—
	金紅石				10%						
	三氧化二鐵	0.8%	0.7%	—	—	—	1.2%	—	—	4%	
	矽酸鐵	—	0.5%	—							
	碳酸銅	—	—	—		3%	7%	7%	—	—	—
	氧化鈷									3%	—
	三氧化鉻	—	—	1%	0.3%		—				

※22：以2～3%的矽酸鐵取代0.8%的三氧化二鐵也可以。
※24：以還原焰燒成時，呈現橄欖綠色的啞光青瓷釉。以氧化焰燒成時，呈現帶有淡灰色調的橄欖綠啞光釉。
※25、26：以還原焰燒成時為青瓷釉調。不過，氧化焰燒成的釉調也相當有韻味。
※27、28：僅限於氧化焰燒成。
※30：以氧化焰燒成時，呈現芒草斑紋般的亮褐色光澤釉。以還原焰燒成則呈現綠褐灰釉風格。
※31：霞石正長岩為長石的一種。鋰輝石，別名灰燼（ Spodumene ）。氧化鋁使用300號網目。
一般粒徑（ 200號網目）無法獲得良好的結果，因此可預先在研磨缽中，混合水一起研磨成微粒後使用。與鐵的
釉下彩顏料組合搭配，能獲得紅志野或鼠灰志野釉的效果。以還原焰燒成、1240℃。

表4-8 色釉配方範例（32〜40）

		32 紫均窯釉	33 淡紫均窯釉	34 赤紫均窯釉	35 淡水藍色均窯釉	36 海鼠釉（海參釉）	37 淡青海鼠釉	38 硃砂釉	39 硃砂釉	40 硃砂釉
基礎釉	矽石	28.7%	25.20%	30.4%	14%	14%	30.24%	25.20%	19.9%	7%
	鉀長石	30.4%	39.37%	28.1%	60%	60%	46.70%	39.37%	43.8%	70%
	高嶺土	1.2%	4.72%	4.0%	6%	6%		4.72%	8.0%	3%
	石灰石	10.4%	12.60%	13.4%	12%	12%	13.77%	12.60%	13.6%	12%
	碳酸鎂			0.5%		8%				
	碳酸鋇	8.7%	7.87%	7.3%				7.87%	9.6%	
	鍛燒氧化鋅	17.7%	2.37%	15.1%	8%		9.29%	2.37%	1.2%	8%
	滑石	2.9%	7.87%	1.2%				7.87%	3.9%	
	合計	100%	100%	100%	100%	100%	100%	100%	100%	100%
添加物	骨　灰	1.3%	1.55%	1.2%				1.55%	1.5%	
	二氧化錫	2.6%	2.33%	2.2%				2.33%	1.9%	5%
	二氧化鈦	2.2%	6.06%	1.9%		5%	5%			
	三氧化二鐵		0.16%					0.16%	0.16%	
	碳酸銅	1.1%	1.16%	1%				1.16%	1.3%	
	氧化銅									3%
	氧化鈷	0.05%				3%	0.5%			
	五氧化二釩				5%					

※32、33、34：以還原焰燒成的均窯釉。以氧化焰燒成的淡水藍色釉。
※35：以氧化焰燒成的淡水藍色均窯釉。以還原焰燒成的濃斑紋藍海鼠釉。
※36：還原焰／氧化焰都呈現大致上相同的釉調。
※37：還原焰。
※38、39、40：還原焰燒成。氧化焰燒成則呈現水藍色〜綠釉。
※39：在上面塗上（22）青瓷釉時，紅色更加鮮明。
※40：在鮮明的紅色上，解析出斑點狀的黑色銅結晶。

表4-8 色釉配方範例（41～50）

		41	42	43	44	45	46	47	48	49	50
		琉璃青釉	濃鈷青釉	淡鈷青釉	群青啞光釉	深祖母綠青啞光釉	翡翠青釉	藤色乳濁釉	紫丁香紫啞光釉	淡青啞光釉	淡青啞光釉
基礎釉	矽石	18.8%	14%	14%		5.4%	5.4%	33.66%	22.39%	14%	5.4%
	鉀長石	59.6%	60%	60%	53.0%	41.5%	41.5%	36.22%	41.48%	60%	41.5%
	高嶺土	3.5%	6%	6%	11.7%	13.2%	13.2%	2.47%	8.66%	6%	13.2%
	氧化鋁				3.7%						
	石灰石	14.7%	12%	12%	19.1%			17.14%	14.91%	12%	
	碳酸鎂					0.3%	0.3%		12.56%	8%	0.3%
	碳酸鋇					20.1%	20.1%	0.26%			20.1%
	鍛燒氧化鋅				12.5%			1.86%			
	白雲石		8%	8%		19.5%	19.5%				19.5%
	滑石	3.4%						8.39%			
	合計	100%	100%	100%	100%	100%	100%	100%	100%	100%	100%
添加物	骨　灰							1.6%			
	二氧化鈦		5%					5%			
	三氧化二鐵	0.5%									
	氧化銅					4.5%	2%				
	二氧化錳	0.5%									
	氧化鈷	0.6%	3%	0.5%	5%	0.5%	0.1%	0.5%	2%	0.25%	0.5%
	三氧化鉻				3%						
	氧化鎳									5%	

※45：厚塗施釉。僅限於還原焰燒成。
※46：還原焰專用。
※47：使用滑石為粉末狀態下，預先以1000℃以上的溫度燒製的原料。
※50：還原焰專用。

表4-8 色釉配方範例（51～58）

		51	52	53	54	55	56	57	58
		淡紫啞光釉	綠青啞光釉	綠青半啞光釉	灰藍乳濁釉	灰藍色釉	藍灰色啞光釉	藍灰色斑紋啞光釉	鈷結晶釉
基礎釉	矽石	20.9%		21%	32.29%	14%	28%	5.4%	24.75%
	鉀長石	40.0%	58.6%	50%	34.75%	50%	30%	41.5%	35.82%
	高嶺土	9.9%	5.7%	9%	2.37%	6%	12%	13.2%	7.75%
	氧化鋁		2.2%						
	石灰石	9.3%		12%	16.44%	18%	18%		10.73%
	碳酸鎂			8%		12%	12%	0.3%	
	碳酸鋇				0.25%			20.1%	
	碳酸鋰				2.54%				
	鍛燒氧化鋅				1.78%				20.95%
	白雲石		23.4%					19.5%	
	滑石	19.8%			8.05%				
	骨　灰		10.1%		1.53%				
	合計	99.9%	100%	100%	100%	100%	100%	100%	100%
添加物	二氧化鈦			7%	5%	5.1%	5%		
	三氧化二鐵				1%				
	氧化鈷	0.45%	0.25%	2.5%	0.3%	0.5%	3%	1%	1%
	三氧化鉻		0.25%						

※51：使用滑石為粉末狀態下，以1000℃以上的溫度燒製的原料。
※57：還原焰燒成專用。
※58：釉的流動性大，必須留意。在釉完全不流動的平坦水平面上，很難產生結晶。另一方面，在完全垂直的面上，釉朝下方的流動性太大，也很難成長為大的結晶。

表4-8　色釉配方範例（59～68）

		59	60	61	62	63	64	65	66	67	68
		土耳其藍透明釉	濃土耳其藍透明釉	淡土耳其藍透明釉	土耳其藍啞光釉	濃土耳其藍啞光釉	淡土耳其藍啞光釉	黑色光澤釉	黑色光澤~啞光釉	黑色半光澤釉	黑色啞光釉
基礎釉	矽石	27.58%	31.83%	23.28%	19.52%	13.46%	14.05%	21%	14%	7%	20%
	鉀長石	42.58%	38.80%	41.48%	45.32%	44.55%	46.47%	50%	60%	70%	42%
	高嶺土		3.60%	7.69%		12.40%	8.62%	9%	6%	3%	8%
	氧化鋁	1.56%			4.98%						
	石灰石							12%	12%	12%	10%
	碳酸鎂								8%		
	碳酸鋇	18.10%	16.50%	17.64%	19.29%	18.94%	19.76%	8%			
	碳酸鋰	10.16%	9.27%	9.91%	10.82%	10.64%	11.10%				
	鍛燒氧化鋅									8%	
	滑石										20%
	合計	99.98%	100%	100%	99.93%	99.99%	100%	100%	100%	100%	100%
添加物	三氧化二鐵							7%	7%	7%	6%
	碳酸銅	4%	4%	4%	3%	4%	2%				
	氧化鈷							3%	3%	3%	3%

※59～64：氧化焰燒成。1140～1150℃。

表4-8 色釉配方範例(69～78)

		69	70	71	72	73	74	75	76	77	78
		濃青綠啞光釉	深青綠啞光釉	鉻綠釉	鉻綠釉	鉻綠釉	青銅綠釉	深綠青釉	嫩草綠釉	黃綠斑紋釉	綠／青斑紋釉
基礎釉	矽石	5.4%	5.4%	24%	20.59%	7%	23.6%	10.1%	20.6%	21%	28%
	鉀長石	41.5%	41.5%	39%	39.47%	50%	53.7%	66.4%	39.5%	50%	30%
	高嶺土	13.2%	13.2%	9%	7.18%	3%	4.8%	1.4%	7.2%	9%	12%
	石灰石			15%	27.10%	24%	10.7%	13.3%	27.1%	12%	18%
	碳酸鎂	0.3%	0.3%				7.2%	8.8%			
	碳酸鋇	20.1%	20.1%	7%		16%					
	碳酸鋰			4%							
	鍛燒氧化鋅									8%	
	白雲石	19.5%	19.5%								12%
	滑石				5.66%				5.7%		
	合計	100%	100%	98%	100%	100%	100%	100%	100.1%	100%	100%
添加物	二氧化錫			6%							
	二氧化鈦						10%	10%			10%
	金紅石									5%	
	氧化鈷	0.5%	0.1%				3%	3%			3%
	三氧化鉻	2%	0.5%	3%	1.4%	3%			1.5%		
	氧化鎳									3%	

※69：僅限於還原焰。
※72：還原焰燒成、1230～1240℃。
※77：僅限於氧化焰。
※78：故意讓釉產生薄的部分和厚的部分，以呈現有趣的釉調。

表4-8 色釉配方範例（79～85）

		79	80	81	82	83	84	85
		蘋果色釉	橙黃色光澤釉	鉻紅釉	紅酒紅釉	鉻粉紅釉	淡粉紅釉	鈷／粉紅結晶釉
基礎釉	矽石		29.17%	25.5%	37.8%	37.8%	37.8%	34%
	鉀長石	82.17%	31.18%	40.8%	25.9%	25.9%	25.9%	30%
	高嶺土		16.52%	6.1%	18.0%	18.0%	18.0%	16%
	氧化鋁	4.52%						
	石灰石	7.68%	12.01%	16.5%	16.3%	16.3%	16.3%	18%
	碳酸鎂	2.99%			2.0%	2.0%	2.0%	2%
	碳酸鋇			7.1%				
	碳酸鋰			4.0%				
	鍛燒氧化鋅	2.64%						
	滑石		11.12%					
	合計	100%	100%	100%	100%	100%	100%	100%
添加物	矽石				18%	30%	19.7%	
	石灰石				25%	10%	34.8%	
	硼砂				4%			
	二氧化錫			6%	50%	58.3%	45%	
	二氧化鈦		10%					
	氧化銅	2%						
	氧化鈷							17-18%
	三氧化鉻		0.5%	0.3%	3%	1.7%	0.5%	
	三氧化二銻		3%					

※79：在紅銅啞光的質地上，析出橘黃褐色的微小結晶。厚塗之後以還原焰燒成。因表面張力大而出現縮釉現象時，可在白釉上使用這種釉。

※80：僅限於氧化焰燒成。使用鈉長石而非鉀長石。

※81、82、83、84：僅限於氧化焰燒成。所有的鉻釉表面張力都較大，因此在器物角落等部位，容易出現脫釉傾向。此時可在塗上白釉之後，再塗上鉻粉紅釉。

※82、83、84：將乾粉狀的添加物原料（合計100%），用研磨缽研磨後，以粉末狀態放進素燒的器皿中，採用1230℃左右的氧化焰燒成，然後再研磨成粉狀。在100%的乾粉狀基礎釉中加入10%。

※85：在鈷藍與青色的質地上，呈現粉紅紫的結晶。

表4-8 色釉配方範例(86～95)

基礎釉		86 濃褐啞光釉	87 亮褐啞光釉	88 栗色斑點啞光釉	89 枯草／黃褐啞光釉	90 綠褐斑紋釉	91 黃褐／青斑紋釉	92 米色半光澤釉	93 米色啞光釉	94 米色結晶啞光釉	95 奶油色光澤釉
基礎釉	矽石	20%	20%	5.4%	5.4%	14%	14%	14%	13.2%	7%	14%
	鉀長石	42%	42%	41.5%	41.5%	60%	60%	60%	50.0%	50%	60%
	高嶺土	8%	8%	13.2%	13.2%	6%	6%	6%	13.2%	3%	6%
	石灰石	10%	10%			12%	12%	12%	23.5%	24%	12%
	碳酸鎂			0.3%	0.3%						8%
	碳酸鋇			20.1%	20.1%		8%			16%	
	鍛燒氧化鋅					8%					
	白雲石			19.5%	19.5%			8%			
	滑石	20%	20%								
	合計	100%	100%	100%	100%	100%	100%	100%	99.9%	100%	100%
添加物	二氧化鈦							10%	9%	10%	10%
	二氧化錫										5%
	三氧化二鐵	4%	2.5%	5%	3%				2.2%		
	二氧化錳					3%	1%				
	五氧化二釩					7%	5%				

※88：僅限於還原焰燒成。隨著釉的厚度從薄～厚的變化，顏色也呈現從黑褐色～黃褐色～栗色的變化。
※89：僅限於還原焰燒成。
※91：二氧化錳在不經研磨的狀態下添加到釉中。以氧化焰燒成時，會呈現黃褐色的斑紋。
※95：以氧化焰燒成。將上面一部分塗上鉻綠釉的話，鉻綠色會變成粉紅色，底色的奶油色會變成更濃的黃色。

表4-8 色釉配方範例（96～107）

		96	97	98	99	100	101	102	103	104	105	106	107
		鋅鈦結晶釉	鋅鈦結晶釉	鋅鎳結晶釉	珍珠釉	珍珠光彩釉	黃綠金屬釉	青綠金屬釉	銀綠光澤釉	褐色光澤釉	黃金光澤釉	黃色金屬光澤釉	金屬光澤釉
基礎釉	矽石		29.2%	21%	14%	27.69%	27.69%	27.69%	27.69%	27.69%	27.69%	26.43%	26.43%
	鉀長石	66.7%	19.3%	48%	60%	20.55%	20.55%	20.55%	20.55%	20.55%	20.55%	19.62%	19.62%
	高嶺土		27.4%		6%	6.28%	6.28%	6.28%	6.28%	6.28%	6.28%	5.99%	5.99%
	石灰石	12.5%	17.4%	17%	12%								
	碳酸鎂		11.7%		8%								
	碳酸鋇	12.5%											
	鍛燒氧化鋅	8.3%		14%		9.32%	9.32%	9.32%	9.32%	9.32%	9.32%	8.90%	8.90%
	鉛丹（紅丹）					31.40%	31.40%	31.40%	31.40%	31.40%	31.40%	29.97%	29.97%
	硬硼鈣石（硼酸鈣）					4.76%	4.76%	4.76%	4.76%			9.08%	9.08%
	四硼酸鈉（硼砂）									4.76%	4.76%		
	合計	100%	105%	100%	100%	100%	100%	100%	100%	100%	100%	99.99%	99.99%
添加物	二氧化鈦	10%	10%			5%	5%	5%	5%	5%	5%	5%	5%
	金紅石				10%								
	三氧化二鐵												2%
	碳酸銅								2%				
	二氧化錳									2.5%			
	氧化鈷						0.3%				0.5%		
	氧化鎳			5%			1%					1%	
	五氧化二釩				5%								
	偏釩酸銨					2%	2%	2%	2%	2%	2%	2%	2%

※96：以還原焰燒成時，在淡藤色光澤質地上會有白色結晶。以氧化焰燒成時，若冷卻過頭，整體上會出現白色結晶，而形成飽和的啞光效果。

※97：以氧化焰燒成時，在整體的米色質地上，會析出象牙白的小結晶。以還原焰燒成時，在淡褐色的透明質地上，呈現白紫色的小結晶。

※98：僅限於氧化焰燒成。褐色透明光澤的質地上，析出淡黃色的結晶。

※99：氧化焰燒成時會呈現帶有粉紅色調的珍珠色。還原焰燒成時呈現青灰色的釉。添加物不經球磨機研磨直接加入釉中。

※100～107：鉛丹具有強烈毒性，在進行釉藥調配或施釉時，必須戴上橡膠手套，請勿直接接觸。

※100：1170～1180℃、氧化焰燒成。

※101：1180℃、氧化焰燒成。厚塗施釉。

※102：1170～1180℃、氧化焰燒成。厚塗施釉。釉不流動的平坦水平面容易產生針孔。

※103：1170～1180℃、氧化焰燒成。薄塗施釉。釉不流動的平坦水平面容易產生針孔。

※104、105：使用球磨機進行釉藥調配時，硼砂不需經過研磨，後續另外加入釉中。硼砂某種程度會溶於水，因此在倒掉上層水及改變釉藥配方時，釉的穩定度會稍微變差。1180℃、氧化焰燒成。厚塗施釉。

※106：1170～1180℃、氧化焰燒成。厚塗施釉。

※107：1160～1180℃、氧化焰燒成。厚塗施釉。

調製釉藥

自調釉藥的注意事項

自行調製釉藥時，若能取得粒度適當的原料（網目數最低200號），只要將水加入混合物中充分攪拌，再經由篩網過濾，就完成釉藥的準備作業。但若是原料的顆粒太大或大小不均時，建議在原料混合的狀態下進行研磨處理。

最常見的研磨方法是使用球磨機，讓原料的顆粒變細並均勻混合。經由充分研磨，就能獲得表面張力、熔解溫度範圍、色調、釉面狀態等各方面都很穩定的釉，如圖4-26。

未經研磨的釉會出現下列問題。

· 釉液中的原料立即沉澱。
· 粗粒的原料無法完全熔入釉的玻璃層而殘留，使釉面粗糙不平。
· 針孔或釉裂增加。

充分研磨的釉具有下列優點。

· 細微的粒子懸浮其中，釉液不易沉澱。
· 組成成分之間的化學反應更為完全，因此呈現均勻的熔融狀態。
· 釉質更為穩定，外觀也更美麗。

不過，過度研磨時，可能發生下列問題，請特別注意。

· 表面張力增加，誘發縮釉現象。
· 原料粒子出現水合現象（化學性的吸附水分子），很難釋放其水分，導致施釉時釉層的乾燥變慢。

若採用精製過的市售原料，使用球磨機調製的時間約2～4小時。添加金屬類原料的色釉，在希望獲得均勻色調的特殊情況下，就必須特別針對添加物，個別進行6～8小時的研磨處理，再加入釉裡。

不論是用球磨機研磨過的釉，或是僅秤量原料後與水混合的釉，為了去除溶於水中會在燒製過程中造成妨害的鹼性成分（可溶性鹽類），必須進行多次換水清洗作業。在這項處理作業中，也能將在

圖4-26 釉的調整

（a）秤量各種釉原料

（b）使用球磨機將原料和水一起研磨。（若不使用球磨機，直接跳到（c））

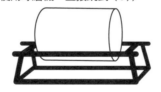

（c）在從球磨機倒出的釉液中，再次加水後充分攪拌

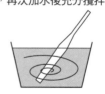

（d）靜置直到釉沉澱，再倒掉上層的水分

（e）重新倒入清水　（f）重複數次（d）和（e）的作業

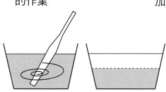

（g）最後，使用80號或100號的篩網過濾。必要時可添加沉澱防止劑或糊料

研磨過程中混入，會在燒製當中造成針孔的空氣排除。

球磨罐／球磨機的適切使用方法

照片4-1的球磨罐是金屬或瓷器製的圓筒狀容器，裡面放入原料和圓球，使其旋轉產生摩擦的機械。

圓球通常以瓷器或石英製成。隨著機械的旋轉，圓球會沿著內壁被提起，並在達到最高點時，圓球會與整個圓球群體，從上方向下滑落，這時，圓球彼此之間會產生定數（constant）摩擦，使釉的粉碎效果達到最高狀態。因此球磨罐的旋轉速度是重要關鍵。轉速太慢時，圓球會堆積在球磨罐的底部，幾乎不會移動，如此一來粉碎效果就無法提高，如表4-9。

相反地，轉速太快時，在比較極端的情況下，圓球會呈貼附在內壁表面的狀態。就算沒發生那種狀態，那些被提起到最上方的球體，朝下方落下時，會浮遊在空中，但唯有落到底部與其他的球體碰撞，才能粉碎附著在上面的原料，因此幾乎無法提高粉碎效果，如圖4-27。

球磨罐的轉速，是以「一分鐘多少圈數（rpm）」的方式表示。依據球磨罐的大小，適切的轉速也隨之改變，若以（23～38）÷√球磨罐直徑（m）計算，陶藝用小型球磨罐的速度，約為一分鐘70圈。

照片4-1 球磨罐

圓球由大小不同的球體組合，如圖4-28所示。利用釉進入圓球與圓球的接觸面而被粉碎的原理，因此需要大小相異的圓球，比起使用尺寸相同的圓球，小型球體更能進入空隙，以增加球體之間的接觸點，因而提高粉碎效果。

經過一段時間的研磨，圓球會出現磨耗現象而逐漸變成三角形。當磨耗加速進展時，就必須挑出已經磨耗的圓球，並補充新的圓球。為了提高研磨的效果，採用適當比例的圓球、釉、水量就非常重要。如圖4-29所示，先放入圓球並窺視球磨罐內部，確認圓球的數量。若希望獲得最佳的研磨效果，通常圓球必須占球磨罐容量的50%。

不過，在這種情況下，圓球之間存在著縫隙的緣故，因此視覺上看到的圓球數量，必須占球磨罐容量一半以上。這裡

圖4-27 藉由球磨罐的轉速產生研磨效果

（a）適切轉速　　（b）極端快速　　（c）快速　　（d）太緩慢

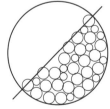
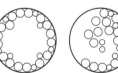
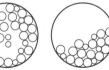

大約呈45度角

表4-9 球磨罐的轉速

球磨罐的內徑	1分鐘的轉速（rpm）	圓球（尺寸與數量）
30 cm	68	2.5cm＝80%、5.1cm＝20%
60 cm	48	3.8cm＝80%、5.1cm＝20%

圖4-28
圓球的大小差異可提高研磨效果

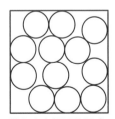

僅有大小相同的圓球。

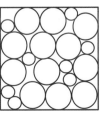

小型圓球進入縫隙能增加接觸點，提高粉碎效果。

圖 4 - 29 圓球、釉、水量的適切比例

（a）將圓球放入球磨罐內約五分滿

（b）先確認釉量。若為乾粉狀態的釉，約占球磨罐容量 1/3～1/4 為適量。將釉倒入球磨罐內

（c）將水倒滿填補剩下的空間，直到水面不會繼續下降為止

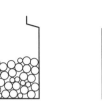
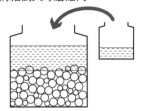
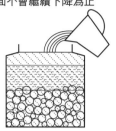

說容量的 50％是指扣除縫隙後的實際容量。另一方面，如果圓球的數量太多，則放入的釉量會相對減少，同時需要使用驅動力較大的機械，因此視覺上看到的圓球數量，應該占球磨罐空間一半左右。

倒入球磨罐內的釉量，以乾粉狀態而言，約占球磨罐容量 1/3～1/4 左右。為了盡量避免旋轉時混入空氣，倒入釉和圓球之後剩下的空間要全部灌滿水，並確實封閉蓋子。

釉藥的沉澱防止劑

當釉含有較多的長石、矽石、玻璃粉等非可塑性原料時，放置一段時間後，便會由於重力的緣故而開始沉澱，並在容器底部形成類似水泥般堅硬的沉澱層，徒手重新攪拌也很難均勻。尤其是玻璃粉含量較多時會加速沉澱。或者，雖然用球磨罐調製之後，不會立即沉澱，但開始使用釉不久，就會產生沉澱現象。

這是由於在施釉之際，釉液中非常微小的粒子，必然會附著在素燒作品上。當粗的粒子逐漸變多時，就無法懸浮而容易沉澱的緣故。

為防止這種狀況，可採取在釉液中添加少量的可塑性黏土，或是添加沉澱防止劑等。

使用可塑性黏土防止沉澱

皂土是以蒙脫石為主要成分的黏土礦物，屬於黏性很強的黏土。與高嶺石或絹雲母等其他黏土礦物相比，皂土的特徵是粒子極為細小。普通的黏土中，0.06 μ m 以下的粒子約占整體 5～20％，高嶺土僅有 0.5～1.5％，皂土中此種粒徑尺寸的粒子，就占了 40％以上。

在調製完成的釉液中添加皂土，其微小粒子能長時間懸浮在水中，除了使釉整體的沉澱速度遲緩之外，即使容器底部形成沉澱層，也能徒手輕易再攪拌均勻，這是拜皂土所形成的開放性結構所賜。先在研磨缽中將皂土加水混合，研磨成均勻流動的奶油狀之後，再添加到釉液中。

黏土發揮防止沉澱的機制

黏土粒子是細微如薄板的形狀，如圖 4 -30。薄板的兩個面（為便於說明，稱為上下面）帶負電荷，側面則帶正電荷。因此，當帶負電荷的平面，與帶正電荷的側面互相結合時，就會形成稱為「卡屋結構」的大團塊，其中存在著許多空隙。這種卡屋結構狀態的黏土，其卡屋與卡屋之間存有空隙，能保有相當多的水分，因此縱使因重力而沉澱，也能保有蓬鬆體積，並維持柔軟的狀態。

此外，沉澱後的釉會形成堅硬的沉澱層。這是由於矽石或長石等釉原料，不具有像黏土那樣多空隙的蓬鬆結構，一旦

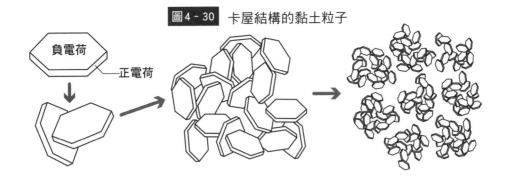

圖 4 - 30 卡屋結構的黏土粒子

負電荷

正電荷

沉澱就會將水分幾乎完全排除，最終形成堅硬的固態物質。

　　將黏土當做沉澱防止劑添加到釉液中，黏土的開放性團塊所形成的空隙，能容納吸收水及其他沉重的原料。由於沉澱物中保有水分，而形成柔軟的狀態，因此徒手就能輕易地攪拌混合。

　　通常皂土的添加量為1～3%。過量會導致釉的著色，並且有可能改變釉的熔解溫度。

　　皂土除了當做沉澱防止劑之外，也可在缺乏可塑性的泥土中，添加3%左右的用量。不過，若過量的話，會因吸水量太多，反而引起大幅度的乾燥收縮，並且在乾燥過程中引發其他問題。

各種沉澱防止劑

　　添加到釉中的沉澱防止劑，包括氯化銨（NH_4Cl）、氯化鎂（$MgCl_2$）、氯化鈣（$CaCl_2$）、硫酸鈣（$CaSO_4$）、硫酸鎂（$MgSO_4$）及鹽滷（海水製鹽後殘留的物質、沒有固定的化學式，但是富含硫酸鎂）等。嚴格說來，沉澱防止劑並不能防止沉澱。釉經過一段時間的靜置後，水分會在容器上方形成水層，殘留的物質還是會向下沉澱。不過這些沉澱物與未添加防止劑的釉不同，由於保有水分的緣故，具有柔軟性和蓬鬆的體積，因此徒手就能重新攪拌均勻。

氯化銨、氯化鎂、氯化鈣

　　添加多少沉澱防止劑必須依據釉是否容易沉澱的程度而定，以乾燥狀態的釉為100計算時，約添加1～3%。由於這些物質為水溶性，因此必須先用少量的水溶解後再添加到釉中，如表4 - 10。當釉已經沉澱而固化時，可先將上層水移到別的容器內，把沉澱的釉刮起來，與上層水混合溶解，再加入沉澱防止劑並輕輕攪拌混合。

　　氯化銨在常溫下會逐漸分解，經過一段時間（6個月～1年）會逐漸失效，但是在窯爐燒成的初期，很容易分解／揮發，不會殘留在釉中，因此具有不會改變釉成分的優點。

　　另一方面，氯化鎂或氯化鈣分解時，會釋放出氯氣，鎂或鈣則會殘留在釉中，因此會稍微改變釉的組合成分。不過，由於用量極少的緣故，通常不太會影響釉的熔解狀態。

　　這些沉澱防止劑能夠促進釉藥配方中的黏土，或高嶺土等所形成的卡屋結構，依照前述的機制使釉的沉澱物變成柔軟的物質。這種讓黏土物質形成多空隙團塊狀態的操作，稱為「凝膠化」（參閱p.59），而所使用的物質稱為「凝膠劑」。

表 4 - 10 水溫與沉澱防止劑的溶解量（水100g時）

水溫	20℃	40℃
氯化銨（NH_4Cl）	37.2g	45.8g
氯化鎂（$MgCl_2$）	54.6g	57.5g
氯化鈣（$CaCl_2$）	74.5g	128g

釉藥的附著劑

當釉藥配方中的可塑性原料不足時，可能導致施釉後會變成容易剝落的情況，而附著劑即是能增強附著性的物質。一般的附著劑包括CMC糊、阿拉伯膠、黃蓍樹膠、糊精等有機糊狀物質。少量的可塑性黏土（皂土），也能提高釉的附著性。

CMC糊（羧甲基纖維素）

CMC糊的成分是木材紙漿，在添入釉或素坯土之前，必須用水溶解。一公升的水加入25g的CMC粉末後強力攪拌。CMC相當不易溶解，經過不時地攪拌，也需要約兩天時間才能完全溶解，但使用熱水可縮短時間。

為提高施釉後的釉對於素坯的附著力，以乾粉的釉為100計算時，約添加0.1～1％（以乾粉計）。添加量過多時，由於CMC的保水力很強，會導致釉的乾燥時間變長。

CMC的優點是，在燒成初期就會分解燒失，不會殘留在釉中或素坯中。CMC也可使用於素坯，例如：在可塑性較低的泥土中添加0.3～1％，可提高乾燥時的機械性強度。

溶解於水中的CMC必須保存在潔淨且附有蓋子的容器內。不過，經過數個月之後，無論如何都無法避免因水分過多而失去效力。這是由於微生物會逐漸分解糊漿的緣故，因此任何有機糊都會發生這種現象。不過，比起阿拉伯膠和黃蓍樹膠等其他附著劑，CMC對於微生物的分解作用較有抵抗力。

以比重計調整濃度

比重計是一種玻璃製的細圓筒，放入釉液中會垂直浮起，依據檢視水平面標示的數值，可了解釉液比重的道具。測量釉的比重時，可採取根據「比重（真比重）」（p.66【原注8】）的方法、以及根據「波美度【原注10】」的方法。因此，比重計區分為測量真比重的「比重計」及測量波美度的「波美比重計」。不過，釉藥通常使用波美比重計，所以應該購買「測量比水更重的液體用」比重計，其刻度約有10～70左右為宜。採用浸釉法的釉將波美度調整為47度（上薄釉）～53度（上厚釉）。

不過，嚴格說來，釉並非一定要調整為固定濃度。根據所使用的附著劑，釉濃度也會隨之變化。舉例來說，一個是採用迅速浸泡、小而薄的作品，另一個是採用慢慢浸泡、大而厚的作品，假如都使用相同濃度的釉液施釉，其結果將大不相同，前者很薄，而後者的釉層就會變得很厚。換言之，適當的釉液濃度必須依據「作品大小」、「作品厚度」、「素燒狀態」、「吸水程度」、「施釉花費的時間」等各種不同條件加以調整，因此波美度可視為一個參考指標。

照片4-2 比重計

【原注10】波美度：測量液體性狀（比重）的單位，可分為測量比水重的液體用刻度、以及測量比水輕的液體用刻度。矽酸鈉或釉藥所使用的比重計，是比水重的液體用波美比重計。一般是以15％的食鹽溶入攝氏4℃水中的比重，以15度（15°Be）為基準。通常透明釉是以波美度43～45°Be，施釉較厚者為50～53°Be的範圍進行調整。

第5章

釉藥的原料

◇了解釉藥的構成要素
◇釉藥的原料
◇顏料

了解釉藥的構成要素

在檢視釉藥原料的構成成分時，會發現其中包含一氧化物、二氧化物、三氧化物，而每種成分在釉中，將各自發揮其獨特的功能。一種釉必須含有上述的三種要素，因此在調製釉藥時，必須選用能滿足這三種要素的原料。

不過，檢視p.98表4-1（原料的化學分析值）時，會發現實質上有由一種成分構成的單純原料、以及含有兩種以上要素的複合原料。

例如：矽石幾乎都只由二氧化物的SiO_2組成，石灰石也幾乎全部都是由一氧化物的CaO組成，但是高嶺土則由約50%的二氧化物（SiO_2）、以及40%左右的三氧化物（Al_2O_3）所組成。至於長石則同時包含三種要素（之所以能夠單獨使用長石調製志野釉的釉藥，正是因為長石具有這三種成分的緣故）。

僅僅由一種成分構成的原料，在釉中的功能相對單純，但是由兩種或三種成分構成的原料，就無法單純地只考慮其中的一種功能。為了確實掌握原料構成要素的性質，就必須了解該原料在釉中將發揮什麼樣的作用。

以下舉出二氧化物（酸性元素、形成釉玻璃本體的氧化物）、一氧化物（鹼性族群、熔解SiO_2的媒熔劑）、三氧化物（中性要素、補強釉玻璃的氧化物）的例子，並進一步說明其性質、以及將這些成分加入釉藥時應該選擇何種原料。

此外，各個原料的相關資訊會於p.172〈釉藥的原料〉中說明。

二氧化物（RO_2、酸性元素）

二氧化矽（SiO_2）

對於釉和素坯兩者而言，實質上二氧化矽（矽酸）幾乎是唯一能形成玻璃質本體的元素，並賦予釉下列的性質。

· 提高釉的熔解溫度（不過，當媒熔劑過多而導致熔解不足時，可使其順利熔化，也就是降低熔解溫度）。
· 降低熱膨脹係數[原注11]，因此可減少開片（釉裂）。
· 提升機械性、化學性的強度。
· 擴大熔解溫度的範圍。
· 減少鉛的溶出量。

將二氧化矽導入釉中，主要使用下列的原料。

> · 矽石、矽藻土、高嶺土
> · 黏土類、長石

一氧化物（RO_2、鹼族元素）

在調配釉藥時，酸性元素和中性元素幾乎都限定在SiO_2和Al_2O_3，但是鹼性族群的元素有許多種類。這裡將鹼性族群的元素，分成「鹼性」、「鹼性土類金屬＋其他」兩種類別來說明。

鹼族元素包含元素週期表中I-A族

【原注11】熱膨脹係數：物質會隨著溫度上升而膨脹，也會隨著冷卻而收縮。「熱膨脹係數」表示此種膨脹與收縮的程度。不論釉或素坯都會在燒成初期膨脹，燒成後期開始收縮。重點是呈現大幅度膨脹的釉，通常也會呈現大幅度的收縮。在膨脹方面沒有什麼問題，但在收縮方面就會產生問題。換言之，釉在燒成中膨脹時是粉末狀，而素坯還未完全燒結，尚有很多氣孔，具有某種程度的柔軟性，因此即使兩者存在著膨脹上的差異，也能透過互相伸縮來調整適應。不過，釉在冷卻逐漸固化，並產生大幅度收縮的過程中，由於已經燒結的素坯也逐漸喪失柔軟性，兩者之間的收縮差異會累積扭曲（應力）的能量，導致誘發剝釉和開片（釉裂）等問題。

群中的鋰（Li）、鈉（Na）、鉀（K）等三種元素。這些元素以氧化鋰（Li_2O）、氧化鈉（Na_2O）、氧化鉀（K_2O）等氧化物的形式，進入各種陶瓷器原料中。除了氧化鉛（PbO）之外，鹼族元素是最強力的媒熔劑。

氧化鋰（Li_2O）

對於釉而言，鋰是最強力的媒熔劑之一，能使釉具有下列性質。

· 降低釉的黏度，使氣體容易逸出，並且容易填補氣體排出後所留下的痕跡，減少針孔的發生機率。
不過，黏度太小時，氣體無法維持在釉中，反而會產生更多的氣體，因此可能增加針孔和釉泡的機率。

· 當釉處於低黏度狀態時，釉中過剩的物質在冷卻過程中，會集結而結晶化，因此能夠產生結晶釉。

· 釉的表面張力變小的緣故，能減少發生縮釉的風險。

· 相較於其他熱膨脹係數較大的鹼性和鹼性土類金屬元素，鋰能實質地降低熱膨脹係數，減少釉出現開片（釉裂）的狀況。此外，由於鋰具有這種特性，因此能夠用於製造直接用火燒結的高溫素坯，表5-1。

· 影響釉的呈色。含鋰較多的釉之中，氧化鈷（CoO）呈現紫色，氧化銅（CuO）和碳酸銅（$CuCO_3$）呈現土耳其藍而非綠色。

將鋰導入釉中，主要使用下列原料。

表5-1 耐熱衝擊的素坯調和範例

	碳酸鋰	高嶺土	矽石
素坯	10%	55%	35%

· 碳酸鋰 · 氧化鋰
· 鋰輝石、紫鋰輝石
· 鋰雲母、鱗雲母
· 鋰磷鋁石 · 葉長石（鋰長石）

氧化鈉（Na_2O）

在鹼性三元素中，氧化鈉具有最大的熱膨脹係數，可使釉擁有下列性質。

· 膨脹／收縮較大的緣故，會促進開片（釉裂）生成。

· 降低釉的熔解溫度。

· 降低釉的黏度。

· 釉的物理性、化學性抵抗力變差。

· 由於釉的熔解溫度範圍較為狹窄，因此較難控制燒成溫度。

· 影響釉的呈色。在氧化鈉含量較多的釉之中，氧化銅或碳酸銅並非呈現綠色，而會變成土耳其藍，二氧化錳（MnO_2）則從茶褐色轉變為紫色。

將鈉導入釉中，主要使用下列原料。

· 鈉長石（曹長石）

氧化鉀（K_2O）

鉀當做媒熔劑時，能降低釉的熔解溫度。另外，也能賦予釉下列性質。

· 降低釉的黏度能力僅次於鈉。

· 雖然沒有鈉那麼嚴重，但是熱膨脹／收縮仍較大，會促進釉出現開片（釉裂）。

· 由於釉的熔解溫度範圍較為狹窄，因此較難掌握燒成溫度。

· 與鈉一樣，會影響釉的呈色。

將鈉導入釉中，可使用下列原料。

> ・鉀長石（正長石）

一氧化物（RO、鹼性土類金屬元素）

鹼性土類元素是屬於元素週期表 II －A 和 II －B的元素，包括鈣（Ca）、鎂（Mg）、鍶（Sr）、鋇（Ba）、鋅（Zn）等五種元素，而氧化鎂（MgO）、氧化鈣（CaO）、氧化鍶（SrO）、氧化鋇（BaO）、氧化鋅（ZnO）等，會以氧化物的形式，存在於後續敘述的原料中。

氧化鈣（CaO）

相較於其他鹼族元素（鋰、鈉、鉀），鈣的熱膨脹率（膨脹與收縮）較小，因此能減少釉產生開片（釉裂）的問題。

此外，也能賦予釉下列性質。

・增加釉的機械性強度，增強磨耗抵抗性。

・增加化學耐久性。

・隨著溫度上升，急速地減低釉的黏度。

・促進素坯與釉之間的中間層形成，增加產生開片（釉裂）的抵抗性。

・不太會影響釉的呈色，是其他媒熔劑所欠缺的優點。

將鈣導入釉中，可使用下列原料。

> ・碳酸鈣 ・石灰石 ・霰石
> ・大理石 ・白雲石 ・矽灰石
> ・骨灰、磷酸鈣

氧化鎂（MgO）

在高溫釉中使用極少量的鎂，能降低熔解溫度並形成光澤釉，但是即使添加少量的鎂，在1100℃時也會形成啞光釉。

此外，鎂也能賦予釉以下性質。

・增加使用量時，釉的熔解溫度會上升，而且生成頑火輝石（$MgO \cdot SiO_2$）般的微小結晶，溫度1200℃以上也會呈現啞光效果。

・在形成釉的失透效果方面，雖然比常見的氧化錫和鋯石等失透劑稍弱，但是仍然具有形成啞光釉的顯著效果。

・相較於鹼性、鹼性土類金屬等其他媒熔劑，鎂的熱膨脹率較小，因此能減少釉產生開片（釉裂）的問題。

・不會影響釉的黏度。

・鎂會增加釉的表面張力，因此用量過多時，釉會集結成島狀或水滴狀，導致部分素坯缺少釉覆蓋的狀態（縮釉）。

・能提高機械性強度，增加磨耗與酸的抵抗性，因此廣泛運用在地板磁磚和建築用的陶器釉藥上。

・能變化色調。在含鎂量多的釉中，氧化鈷並非呈現鈷藍色，而是轉變為紫色，氧化鉻則是從綠色變成橄欖綠。

將鎂導入釉中，可使用下列原料。

> ・碳酸鎂 ・菱鎂礦
> ・白雲石 ・滑石

氧化鍶（SrO）

氧化鍶是在溫度達1100℃以上會發揮作用的媒熔劑。少量的氧化鍶能做為媒熔劑，降低釉的熔解溫度並增加光澤。用量多能發揮消光劑的功能，形成類似絲綢般質感的半啞光釉。

氧化鍶還能使釉具有下列性質。

・增加耐酸性，增強開片（釉裂）抵抗性。

・以相同莫耳量的氧化鍶，取代釉中的CaO，能降低熔解溫度，增加釉的流動性。

・以相同莫耳量的SrO，取代釉中的ZnO，雖然熔解溫度不變，但能略微增加流動性和熱膨脹係數。

・在鋯石釉中添加鍶，能增加釉的流動性，獲得平滑的表面，還能減少針孔生成。

・在硼酸釉中添加鍶，能防止硼酸釉表面產生獨特的渾濁現象。

・鍶能改變釉的色調。釉中含有鍶時，紅色和粉紅色系會變得更鮮明，由銅產生的綠色會變成土耳其藍。

將鍶導入釉中，可使用下列原料。

・碳酸鍶（$SrCO_3$）

氧化鋇（BaO）

氧化鋇會因使用方法而產生不同的作用，但在鹼性土類金屬族群的其他元素中，是高溫釉最強效的媒熔劑。尤其用量較少時，對於高溫釉而言是強力的媒熔劑，能降低黏度並增加光澤。

此外，氧化鋇也能賦予釉下列其他性質。

・具有抑制釉中生成某些物質的結晶，增加釉的透明感。

・用量多時，會生成類似鋇長石（$BaO \cdot Al_2O_3 \cdot 2SiO_2$）的結晶，呈現絲綢般質感的啞光效果。

・縮小釉的熔解溫度範圍，並降低釉的化學耐久性。

・能改變色調。含有鋇的青瓷釉中，由氧化鐵所產生的青藍色會更為鮮明。鋇釉中由氧化鉻所產生的綠色，會變成偏黃色調。氧化鈷則變成紫色而非鈷藍色。由銅產生的綠色則偏向藍綠色。

將鋇導入釉中，可使用下列原料。

・碳酸鋇

氧化鋅（ZnO）

當做元素的氧化鋅，會直接以原料的形式存在於釉中。這裡主要說明鋅元素的性質。關於做為原料的說明，請參閱p.177「氧化鋅」。

氧化鋅能賦予釉下列的性質。

・若與主要媒熔劑的鈉、鉀、鈣等元素組合，少量使用時，在1150℃以上的釉中，可發揮輔助性的媒熔功能。

・具有能夠改變釉色的性質，例如：在使用鋅的釉中添加鉻時，會變成綠色而非茶褐色。

・對於高溫釉而言，3%以下能發揮強力的媒熔效能，並使釉的黏度下降，增加添加量可提高釉的耐火度。

・雖然比不上鈣和鎂，但鋅具有稍微降低熱膨脹率的功能，因此具有減少開片（釉裂）的傾向。

・氧化鋅是能賦予釉某些彈性的元素之一（增加釉彈性的元素包括鉛、錫、鈦、鋯石等），具有減少開片（釉裂）的傾向。

・雖然比不上Al_2O_3、MgO、CaO的程度，但是鋅能使釉的表面張力變大。因此，這些元素的含量過多就會出現縮釉現象。

・在媒熔劑的族群之中，鋅具有僅次於鈣的強度，因此若以鋅取代鉛、鉀、鈉、鋰時，可增加釉的機械性和化學性強度。

・鋅能大幅度轉變為各種色調。含有氧化鋅的釉，會呈現比由氧化鈷形成的藍色更為鮮明的呈色；讓氧化鉻所形成的綠色遭到破壞，而變成帶有綠色調的茶褐色，並能防止由鉻形成的粉紅色褪色為綠色。

將鋅導入釉中，可使用下列原料。

・氧化鋅（ZnO）

氧化鉛（PbO）

氧化鉛雖然不屬於鹼性土類金屬元素，但是屬於一氧化物，所以歸納在這個分類中。

鉛能夠使用在600～1250℃的溫度範圍內，對於低溫～中溫釉而言，是格外重要的強力媒熔劑。此外，鉛也能賦予釉下列性質。

・通常鉛被認為是媒熔劑，但是與釉中其他原料組合，也能發揮做為玻璃形成氧化物（形成釉玻璃本體的物質）的功能。一般媒熔劑在釉藥配方中的占比幾乎不可能為80%，相對於此，在低溫鉛釉的配方中，有時鉛化合物的占比有80%。

・提高反射率，賦予釉強烈光澤。

・能妨礙其他元素的結晶化，因此能獲得高透明度的釉。

・降低釉熔解時的黏度。

・鉛能讓釉的熔解溫度範圍變得非常寬廣，因此即使稍微改變釉藥配方，或是窯爐溫度不均勻，也不會造成太大問題。

・降低釉的表面張力。

・提高釉的彈性，增強開片（釉裂）抵抗性。

・少量使用時，其熱膨脹／收縮率比鋰、鈉、鉀等鹼性族群元素小，但用量多時，反而會增加開片（釉裂）風險。

・鉛能減少機械性和化學性的抵抗力，因此很容易引起釉表面磨損。

・鉛在燒成中容易揮發，因此燒成中必須注意窯爐的通風換氣。

・鉛能改變釉的色調。鉛與氧化銻組合呈現黃色，與氧化鈾則呈現紅色。

將鉛導入釉中，可使用下列原料。

・氧化鉛 ・黃色鉛 ・一氧化鉛
・紅丹 ・四氧化三鉛・鉛丹
・鉛白 ・鉛玻璃粉

三氧化二硼（B_2O_3）

三氧化二硼屬於特異的元素。為說明上的方便，將三氧化二硼歸類在一氧化物之中。在化學式上屬於三氧化物，因此理論上應該被歸類為中性元素。雖然具有修復二氧化矽網目的機能，但依據釉中所含的媒熔劑和二氧化矽的比例，實際上會產生變化，有時發揮媒熔功能，有時發揮玻璃形成氧化物的功能。

硼能賦予釉下列性質。

・在低溫下，若與二氧化矽組合使用時，硼能夠促進高黏度穩定的玻璃形成。

・在高溫下，能發揮媒熔劑的作用，降低釉的熔解溫度，同時降低釉的黏度。

・增加釉的光澤。

・由於能妨礙釉中其他元素的結晶化，因此可增加釉的透明度。

・降低釉的表面張力。

・增加釉的機械性強度。

・一般而言，硼能改善釉的各種性質。

將硼導入釉中，可使用下列原料。

- ・硼砂 ・四硼酸鈉 ・偏硼酸鈉
- ・熔融硼砂 ・硼酸 ・三氧化二硼
- ・硬硼鈣石 ・硼酸鈣
- ・硼酸鋅

三氧化物（R_2O_3、中性元素）

三氧化二鋁（Al_2O_3）

　　屬於一氧化物的媒熔劑族群有相當多元素，相較之下屬於三氧化物的中性元素族群，實際上只有Al_2O_3這個元素。在高溫釉中，幾乎找不到不含Al_2O_3的釉。其比例會依據釉的配方和熔解溫度而改變，通常釉中Al_2O_3和SiO_2的莫耳量比例為1：3～1：20。

　　三氧化二鋁能賦予釉下列性質。

・理論上，三氧化二鋁具有破壞玻璃結構（媒熔劑）、以及修復遭到破壞的玻璃結構（耐火劑）等兩種功能。在一般的陶器燒成溫度中，三氧化二鋁屬於後者的功能，也就是發揮提高釉的熔解溫度。

・增加三氧化二鋁的量可以大幅提高釉的

黏度。這代表它能妨礙釉中其他元素和化合物生成結晶，因此能提高釉的透明度。透明釉中Al_2O_3和SiO_2的莫耳量比例，大概是Al_2O_3為1時，SiO_2約為7～10。

・再增加釉中的Al_2O_3量反而會產生無數微小結晶。這是一般用來產生啞光釉的方法之一。在這種狀態下，Al_2O_3和SiO_2的莫耳量比例，約為1：3～1：6。

・在結晶釉方面，為使析出的結晶容易成長，可刻意降低釉的黏度，也就是必須減少Al_2O_3的量。不過，Al_2O_3太少時，釉的黏度會下降太多，當釉熔解的同時，釉會從素坯向下滑落，釉下彩的裝飾圖樣也會隨之流淌或消失。

・三氧化二鋁能提高機械性強度，換言之，可形成物理上較為堅硬的釉，也增加化學上的耐久性。

・由於屬於最能增強釉表面張力的元素，因此容易產生縮釉的釉必須減少其用量。

・擴大釉的熔解溫度範圍。

・抑制燒成中從低溫釉熔出鉛和鹼性元素（鋰、鈉、鉀）。

・與二氧化錳（MnO_2）組合，可製作粉紅色顏料。這種含錳的粉紅色顏料，具有非常高的耐火性，被當做還原焰專用的高溫陶器顏料使用。

將鋁導入釉中，可使用下列原料。

- ・氧化鋁 ・氫氧化鋁
- ・高嶺土 ・長石

釉藥的原料

矽石（SiO_2）

　　矽石是將二氧化矽（參閱p.166）加入釉中，最常使用的原料。矽石是從石英、矽砂、花崗岩等各種矽質岩石精製而成的陶瓷原料，對於素坯土和釉而言都是重要的原料，其98％的成分都是由二氧化矽（矽酸、SiO_2）構成。

　　對於素坯而言，矽石是能減少可塑性的「降黏劑」和「耐火劑」。對於釉而言，矽石也被認為是「耐火原料」，不過最重要的功能是「玻璃形成」的作用。換言之，對於素坯和釉兩者而言，矽石的主要構成元素二氧化矽，可說是能形成玻璃的唯一元素。

　　理想的矽石是二氧化矽的純度有99％，鐵（Fe_2O_3）的成分在0.05％以下，鹼性族群的要素（Na_2O、K_2O、CaO、MgO）則是愈少愈好。此外，粒子大小（粒徑）最好是整體的90％都能通過300號篩網。

矽藻土

　　矽藻土是由某種矽酸質水生植物的化石，所形成的柔軟岩石。粉末狀的矽藻土呈現白色或亮灰色。矽藻土能吸收自身重量兩倍左右的水分。屬於非水溶性，SiO_2的含量不及矽石。

長石

　　長石是含有釉藥不可或缺的三族群元素的原料。對於高溫釉而言，是非常重要的原料。長石包括鉀長石（正長石）和鈉長石，表5-2。

鉀長石（正長石）（$K_2O \cdot Al_2O_3 \cdot 6SiO_2$）

> 理論化學式：$K_2O \cdot Al_2O_3 \cdot 6SiO_2$
>
> 成分比例（理論化學式時）：
> K_2O=16.93％、Al_2O_3=18.32％、
> SiO_2=64.75％

　　做為鉀原料（參閱p.167）來使用的鉀長石，比鈉長石普遍，但在天然環境下產出的長石，實際上是兩者的混合狀態。因此，根據兩者混合的情況，熔解溫度也會隨之改變。通常鈉長石是較低的1140℃左右，鉀長石是1200℃左右。日本生產的長石大多為鉀長石。依照鉀成分多寡的排列，依序為福島長石、南鄉長石、三雲長石。釜戶長石中的鉀和鈉的成分幾乎相等。

　　與鈉長石一樣，純粹的鉀長石幾乎不可能存在。此外，除了鉀之外，長石也混入鈣、鎂、鐵等不純的雜質。福島長石和南鄉長石就屬於這類的長石。

鈉長石（曹長石）（$Na_2O \cdot Al_2O_3 \cdot 6SiO_2$）

> 理論化學式：$Na_2O \cdot Al_2O_3 \cdot 6SiO_2$
>
> 成分比例（理論化學式時）：
> Na_2O=11.81％、
> Al_2O_3=19.55％、SiO_2=68.82％

表5-2 長石類的化學分析值（％）

	SiO_2	Al_2O_3	Fe_2O_3	K_2O	Na_2O	TiO_2	MgO	CaO	燒失量
鉀長石	70	17.65	0.09	8.6	3.45	0	0	1.3	0.2
鈉長石	68	18.3	0.26	5.7	6.55	0.3	0	0.6	0.14
霞石正長岩	59.99	23.7	0.08	4.8	10.6	0	0	0.4	0.67

當做鈉原料（參閱 p.167）來使用的鈉長石，除了鈉（鈉和鉀合計 11%）之外，還有三氧化二鋁和二氧化矽，會進入釉中。川俣長石就是屬於鈉長石。然而，純粹的鈉長石幾乎不存在，通常都是與鉀長石混合的狀態，同時還混入鎂、鈣、鐵等雜質。鈉含量比鉀稍微多的釜戶長石就屬於這種類型。長石能擴大釉的熔解溫度範圍。此外，長石在自然狀態下會混入氣體，因此在釉的表面經常產生細小的針孔。

長石可說是含有鹼性成分的矽酸鋁礦物（參閱表 5-2）。長石的這項特質是源自於長石中含有鹼族元素（鉀和鈉化合物〔鈉〕）。

對於高溫釉而言，鉀（K）和鈉（Na）是不可或缺的媒熔劑，但是含有這兩種元素的原料，大多屬於水溶性（可溶於水），而含有鹼性的非水溶性原料極為稀少（關於不能使用水溶性原料的理由，請參閱 p.95〈玻璃粉〉），而長石正好屬於這種水溶性原料。

長石之所以能發揮媒熔作用，是由於長石本身在 1140～1230℃ 就會熔化，使不易熔解的釉更容易熔化。表示長石是 1200℃ 左右會熔解的天然釉藥。

此外，燒成的溫度範圍寬廣也是長石的重要特性之一，從開始熔解到完全熔化為止的溫度範圍就超過 200℃。由於長石具有此種特異性質，因此可調配出能夠適應燒成溫度變動的釉藥。

素坯大多使用鉀長石，而釉藥也會使用鈉長石。以黏土 50% 和長石 50% 的素坯為例，開始燒結的溫度為 1200℃，獲得透光性為 1250℃，完全熔融時的溫度為 1400℃ 左右。除此之外，長石熔解成玻璃狀態時，在其構成元素鋁的作用下，釉的黏度會提高，因此釉不容易流到下方，而素坯在熔化的狀態下，也不太會產生變形。

霞石正長岩

理論化學式：
$K_2O \cdot 3Na_2O \cdot 4Al_2O_3 \cdot 8SiO_2$
成分比例（理論化學式時）：$K_2O=8.1\%$、
$Na_2O=15.9\%$、$Al_2O_3=34.9\%$、
$SiO_2=41.1\%$

霞石正長岩與鈉長石非常相似，但其特徵是鈉含量多、鉀含量少，鐵成分的汙染較少。此外，由於二氧化矽的含量比其他長石少，能自然與鹼性（Na_2O、K_2O）混合，在比其他長石類更低的 1100～1200℃ 左右就能熔解。

另一方面，從燒結到產生透光性的瓷化階段為止，這個範圍相當寬，而且能形成黏性高的玻璃狀態，因此被使用在著重白色和透明度的瓷土上。

碳酸鋰（Li_2CO_3）

鋰是以碳酸鋰等形態存在於自然環境中。其他的鹼性（鈉和鉀）屬於水溶性的緣故，必須與矽石等一起燒熔成矽酸化合物才能使用，碳酸鋰則具有不溶於水的性質，可直接使用。

鹼性氧化物的鋰化合物是最強的媒熔劑之一。

鋰能降低釉的黏度和表面張力，因此可減少針孔的發生率，並且很容易降低產生縮釉的風險。此外，鋰也會影響釉的呈色。

如下列化學式所示，碳酸鋰在 650℃ 左右分解成為氧化鋰，並進入釉中。

〈618～710℃〉
碳酸鋰（Li_2CO_3）→
氧化鋰（Li_2O）+ 二氧化碳（CO_2）

鋰輝石・紫鋰輝石
（ Li₂O・Al₂O₃・4 SiO₂ ）

紫鋰輝石雖然含有鋰（參閱p. 167），但是鋁的含量高，因此擁有1380℃相當高的熔點。可在熔點以下與其他原料產生共熔反應，發揮媒熔功能。

不過，通常Li_2O的含量為6～10％，剩餘的是鋁和矽酸，因此媒熔效果並不太大。

鋰雲母・鱗雲母
（ LiF・KF・Al₂O₃・3SiO₂ ）

鋰的含量為3～6％。氟（F）能提高媒熔功能。

鋰磷鋁石（ Li・AlF・PO₄ ）

成分中除了鋰之外，也含有氟和磷，因此可用於調製乳濁釉。

除了碳酸鋰之外，其他含有鋰的原料中可能含氧化鋁或二氧化矽，因此無法成為強力媒熔劑。

碳酸鈣、石灰石、霰石、大理石
（ CaCO₃ ）

鈣是以純度高的石灰石存在於自然環境中，除此之外，也存在於霰石和大理石等石灰質礦物中。這些都是將氧化鈣導入釉中，經常使用的原料。雖擁有相同的化學式（$CaCO_3$），但差異之處在於CaO的含量。

碳酸鈣在800～900℃之間分解形成氧化鈣。換言之，做為原料使用的物質為碳酸鈣，但是進入釉中的是氧化鈣。

碳酸鈣（$CaCO_3$）→
氧化鈣（CaO）+
二氧化碳（CO_2）

這個時候的分解溫度，受到原料的粒徑、混入雜質的量、燒成時窯內部的壓力、燒成時間、以及同時存在的其他原料等各種因素的影響而產生變化。

分解過程中產生的二氧化碳氣體，會使黏性大而不會流動的釉產生針孔現象。

此外，碳酸鈣的比重較小，會懸浮在釉液泥漿中，能發揮防止釉沉澱的作用。

儘管碳酸鈣的熔點非常高（成為氧化鈣時為2572℃），但是與矽石（二氧化矽、SiO_2）之間，會透過引起共熔反應，發揮做為媒熔作用。換言之，能幫助二氧化矽在比本身熔點（1710℃）低的溫度下，熔解變成玻璃。

碳酸鈣在1100℃以上的釉中，是僅次於鹼性成分（Na、K）的重要媒熔劑。添加量多時，會生成矽酸鈣（$CaO・SiO_2$、矽灰石）或灰長石（$CaO・Al_2O_3・2SiO_2$）的細小結晶，形成消光（啞光）釉。在低溫釉中，除非碳酸鈣的用量非常少，否則很難期待能發揮媒熔的效果。

在素坯中使用碳酸鈣時，由於它具有強力媒熔效果，會形成燒成幅度狹窄、黏性低的玻璃質，因此容易產生扭曲變形。另外，在素坯中只添加極為少量的碳酸鈣，可促進釉與素坯之間形成「中間層」，減少開片（釉裂）的發生率。

原料的粒徑大小也很重要，在素坯中使用石灰石時，若沒有充分研磨成粉末（2 mm以下），燒成後的二氧化矽和未能完全反應的部分，會以生石灰（CaO）的形態殘留下來。這些物質吸收空氣中的溼氣後，會轉變為消石灰（$Ca(OH)_2$），而且這個時候會急速膨脹的緣故，因此作品會突然破裂。

白雲石（ CaCO₃・MgCO₃ ）

白雲石是由鈣（參閱p. 168）和鎂（參閱p. 168）兩種元素構成的原料，在550～900℃之間會分成數個階段分解，最終形成氧化鈣（54％）和氧化鎂（46％），如下列化學式所示。

〈550～700℃〉
白雲石（$CaCO_3・MgCO_3$）→
碳酸鈣（$CaCO_3$）+

碳酸鎂（$MgCO_3$）

〈700～800℃〉
碳酸鎂（$MgCO_3$）→
氧化鎂（MgO）+
二氧化碳（CO_2）

〈800～900℃〉
碳酸鈣（$CaCO_3$）→
氧化鈣（CaO）+
二氧化碳（CO_2）

　　儘管最終生成物的氧化鎂和氧化鈣的熔點，分別為2800℃和2572℃的極高溫，但是白雲石還是能發揮高溫釉的媒熔功能。換言之，白雲石會透過在釉中的共熔反應，促進二氧化矽形成玻璃。此外，釉中大量使用白雲石時，會因為生成透輝石（$CaO·MgO·2SiO_2$）等結晶，使釉呈現消光效果。

矽灰石
（$CaO·SiO_2$）

　　矽灰石是一種鈣原料（參閱p.168），加入釉中能同時獲得矽酸和鈣，因此並沒有強力媒熔效果。與碳酸鈣比較，矽灰石不會產生二氧化碳，因此釉不容易產生針孔。

碳酸鎂、菱鎂礦
（$MgCO_3$）

　　如下列化學式所示，碳酸鎂在燒成中會分解為氧化鎂（MgO）和二氧化碳，因此是為了在釉中導入氧化鎂會使用的原料。

碳酸鎂（$MgCO_3$）→
氧化鎂（MgO）+
二氧化碳（CO_2）

　　與碳酸鈣的情況一樣，碳酸鎂的分解溫度也會因外界因素而變動，其分解溫度為350～700℃。

　　當分解變成氧化鎂時，雖然本身的熔點是極高溫的2800℃，但在1170℃以上的釉中，就能發揮媒熔的功能。只是，碳酸鎂的媒熔效果並不太高，而且能與二氧化矽產生反應的矽酸鎂，會呈現出很大的黏性與表面張力，因此會隨著釉的熔解產生收縮和皺褶。由於具有這種性質的關係，碳酸鎂只能當做輔助媒熔劑使用。

　　在高溫釉中，碳酸鎂也能做為失透（啞光）劑使用。這是由於加入釉中的量多時，無法與二氧化矽產生共熔反應的過剩氧化鎂，會在燒成後的冷卻過程中，從釉的玻璃結構自行分離出頑火輝石（$MgO·SiO_2$ 或 $MgO·2SiO_2$），或透輝石（$CaO·MgO·2SiO_2$）結晶的緣故。而且這種情況下，由於鎂釉的黏性較大，上述的結晶無法成長到視覺能夠辨識的大小，僅會形成無數的極微小結晶，均勻地散布在整個釉中，因此才會呈現失透效果。

滑石（$3MgO·4SiO_2·H_2O$）

　　當做鎂原料（參閱p.168）的滑石，正如其理論化學式所示，是由氧化鎂、二氧化矽及結晶水所構成。這種結晶水屬於組入滑石分子結構的化學性質的水，當溫度達到900℃時，就會開始揮發散失，滑石最終會分解為氧化鎂和二氧化矽，此時會呈現相當大的收縮（4.7%）。

生滑石（$3MgO·4SiO_2·H_2O$）→
氧化鎂（$3MgO$）+
二氧化矽（$4SiO_2$）
※喪失結晶水而分解

　　因此，當釉中必須加入大量的滑石時，為避免因收縮引發問題，要使用以900℃以上溫度預先燒製的滑石。

滑石是為了在釉或素坯中加入二氧化矽會使用的原料，但其實最主要的功能是發揮鎂的媒熔效果。換言之，鎂會與玻璃形成氧化物的二氧化矽產生共熔反應，使二氧化矽熔解。

在素坯中添加滑石，尤其能減少開片（釉裂）的發生率。這是因為滑石中的二氧化矽，在燒成中沒有完全熔解成玻璃，而以方矽石的結晶形態（參閱p.197【原注12】游離矽酸）大量殘留在素坯中。這些結晶會在窯爐燒成後的冷卻中大幅度收縮，並在這個時間點發揮降低釉與素坯的收縮應力差距。釉收縮大於素坯的收縮量是發生開片（釉裂）的最主要原因，因此素坯添加滑石能抑制開片（釉裂）發生率。

另外，為製作能耐受溫度激烈變化的素坯，也會使用滑石。素坯要能夠承受火焰直接焚燒般的熱衝擊，就必須具備加熱／冷卻時的膨脹／收縮較少的條件，因此在加熱時的某個特定溫度（220℃左右）會急遽膨脹，並在冷卻中的相同溫度時，殘留急遽收縮的游離矽酸（方矽石的結晶），似乎與滑石適用於明火素坯的說法自相矛盾。

這意味著在能夠承受熱衝擊的素坯中，從滑石獲得的二氧化矽，並非呈現在特定溫度下急遽膨脹和收縮的「結晶狀態」（方矽石），而是類似描繪平滑的膨脹／收縮曲線般，整體達到「熔解狀態（非結晶）」。

因此，滑石要完全發揮媒熔功能，就必須適切地調整素坯的配方，讓素坯中的二氧化矽能完全成為熔解狀態。稱為堇青石（$2MgO \cdot 2Al_2O_3 \cdot 5SiO_2$）的素坯中，二氧化矽並非單獨的結晶狀態，而是熔解後形成膨脹／收縮較小、黏度較高的矽酸鎂玻璃，其具有優良的熱衝擊耐受性。

碳酸鍶（$SrCO_3$）

碳酸鍶幾乎是鍶的唯一來源（參閱p.168）原料，少量使用在高溫釉中，能成為媒熔劑使釉容易熔解。此外，用量多時能發揮失透劑的作用，形成啞光釉。

碳酸鍶在1075℃時會分解變成氧化鍶，其單獨使用時的熔點為3000℃。

〈1075℃〉
碳酸鍶（$SrCO_3$）→
氧化鍶（SrO）+
二氧化碳（CO_2）

碳酸鋇（$BaCO_3$）

在高溫釉中使用碳酸鋇，是為了將做為媒熔劑的氧化鋇（BaO）導入釉中。碳酸鋇和其他碳酸化合物原料一樣，都會分解釋放出二氧化碳，但在1000～1200℃之間分成兩個階段進行分解，第二階段的分解溫度比其他碳酸原料高，正好與釉的熔解溫度帶重疊，因此氣體會被封閉而殘留在釉中，導致釉出現失透現象。此外，碳酸鋇在燒成中無法全部分解時，會形成消光（啞光）釉。

鋇具有抑制釉中生成結晶的作用，通常容易形成高透明度的釉，但若與釉中的其他原料取得平衡，在燒成後的冷卻過程中可能生成結晶（鋇長石，$BaO \cdot Al_2O_3 \cdot 2SiO_2$），成為良好的啞光釉。

多數的各種鋇化合物都具有某種程度的毒性，因此操作上必須特別注意。除了碳酸鋇之外，能當做鋇原料的物質，還有不會產生二氧化碳的硼酸鋇（$BaO \cdot B_2O_3$）、以及硫酸鋇（$BaO \cdot SO_3$）。硫酸鋇的優點是沒有毒性，但是其中的硫磺沒有完全燃燒消失的話，就會導致釉發生問題。

以下是碳酸鋇的分解過程。

碳酸鋇（$BaCO_3$）→
氧化鋇（BaO）+二氧化碳（CO_2）

氧化鋅（ZnO）

氧化鋅含有類似硫化物的揮發成分，燒成時會產生大幅度收縮，因此必須在乾粉狀態下，以850～1230℃左右的溫度燃燒後才能使用。

氧化鋅能夠破壞二氧化矽的網狀結構，發揮媒熔作用。

此外也能形成乳濁釉。鋅很容易形成矽酸鋅玻璃（$ZnSiO_4$），這是在冷卻過程中，從周圍的普通矽酸玻璃中，分離出來的微小水滴狀物質。在這兩種不同性質的玻璃粒子的分界處，會引起光的散射，使釉呈現既有光澤又不透明的乳濁狀效果。若同時存有硼酸，乳濁效果會更為顯著。

氧化鋅也能形成沒有光澤的啞光釉。添加多量的氧化鋅時，鋁酸鋅（$ZnO \cdot Al_2O_3$、鋅尖晶石）尖晶石便會在冷卻中，從釉中分離生成出來。這種結晶擴散到釉的表面並達到飽和狀態時，可獲得極佳的失透效果。

釉中的氧化鋅過剩時，會生成矽酸鋅（$2ZnO \cdot SiO_2$、矽鋅礦）的結晶，還會產生成長到大型星形的鋅結晶釉。讓這種結晶成長變大的條件是釉的黏性要小，因此釉中的鋁成分必須減少，而鹼性成分必須增多。此外，結晶集結成長變大需要充足時間，因此必須在1150～1100℃左右的溫度下緩慢地冷卻。

氧化鉛、黃色鉛、一氧化鉛（PbO）

在燒成過程中，當窯內助燃的空氣流量不足，導致氧氣不足時，含有鉛化合物（參閱p.170）的氧化鉛會還原為金屬鉛，而使釉的顏色變成黑灰色。

鉛丹、紅丹、四氧化三鉛（Pb_3O_4）

鉛化合物的鉛丹是將氧化鉛在300℃燒製而成。特別是用於低溫釉和中溫釉，它是更能發揮強力效果的重要媒熔劑。

鉛丹特徵在於比一氧化鉛擁有更多的氧氣，燒成中會還原，所以危險性較低。

在溫度達到500℃時，會釋放出氧氣並再度形成氧化鉛，如下列化學式所示。

〈500℃〉
鉛丹（Pb_3O_4）→
氧化鉛（$2PbO$）+二氧化鉛（PbO_2）

鉛白（$2PbCO_3 \cdot Pb(OH)_2$ 或者 $3PbO_2CO_2 \cdot H_2O$）

用於低溫釉和中溫釉之中，鉛化合物的鉛白是更能發揮強力效果的重要媒熔劑。

鉛白在400℃左右會產生CO_2氣體和H_2O的水蒸氣，因此在低溫釉中會生成針孔。另一方面，由於粒子細小的緣故，不像其他較重的鉛原料會立即沉澱，因此置於容器內的鉛白釉具有沉澱緩慢的優點。

鉛玻璃粉

雖然有各種不同的原料，能將鉛導入釉中，但那些原料都具有強烈的毒性，因此目前都使用工業製造的矽酸鉛化合物「玻璃粉」。然而，若釉藥配方中，原料的比例不平衡的話，即使是使用玻璃粉燒成，使用時鉛還是有可能從釉中釋出，因此在食器的釉中使用玻璃粉原料，要具備相當純熟的技術。

美國費羅（FERRO）公司是製造玻璃粉的國際大廠，日本的原料製造公司也有生產各種多樣化的玻璃粉。除了鉛系列的玻璃粉之外，另外還有鉛／硼系玻璃粉、硼系玻璃粉、鹼硼系玻璃粉等。

硼砂（四硼酸鈉）（$Na_2O \cdot 2B_2O_3 \cdot 10H_2O$）

硼砂屬於硼的化合物（參閱p.170），除了具有媒熔功能之外，也同時具備玻璃形成氧化物的功能。

硼砂在200℃下會脫水，成為不含結晶水的物質。這種不含結晶水的物質稱為「熔融硼砂」，100g的硼砂等同於53g的熔融硼砂。兩者都屬於水溶性，因此導入釉時，通常會使用硼酸系玻璃粉。

熔融硼砂（$Na_2O \cdot 2B_2O_3$）

屬於硼化合物的熔融硼砂為水溶性，在20℃的水中，100g可溶解2.65g。

硼酸、三氧化二硼（$B_2O_3 \cdot 3H_2O$）

硼酸與其他硼化合物同樣為水溶性。在100～300℃時會釋放出結晶水而形成B_2O_3，其熔點為460℃。硼酸的溶解量會隨著溫度而改變，在20℃的水中可溶解5%，表5-3。

硼系原料做為媒熔劑使用時，具有優異的性質，因此在未能取得玻璃粉的情況下，即使讓釉犧牲少許的穩定性，有時也會使用未經加工的原材料。

偏硼酸鈉（$NaBO_2$）

屬於硼化合物的偏硼酸鈉為水溶性，在20℃的水中，100g可溶解25.3g。

硬硼鈣石（$2CaO \cdot 3B_2O_3 \cdot 8H_2O$）

硬硼鈣石是美國常使用的含硼原料。

硬硼鈣石是含有硼（B）和鈣（Ca）的原料，但是與硼砂或硼酸等其他硼酸化合物不同，幾乎不溶於水，因此不像玻璃粉需要加工，可說是唯一能夠直接使用的含硼原料。

硬硼鈣石在釋放結晶水的同時，也分解成$CaO \cdot B_2O_3$，硼酸（B_2O_3）從600℃開始熔解，氧化鈣（CaO）則從約1000℃，開始與其他原料產生共熔反應，因此能做為低溫釉～高溫釉的媒熔劑。硬硼鈣石在高溫釉中，屬於強效的媒熔劑。在表面張力較大的釉中，會促進縮釉現象。這是由於結晶水蒸發散失時，會使釉層的結合鬆弛，以致釉容易產生收縮的緣故。

硼酸鈣（$CaO \cdot B_2O_3 \cdot 6H_2O$）硼酸鋅（$ZnO \cdot 2B_2O_3$）

屬於硼系化合物的硼酸鈣和硼酸鋅，也幾乎不溶於水，原材料可直接使用於釉中。

氧化鋁（Al_2O_3）

屬於鋁原料（參閱p.171）的氧化鋁，是氫氧化鋁在300℃下燒製而成，可獲得極高純度的物質。

氫氧化鋁（$Al_2(OH)_6$）

屬於鋁原料的氫氧化鋁，其粒子相當微小，因此在釉液中能發揮沉澱防止劑的作用。基於相同理由，氫氧化鋁比氧化鋁更容易附著在素坯上，從燒成初期就能與其他原料產生很好的化學反應，因此廣泛使用在釉和素坯上。100g的Al_2O_3

表5-3 硼酸（H_3BO_3）的水中溶解量

水溫	0℃	20℃	40℃	60℃	80℃	100℃
溶解量	2.7%	5.0%	8.7%	14.8%	23.6%	40.3%

等同於 $153 g$ 的 $Al_2(OH)_6$ 量,而且可互相替換。

高嶺土($Al_2O_3 \cdot 2SiO_2 \cdot 2H_2O$)

高嶺土除了含有氧化鋁(40%)之外,同時也含有二氧化矽(46%)和14%的結晶水(會在燒成中揮發散失)。由於釉中需要二氧化矽和氧化鋁的成分,因此有時候只會使用高嶺土,以取代矽石和氧化鋁這兩種原料。此外,使用高嶺土還有其他優點。

高嶺土的粒子比矽石或長石等其他原料小且輕盈,在釉液中能長時間懸浮,因此可延緩其他原料粒子的沉澱速度。此外,高嶺土具有某種程度的可塑性,施釉時能提高對於素坯的附著性。

除了高嶺土之外,還可以使用黏土。這些黏土也是以氧化鋁和二氧化矽為主要成分。不過,黏土會產生氧化鐵或鈦的汙染,因此不適合使用在講究透明性或白色度的釉中。此外,若在釉中使用可塑性大的黏土,其困難之處在於,用量過多時會引起較大的乾燥收縮,導致施釉後的釉層產生裂縫或開裂。

植物灰

基本上植物灰區分為兩種。一種為矽酸質的物質,稻桿和稻殼的灰就屬於這個類別,能做為矽石的替代物使用。

另一種為其他植物的灰,是含有較多的鈣、鈉、鉀等成分的鹼性物質(參閱p.167、168),做為高溫釉的媒熔劑使用。另外也可使用松、樫等其他各種木材燃燒後的混合灰(木灰),表5-4。

此外,植物灰中含有微量的鐵或磷等雜質,而這些物質會賦予釉溫暖的色調和失透效果、以及特殊的外觀。

在使用植物灰之前,為了去除水溶性的雜質(鹼液),必須添加大量的水充分攪拌,並且在沉澱之後反覆進行去除上層水的作業。最終經過乾燥之後,再用篩網過濾。

二氧化錫(SnO_2)

幾乎在任何溫度下,二氧化錫都能有效發揮失透劑(參閱p.140)的功能。當釉中的矽石較多,而氧化鋁較少時,二氧化錫能形成比二氧化鈦的白度更高的矽酸錫鈣($CaO \cdot SnO_2 \cdot SiO_2$)結晶。它能提高釉的黏度、使熔解溫度增高、增加表面硬度、以及賦予釉彈性,因此能增強開片(釉裂)的抵抗力。通常釉中會添加4~10%左右。此外,二氧化錫具有改變各種顏色的性質,例如:添加二氧化錫之後,因氧化鐵而呈茶褐色或黑色系的釉,在多數情況下會轉變為溫暖色調的橙褐色系。

矽酸鋯($ZrO_2 \cdot SiO_2$)

矽酸鋯是由鋯、矽石、或鎂、鋅等原料組合而成,現在多用來取代二氧化錫,做為失透劑使用。

二氧化鋯(ZrO_2)

在釉達到最高溫度而熔解時,二氧化

表 5 - 4 灰的化學分析值(%)

	SiO_2	Al_2O_3	Fe_2O_3	CaO	MgO	MnO	K_2O	Na_2O	P_2O_5	燒失量	合計
稻草灰	44.35	0.62	0.3	1.58	0.75	0.41	1.89	0.32	0.74	48.77	99.73
木灰	14.32	6.34	2.08	32.41	4.27	—	2.56	1.04	—	31.66	94.68
骨灰	0.9	—	0.002	41.7	—	—	2.9	0.2	26.5	27.7	99.9

鋯會熔入釉中，然後在燒成後的冷卻過程中，與達到飽和狀態無法熔入釉中的矽酸自然反應，析出矽酸鋯結晶。

二氧化鈦（TiO_2）

二氧化鈦具有做為釉的失透劑功能，同時也能透過加入釉藥配方，賦予藍色調，尤其釉中若含有鉛和硼，就會變成偏黃色調。此外，鈦具有改變其他色彩的作用。例如：添加 5～10％ 二氧化鈦的釉，氧化鈷會變成橄欖綠色系而非青藍色。

金紅石

金紅石是被鐵汙染的二氧化鈦。透過這種鐵汙染能讓釉著色，鐵汙染度可控制在 1～25％ 之間。

磷酸鈣（骨灰）（$Ca_3(PO_4)_2$）

骨灰大約是由 55％ 的碳酸鈣（$CaCO_3$）和 40％ 的五氧化二磷（P_2O_5）組成，其餘則包括二氧化矽、鎂、氟等成分。

骨灰具有在釉和素坯中形成玻璃組織母體的作用，其性質與二氧化矽所形成的玻璃和磷酸玻璃不同。磷酸玻璃具有黏性非常大的性質，因此會使用在製作玻璃化的特殊器物的本體上。例如：一般瓷器的玻璃化本體是由二氧化矽構成，但是更具透光性的骨瓷（bone china）本體，主要是以氧化磷為主體的玻璃所形成。

另一方面，在釉中添加氧化磷時，磷會發揮玻璃形成氧化物的功能，而在同一種釉中，會生成以二氧化矽為主體的玻璃（矽酸玻璃）、以及以磷為主體的玻璃（磷酸玻璃）等兩種玻璃。這個時候，磷酸玻璃會以微小水滴般的形狀從矽酸玻璃中分離出來，而折射率不同的兩種玻璃面會導致光的散射，因此呈現具有光澤的失透效果（乳濁釉）。

三氧化二銻（Sb_2O_3）

三氧化二銻做為黃色和白色顏料使用。

這裡是舉出植物灰～三氧化二銻等具有失透效果的原料，相關資訊請參閱 p.140〈各種失透劑與其性質〉。

西洋顏料與日本顏料的差異

　　釉上彩所使用的顏料可分為日本顏料和西洋顏料。不過,所謂的「顏料」都屬於低溫熔解的釉。

　　黃、綠、紫色的日本顏料是熔入釉中的著色物質,p.142說到的離子呈色就屬於這個類別。在這種情況下,釉中並不存在固體物質,所以黃色和綠色的日本顏料具有透明感。

　　此外,紅色的日本顏料或西洋顏料,就不具黃色和綠色的日本顏料所具有的透明感。這種顏料相當於p.142的顏料呈色,由於不介入釉的結構,也不會產生化學變化,燒成前的顏色與燒成後的顏色幾乎相同,因此能使用多樣色彩的顏料,並且顏料之間可互相混合以產生中間色彩。這就是西洋顏料色彩繽紛的原因。

黏土的精製

　　產自於自然界的黏土,很少能夠直接使用,大多必須經過精製加工處理。以下介紹黏土精製加工的例子。

　　首先,將大塊黏土經過粉碎機粉碎之後,與大量的水混合成泥漿狀態。

　　接著,採用類似長滑道的分級裝置,利用離心力將粗大的粒子去除。在螺旋狀的長滑道底部外緣部位,有許多細小孔洞。當泥漿從上方傾瀉而下時,會產生向外側的離心作用,使細小輕盈的粒子向外飛散,最後從孔洞滴流出的泥漿,是粒子細小的部分。中途無法流出而滑落到螺旋滑道最下方的泥漿,則是粒子較為粗大,必須淘汰的部分。

　　然後將粒度均勻的泥漿透過壓濾機,進行脫水處理以去除多餘水分。壓濾機是由稱為濾板的硬質樹脂製四角形框架,採用多片垂直懸吊方式所形成的結構。濾板的表面呈現ㄈ形的凹陷,相鄰兩片濾板的凹陷面互相對合,形成類似手掌合起來時的凹陷空間。在此處裝置尼龍濾片之後,將所有的濾板鎖緊閉合,從濾板和尼龍濾片中央部分的孔洞,以壓力灌入泥漿,使泥漿充填到所有濾板的空隙內。

　　同時透過這種壓力將泥漿裡的水分排出,沿著濾板的空隙向下滴流而出,黏土則殘留在尼龍濾片所包圍的空間內。此時,相當多的水溶性鹽類也會跟著水分排出。經過一段時間後打開濾板,取出附著在尼龍濾片上的泥餅狀黏土。

　　接下來將黏土泥餅放入練土機進行精製。真空練土機除了除氣之外,也具有「讓水分進入板狀黏土礦物層空隙」的重要作用。當氣壓下降時,水的沸點也隨之降低,因此在練土機的真空室內,黏土裡的水分會沸騰變成蒸氣。沸騰的水流動性會增加,表面張力也會變小,因此透過蒸氣加壓,可讓水分更容易進入黏土礦物薄板與薄板之間的空隙內。如此一來,可提高黏土的可塑性和乾燥強度,成為容易使用的良質黏土。我們購買的市售黏土,大多都是經過精製加工處理。

使釉著色的物質／為何能著色？

　　在釉使用的原料中，矽石、石灰石、滑石、菱鎂礦、長石等，並無法產生色釉。當然使用鐵汙染較多的長石做為原料的釉，能呈現某種程度的著色。或是即使塗上無色透明釉，也會因為鐵成分等從素坯轉移至釉的緣故，而使釉變色。不過，無論這些原料的配方如何改變，也無法產生繽紛多彩的色釉。

　　釉中最常用的著色劑原料，包括氧化鐵、氧化鈷、氧化銅、碳酸銅、二氧化錳等。除此之外，還包括三氧化鉻、五氧化二釩、二氧化鈦、氧化鎳或金、銀、鈾等要素。這些要素是金屬元素和氧或二氧化碳等結合，所形成的穩定化合物。除了存在於自然界之外，也可透過精製加工來製造人工合成的化合物。

　　在釉中添加這些物質時，燒成過程中被分解的多是以氧化物（金屬原子和氧原子結合的物質）的形態進入釉中。例如：方才列舉的常用著色劑原料中的 FeO、Fe_2O_3、CuO、Cu_2O、MnO_2 等，就是以此種形態進入釉中。當然，這些氧化物內的金屬元素 Fe、Cu、Mn，就屬於負責著色的物質。

　　這些金屬元素在元素週期表中，屬於稱為「過渡元素」的過渡金屬族群。過渡元素代表這些元素屬於「會移動的元素」。

　　原子中央有由質子和中子構成的原子核，其周圍環繞著帶有負電荷的電子。過渡元素的特徵在於，所有的電子都會進入稱為 3d 的電子軌道上。因為在這 3d 軌道上的電子可以移動，所以稱為過渡元素。

　　我們已經知道「金屬元素是以和氧原子結合的形態（氧化物）進入釉中」，但是金屬元素（過渡元素、例如：銅 Cu）會釋放出電子，而氧原子（O）則吸收這些電子，使得失去電子的銅帶正電荷（Cu^{2+}），然後獲得電子的氧變成帶負電荷（O^{2-}），兩者以這樣的狀態結合在一起。如此一來，氧原子的外殼電子群，會排斥同樣帶負電荷的銅外殼電子群，導致電子狀態產生扭曲（能量差）。因此，遷移元素會根據所產生的能量差，進行能量調整。

　　太陽光屬於光的能量，換言之，過渡元素能吸收某種固定波長的光，因此提高了電子的能量水平，引起過渡現象。於是，可視光線中未被吸收而反射的波長的光，會被人們的眼睛感知而視為「顏色」。這就是過渡元素的電子進入 3d 電子軌道後，讓釉產生著色的原因。

顏料

何謂顏料

所謂顏料是指混合金屬原料燒製而成的人造製品。釉的著色劑中,除了直接使用氧化金屬類(參閱p.146)之外,也經常使用以各種原料製成的工業顏料。以下是說明為何必須使用這些人造顏料的理由。

為了獲得鮮明的紅色、粉紅色和黃色等色彩,而用於著色的原料,多數在高溫中都不太穩定,而且會改變顏色或揮發喪失。因此,必須將這些著色原料與矽石或氧化鋁等混合後燒製,以生產耐高溫和化學穩定性高的新化合物。

某些顏色無法從單一的氧化金屬獲得,或只是混合多種顏料也無法獲得想要的色彩。例如:黑色可透過混合鐵氧化物、氧化鈷、氧化鉻、氧化銅等獲得,而鉻粉紅色是混合氧化鉻(通常為綠色)和氧化錫(白色)而成的色彩。在這些組合搭配中,有些直接混合原生材料就能使用,有些則需要燒製混合物,以化學合成的方式加工,才能獲得穩定的發色效果。

金屬化合物中,有鈾、釩、硒、銻等這類具有毒性的物質。為了降低毒性,可與矽石或氧化鋁、高嶺土等混合後,預先經過燒製加工,形成矽酸化合物、鋁酸化合物或固熔體(不具有固定化學式的燒結物)。

非人造顏料的一般氧化金屬或碳酸金屬,在大多數的情況下,燒成後的顏色不會是原本材料的顏色。例如:氧化鈷為黑色粉末,但是添加到釉中燒成後就變成藍色。其原因是燒成後的發色(例如藍色),經常是這些金屬熔入釉中所產生的結果。相較之下,顏料對於釉的熔解力具有耐久性,並不會熔入釉中,只是單純地擴散到釉中,所以燒成後幾乎能夠保留原本材料的顏色。因此,這種顏料的優點是能夠像畫家在調色盤上調色一樣,藉由互相混合來產生中間色。

另一方面,也必須了解有些釉會使顏料的顏色產生變化。釉中含有鎂或鋅的媒熔劑,或是添加鈦、錫等失透劑,經常會使顏料產生變色。

最穩定的尖晶石型顏料

市售顏料的製造加工是以高溫燒結原料混合物,而這個時候會引起「分解」和「結合」的作用。

假設顏料的原料都未事先完成「分解」,使用這些顏料著色的作品,在燒成過程中會再度分解產生氣體,因而導致生成釉泡。此外,在顏料製造加工過程中,分解後接著引起的「結合」作用,能適應溫度變化,並形成以「矽酸化合物」或「鋁酸化合物」為主體的「固熔體」燒結物質,這種物質能抵抗釉將周遭物質熔入的作用(熔解力)。若顏料缺乏耐久性,就會分解或揮發,並且喪失色彩,因此具有「化學惰性」的穩定性顏料非常重要。市售顏料中稱為「尖晶石」的顏料,屬於具有相當耐久性的顏料。

尖晶石是以$RO \cdot R_2O_3$一般化學式構造表示的物質總稱。RO的部分包括CoO（氧化鈷）、MnO（氧化錳）、MgO（氧化鎂）、NiO（氧化鎳）、FeO（氧化鐵）等金屬的一氧化物。R_2O_3部分則包含Al_2O_3（氧化鋁）、Cr_2O_3（三氧化鉻）、Fe_2O_3（氧化鐵）。這三種氧化物的變化衍生物，可區分為鋁系列、鉻系列、鐵系列等三個族群。

表5-5是一般尖晶石的例子。常使用的尖晶石顏料包括藍色顏料的鋁酸鈷（$CoO \cdot Al_2O_3$）、灰綠色的錳鉻氧化物（$MnO \cdot Cr_2O_3$）等。對於釉的熔解力具有抵抗性的尖晶石，能在釉中以微粒子狀態懸浮，賦予均勻的呈色。

除此之外，還有非$RO \cdot R_2O_3$型的尖晶石。其中之一是$2RO \cdot RO_2$型的尖晶石，是具有粉紅色$2CoO \cdot SiO_2$（矽酸鈷）結晶，這是在添加了10%或更多氧化鈷的釉中所生成的結晶。此外，$2ZnO \cdot SiO_2$（矽酸鋅、矽鋅礦結晶）是從鋅釉自然析出的尖晶石。換言之，尖晶石通常是在實驗室或顏料製造廠人工合成的物質。由於具在高溫下穩定的特性，因此在陶瓷燒製過程中，有時也會單獨使用於釉中。

除了上述的矽酸鈷和矽酸鋅之外，還有鋁酸鋅（鋅尖晶石，$ZnO \cdot Al_2O_3$）和鋁

表5-5 $RO \cdot R_2O_3$ 型尖晶石

尖晶石類型	化學式	燒成環境	顏料的色彩
鉻系列	$MgO \cdot Cr_2O_3$	氧化焰	濃綠
	$ZnO \cdot Cr_2O_3$	氧化焰	綠褐色系
	$MnO \cdot Cr_2O_3$	還原焰	灰綠色系
	$NiO \cdot Cr_2O_3$	氧化焰	綠
	$CoO \cdot Cr_2O_3$	還原焰	青綠
	$FeO \cdot Cr_2O_3$	還原焰	黑褐色·紅褐色
	$CdO \cdot Cr_2O_3$	還原焰	亮褐色
鋁系列	$ZnO \cdot Al_2O_3$	氧化焰	白
	$MnO \cdot Al_2O_3$	氧化焰	灰褐
		還原焰	粉紅
	$NiO \cdot Al_2O_3$	氧化焰	藍綠
	$CoO \cdot Al_2O_3$	還原焰	青·藍紫色
	$FeO \cdot Al_2O_3$	還原焰	土黃色
	$CrO \cdot Al_2O_3$	氧化焰	粉紅
鐵系列	$MgO \cdot Fe_2O_3$	氧化焰	紅褐色
	$ZnO \cdot Fe_2O_3$	氧化焰	紅磚褐色
	$MnO \cdot Fe_2O_3$	氧化焰	灰藍色系
	$NiO \cdot Fe_2O_3$	氧化焰	紅黑色系
	$CoO \cdot Fe_2O_3$	氧化焰	藍黑色系
	$CuO \cdot Fe_2O_3$	氧化焰	灰藍色系
	$CdO \cdot Fe_2O_3$	氧化焰	紅褐色
	$FeO \cdot Fe_2O_3$	還原焰	黑

酸鈷（CoO・Al_2O_3）等，它們是在結晶釉中能夠大幅成長的結晶。

此外，也有以化學式$2R_2O_3$・$3RO_2$表示的尖晶石。當中最知名的就是高嶺土的尖晶石。高嶺土（Al_2O_3・$2SiO_2$・$2H_2O$）在400～500℃左右就會喪失結晶水，變成偏高嶺土（Al_2O_3・$2SiO_2$），接著再轉變為尖晶石（$2Al_2O_3$・$3SiO_2$）。不過，高嶺土的尖晶石不具高耐火性，在975℃以上就會轉變為莫來石（$3Al_2O_3$・$2SiO_2$）。

如何使顏料更易於使用

由於顏料中並未添加具有黏性的原料，若直接使用往往會有附著力不足的問題，因此在描繪圖樣之後，只要稍微碰觸就很容易剝落。此時可添加少量的高嶺土或具有可塑性的黏土。不過，高嶺土會稍微提高耐火度，而黏土則會使顏料的色調變得稍微暗淡。為使顏料不變質並提高附著力，可添加CMC糊、阿拉伯膠、黃蓍樹膠、糊精等糊狀有機物。此外，糊狀物質能提高滑順度，使繪圖的運筆描繪更為順暢。

另外，現成顏料中包含高耐火度的物質，可能會使上面施加的透明釉產生問題。當因為耐火性顏料而產生縮釉問題時，可在顏料中添加透明釉。添加多少透明釉必須根據顏料的耐火度調整，可從5％、10％、15％慢慢調整添加量，並進行燒成測試。

自製顏料

工業生產製造的市售顏料必須經過原料的混合、燒製、粉碎、洗淨等多道工序，但是很多顏料都可自行調製。表5-6～5-14列舉的簡單自製顏料，是高溫下能廣泛使用的顏料配方範例。將粉末狀的原料放入無釉的容器內，經過燒成之後，使用研磨缽盡量研磨成細小的微粒。粒子太大就無法均勻分散於釉中，會導致產生色斑或著色不均等問題。自製顏料除了當做釉下彩顏料使用之外，也可以用來製作色釉，例如：在乾粉狀的釉中，以釉藥100為基準，添加5～12%的顏料。此外，還可以應用在有色化妝土上。

銻黃

表5-6 顏料配方範例1

原料	No.1（％）	No.2（％）
氧化鋁（Al_2O_3）	11	6.7
石灰石（$CaCO_3$）	13	—
二氧化錫（SnO_2）	12	16.8
鉛丹（Pb_3O_4）	38	38.3
三氧化二銻（Sb_2O_3）	26	29.8
氧化鐵（Fe_2O_3）	—	8.4
合計（％）	100	100

No.1、No.2都是在研磨缽中研磨之後，以880℃燒成。氧化焰燒成用，1050℃以下很穩定，但是能使用於1250℃以下。

釩黃

表5-7 顏料配方範例2

原料	%
五氧化二釩（V_2O_5）	4.8
二氧化鋯（ZrO_2）	95.2
合計（%）	100

事先以1250℃左右的溫度燒成後使用。使用1200～1250℃氧化焰。

鉻綠

表5-8 顏料配方範例3

原料	No.1（%）	No.2（%）
鉀長石	48.2	9.8
石灰石（$CaCO_3$）	2.3	1.3
高嶺土（$Al_2O_3 \cdot 2SiO_2 \cdot 2H_2O$）	27.6	21.4
氧化鈷（CoO）	5.3	6.6
三氧化鉻（Cr_2O_3）	16.6	33.3
氫氧化鋁（$Al(OH)_3$）	—	27.6
合計（%）	100	100

將乾燥狀態下用研磨缽研磨後的混合物，以1100℃左右的氧化焰燒成。此種顏料可用於氧化焰和還原焰。為防止轉變為粉紅色，不可將錫添加到釉配方中。如果可能的話，最好使用Al_2O_3的量較少，而且完全沒有添加B_2O_3的釉。

鉻粉紅色

表5-9 顏料配方範例4

原料	No.1（%）	No.2（%）	淡粉色（%）
石灰石（$CaCO_3$）	32	19	—
高嶺土（$Al_2O_3 \cdot 2SiO_2 \cdot 2H_2O$）	3	—	—
三氧化鉻（Cr_2O_3）	3	3	—
二氧化錫（SnO_2）	62	72	—
矽石（SiO_2）	—	6	—
燃燒後的氧化鋅（ZnO）	—	—	46
重鉻酸鉀（$K_2Cr_2O_7$）	—	—	6
氫氧化鋁（$Al(OH)_3$）	—	—	48
合計（%）	100	100	100

事先將乾粉狀態的氧化鋅，以1000～1250℃的溫度燒成。接著，用研磨缽將混合物研磨之後，在乾燥狀態下用1050～1250℃的氧化焰燒成。製作完成的顏料只能使用氧化焰。
以下的釉會使原本的粉紅色變色或遭到破壞，請多加注意。
※鹼性（Na、K、Li）和B_2O_3、SiO_2較多的釉，會呈現偏紫色。
※鈣含量較少的釉會呈現紫色。
※與含有鋅的釉組合時，會轉變為茶褐色。

錳粉紅色

表5-10 顏料配方範例5

原料	％
二氧化錳（MnO₂）	20
硼砂（Na₂O・2B₂O₃）	5
氫氧化鋁（Al(OH)₃）	75
合計（％）	100

以乾粉狀態用研磨缽研磨後，以1175℃左右的氧化焰燒成。然後再度用研磨缽進行粉碎。這種顏料的耐火度極高，因此很容易剝落，使用時必須以常用的透明釉加以稀釋。可使用還原焰和中性焰燒成，若使用氧化焰則會變成茶褐色。將磷添加到釉配方中能使粉紅色的發色穩定。配方中雖然使用75％的氫氧化鋁，但也可以用49.5％的氧化鋁（Al₂O₃）取代。

茶褐色

表5-11 顏料配方範例6

原料	茶褐色（％）	亮褐色（％）	紅褐色（％）	粉紅亮褐色（％）
高嶺土（Al₂O₃・2SiO₂・2H₂O）	10	—	—	—
氧化鐵（Fe₂O₃）	85	—	—	10
二氧化錳（MnO₂）	5	—	—	—
氧化鋁（Al₂O₃）	—	18	—	—
三氧化鉻（Cr₂O₃）	—	2	—	—
二氧化鈦（TiO₂）	—	73	—	90
三氧化二銻（Sb₂O₃）	—	7	—	—
矽石（SiO₂）	—	—	21	—
二氧化錫（SnO₂）	—	—	45	—
石灰石（CaCO₃）	—	—	28	—
重鉻酸鉀（K₂Cr₂O₇）	—	—	1	—
硼砂（Na₂O・2B₂O₃）	—	—	5	—
合計（％）	100	100	100	100

「茶褐色」、「粉紅亮褐色」的配方事先無須燒成，只要充分混合就能使用。氧化焰和還原焰兩者均可使用。乾燥粉末經過研磨之後，「亮褐色」使用880～1250℃，「紅褐色」使用約1230℃溫度燒成。使用還原焰燒成時兩者都呈偏綠色調，因此會做為氧化焰燒成用。

灰色

表5-12 顏料配方範例7

原料	No.1（％）	No.2（％）
二氧化錫（SnO₂）	96	—
三氧化二銻（Sb₂O₃）	4	—
氧化鈷（CoO）	—	5
金紅石（TiO₂）	—	95
合計（％）	100	100

No.1以乾粉狀態研磨後，直接用1230～1250℃燒成，接著再度用研磨缽研磨成微粒粉末。No.2直接用乾粉充分混合後使用。

黑色

表5-13 顏料配方範例8

原料	No.1（%）	No.2（%）	No.3（%）
氧化鐵（Fe_2O_3）	38	40	60
二氧化錳（MnO_2）	12	—	—
氧化鈷（CoO）	27	10	20
三氧化鉻（Cr_2O_3）	10	30	10
氧化鎳（NiO_2）	13	—	10
高嶺土（$Al_2O_3 \cdot 2SiO_2 \cdot 2H_2O$）	—	20	—
合計（%）	100	100	100

這些黑色顏料只須充分研磨，不用進行燒製。

青色

表5-14 顏料配方範例9

原料	青（%）	亮青色（%）	水藍色（%）
矽石（SiO_2）	22	—	—
高嶺土（$Al_2O_3 \cdot 2SiO_2 \cdot 2H_2O$）	32	30	—
氧化鈷（CoO）	29	17	5
二氧化錳（MnO_2）	7	—	—
氧化鎳（NiO_2）	7	—	—
二氧化鈦（TiO_2）	3	—	95
氫氧化鋁（$Al(OH)_3$）	—	53	—
合　計（%）	100	100	100

將整個調和物以乾粉狀態研磨之後，就可以直接使用，但未經燒製加工會產生氣體，因此塗層較厚時很容易產生釉泡。若先以1150℃左右燒製，並經過研磨加工後使用，就可降低釉泡的發生率。以氧化焰燒成時，會比用還原焰燒成還要偏黑。

新的紅色顏料

以往「正紅」的顏料只適合低溫專用，在高溫下無法穩定燒成。近年來，德國的德固賽（Degussa）公司成功研發出具有穩定性的紅色顏料，是以鎘和硒製成。這種紅色顏料不僅可用於釉下彩，也可添加到釉中，很容易獲得前所未有的高溫用紅色釉藥。

德固賽公司專利的紅色顏料，包括（1）No. 23616 亮橙色、（2）No. 27496亮紅色、（3）No. 27497 深紅色等三種。這些顏料在溫度約1300°C 以下能保持穩定，可在氧化焰／還原焰兩種條件下使用。這些特殊顏料是透過以高溫燒製金屬和其他原料的加工過程，形成所謂「固熔體」的化學穩定性物質，因此在高溫燒成中紅色也不會變色或消失。換句話說，這些顏料具有「高溫下的穩定性」、以及即使鎘原本屬於具有毒性的原料，也無須擔心會有分解或熔出的危險性。

使用顏料的橡膠印章

顏料除了當做釉下彩顏料，在素燒後的素坯上著色以外，也可添加到透明釉或白色啞光釉中形成色釉，或是添加到白色化妝土，製作有色化妝土等，使用方法相當多種。

這裡介紹一種可做為釉下彩工具，不是使用繪筆描繪釉下彩，而是使用橡膠印章壓印的技法。不論工業製造的市售顏料，或是自製顏料，都可採用這種技法。

首先，將白砂糖和極少量的水倒入鍋中加熱，製成砂糖溶液。在不讓砂糖溶液燒焦的情況下，必須一面攪拌一面熬煮成膠狀糖漿，然後關閉爐火進行冷卻。

將膠狀糖漿倒在玻璃板上，添加粉末顏料後，用調色刀加以混合直到變成類似奶油狀。使用調色刀將色漿刮到玻璃板的一側，壓刮時會在玻璃板上形成非常薄的顏料層。若用橡膠印章按壓顏料層就會附著薄而均勻的顏料，如此就可以在素坯上壓印出圖樣。使用時每次都要再次按壓玻璃板上的顏料，重新附著顏料。

採取這種印章壓印圖樣的作品，無須再度素燒，等圖樣乾燥後可直接施加透明釉。

由於壓印顏料的部分，吸水性會稍微降低，所以調製透明釉時，要比平常稍微濃一點，將是重要關鍵。

04 / CMC 糊的製作與 保存方法

　　為了提高釉對於素坯的附著力，可使用CMC糊、阿拉伯膠、糊精等糊狀物質，但是這些物質全部屬於有機物。假如使用無機物質的話，在燒成中無法消失，會導致釉的組合成分產生變化。不過，保管過程中容易腐敗是有機物的缺點。

　　對於微生物的耐受性上，最常用的CMC糊比其他糊漿高，也就是較不易腐敗。

　　這種CMC糊不僅可做為糊劑使用，也具有「增加黏度」的功能，因此廣泛使用在食品和工業製品上。雖然較不容易腐敗，但是也並非完全不會腐敗。

　　將粉末狀的CMC用水溶解後就可以使用，但是長時間放在水桶等容器內，會變成被水分稀釋的狀態。這是由於存在於環境中肉眼看不見的微生物，會吃掉CMC糊的緣故。若經過長時間放置就會變成水。即使倒掉CMC糊並將水桶清洗乾淨，重新調製糊漿，情況也不會改變。因為容器內仍然殘有微生物，縱使用熱水燙洗容器，也無法完全殺菌，因此重新調製糊漿時最好不要使用同一個容器。

　　這裡推薦各位利用空寶特瓶調製CMC糊漿的方法。首先將CMC粉末倒入寶特瓶，並添加少量的水，然後蓋緊瓶蓋後用力搖晃。由於要讓CMC溶解到水中，需要較長時間，所以必須不斷搖晃瓶子，使其完全溶解。使用寶特瓶有兩個好處，一是能完全封閉開口（瓶蓋），二是瓶口較小能減少與外面的空氣接觸，如此一來就能降低微生物入侵的機率。此外，建議將調製後的CMC糊放進冰箱內儲存。不用太大的寶特瓶，以縮短使用期限，也是一種有效的方法。

※ 有關CMC糊的使用方法，請參閱p.164。

第6章

釉藥問題的原因與
防止方法

◇開片(釉裂)的機制與防止方法
◇剝釉(跳釉)的原因與防止方法
◇釉泡和針孔的原因與防止方法
◇縮釉的原因與防止方法
◇脫釉的原因與防止方法
◇因黏土引起釉的異常與其原因

【開片(釉裂)的機制與防止方法】

何謂開片(釉裂)

開片是指釉中出現細小的裂縫，屬於頻繁發生的瑕疵。釉中產生開片的原因很多，其中兩種屬於特別重要的原因。

第一個原因是素坯與釉的熱膨脹係數(指素坯與釉的「膨脹」和「收縮」不同，所引起的內在問題。第二個原因是素坯中的石英和方矽石在冷卻過程中，突發的收縮會對開片帶來很大的影響。

當溫度達到沸騰時，鍋內的水會劇烈振動並且增加體積。事實上，所有的物質在溫度未達到-237℃(克氏溫度絕對零度[0 K])時，都會不停地振動，並且隨著溫度上升，振動變得更大。當這種振動非常激烈時，原子和分子間的連結會被切斷，形成流動的狀態。換言之，物質會從固體轉變為液體，不過，如果還處於固體狀態時，肉眼可以看到體積增加，也就是呈現所謂的「熱膨脹」。

然而，所有的陶瓷器出窯時，都會經過燒成後的收縮階段。雖然收縮程度各有差異，但是燒成初期會膨脹，接著在某個時間點轉為收縮，是所有陶瓷器的共通現象。「初期膨脹」是因為構成各種原料的分子隨著溫度上升，振動會逐漸激烈，因此呈現所謂的膨脹現象。「從某個時間點開始收縮」，是指由於激烈的振動，導致原料的分子結構鬆弛或開放，並與鄰近其他原料的構成分子，開始進行分子和原子的交換，也就是產生化學反應(共熔反應)，而在生成別種物質的過程中產生收縮。這種由於熱的變化引起的膨脹和收縮，稱為「熱膨脹率」。以下顯示某種陶器素坯的熱膨脹率圖表。

從圖6-1黏土A的熱膨脹現象，可以看出素坯隨著溫度的上升逐漸膨脹(在500℃左右急遽膨脹的原因，是由於α石英轉變為β石英的緣故)，當達到某個溫度(圖中為600℃左右)時，就轉變為收

縮。黏土B也可以觀察到相同的變化。這種一開始必然會膨脹，從某個時間點轉為收縮，而引起膨脹和收縮的體積變化，是所有素坯和釉在經過燒成到冷卻過程中，一定會發生的現象。

素坯與釉的熱膨脹係數(膨脹與收縮)各不相同，兩者內部所產生的應力(扭曲)，是導致產生「開片」和「剝釉」(參閱p.201)的最大原因。不過，重點是這兩個問題都不是在燒成中發生，而是在後續的冷卻過程中。其理由是，在升溫過程中，素坯和釉都尚未充分燒結成玻璃化，兩者多少都具有伸縮性(適應性)，因此即使各自呈現不同的膨脹和收縮狀態，兩者的應力也不致於達到造成問題的程度。

同樣地，在剛完成燒成的時間點時，

圖6-1 陶器素坯的膨脹與收縮

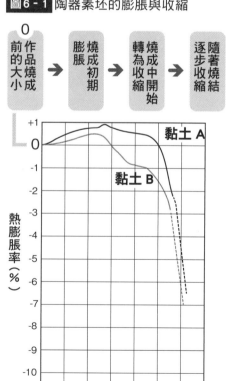

圖 6-2　發生開片的機制

燒成前	A		素坯與釉同樣大小。
剛完成燒成	B		釉產生比素坯大的收縮，但還能適應素坯的大小，因此能夠貼合在素坯上。
開始冷卻	C		假如釉能自由收縮，則變成如此…
	D	← 釉被拉扯伸展 →	由於釉被素坯強制貼合，因此呈現被拉扯伸展的狀態。
冷卻持續進行時…	E		因釉無法承受拉扯伸展的應力而產生龜裂。
	F		當素坯非常薄時，並不會產生開片，而是變形。

熔解的釉和燒結的素坯都相當柔軟而具有伸縮性，即使其中一方收縮較大，另一方也能適應其動態，因此兩方都不會產生應力。

不過，在燒成後的冷卻過程中，釉和素坯都逐漸喪失柔軟性而固化。如果兩者各自分別繼續收縮，就會產生致命性的內部應力。

在燒成後的素坯內部，大部分的組織都呈「燒結（固體）」狀態，只有一部分是「熔化（液體）」狀態，相較之下，釉的熔化狀態則比素坯充分。通常熔化程度愈高的物質，熱膨脹係數也愈大，換言之，大量膨脹之後也會伴隨大量收縮。至於開片的原因，問題並不在於膨脹，「收縮」才是主要因素，因此「熱膨脹係數」也可以解讀為「收縮率」。換言之，膨脹係數大的釉會呈現大幅度收縮，大幅度收縮即是開片的原因。

請參閱圖 6-2 發生開片的機制。在燒成初期，釉和素坯的大小相同（A）。兩者在燒成中先是膨脹再轉為收縮，但釉的膨脹和收縮較大。不過，到了燒成終了的時刻，充分熔解的釉具有伸縮性，能夠適應素坯的大小，因此兩者尚能夠順利地貼合在一起（B）。

接著在窯爐逐漸冷卻時，釉和素坯都會繼續收縮，但釉的收縮程度更大。假設釉能夠自由收縮的話，釉雖然比素坯小，但實際上卻能夠如橡膠一般伸展貼合在素坯上，如圖 6-2 的 C 所示。如此一來，當釉受到外部力量的影響，而呈現被拉扯伸展的狀態時，就會受到拉扯伸展的應力（由拉扯伸展所產生的壓力）（D）。

隨著釉的持續收縮，釉受到的應力（壓力）也會變得更大。由於釉本身逐漸喪失柔軟性而變得堅硬，以致無法再承受拉扯伸展的應力，因此會透過龜裂部位的收縮，瞬間消除這種應力。這就是開片發生的原因（E）。若素坯非常薄，當釉收縮時，素坯無法抗衡收縮時的動態，就會隨之彎曲變形，因此釉並不會產生開片（F）。

各種開片

若釉整體出現細微的龜裂，表示素坯和釉的收縮差較大。若出現較大的開片時，則是兩者的收縮差較小，圖6-3。

作品出窯時，有時會陸續出現開片的情況。這是由於燒成後的冷卻期間，爐內的釉尚處於逐漸被強制拉扯伸展的狀態，若這時候出窯就會發生急速冷卻，如此一來便無法承受這種熱衝擊。

此外，還有一種情況是，出窯時沒出現任何問題，但經過數月或數年之後，卻出現開片現象，如圖6-4所示。這是由於具有吸水性的素坯，吸收了外部環境的水分而膨脹的緣故。已經熔化的釉幾乎沒有吸水性，而且質地堅硬，無法因應素坯一起膨脹，因此不得不產生龜裂。

圖6-3 不同類型的開片

圖6-4 經年開片

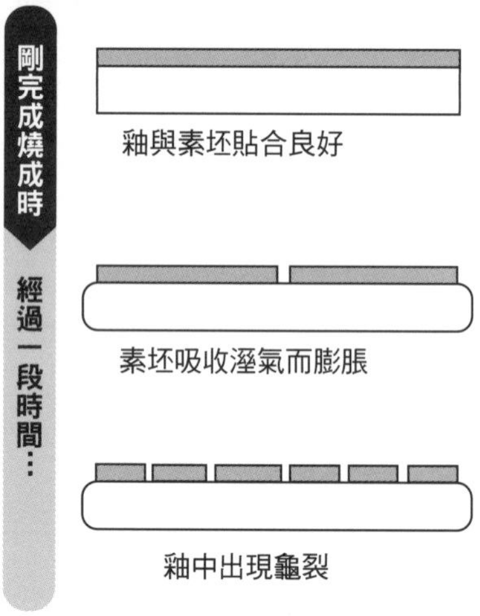

剛完成燒成時

釉與素坯貼合良好

經過一段時間⋯

素坯吸收溼氣而膨脹

釉中出現龜裂

消除開片的提示

提示❶釉中的元素

釉中所含的元素是釉膨脹／收縮程度的關鍵

消除開片最有效的方法，就是降低釉的熱膨脹係數（膨脹與收縮）。如同前述，熱膨脹是由於隨著溫度上升，物質原子之間的鍵結被切斷，而引起原子振動變大的現象。熱膨脹變大是指原子間的鍵結變弱（允許較大的振動）。換言之，進入釉的元素之中，有些原子的鍵結較弱，才會導致較大的膨脹／收縮。

例如：在釉中添加氧化鈣（CaO）做為媒熔劑時，Ca和O之間彼此會以電子轉移的狀態（「離子」形態），進入二氧化矽的網狀結構中。換言之，Ca是透過將自身的電子（帶負電荷）轉移給兩個O，使正負電荷平衡傾向於正，變成陽離子（Ca^{2+}、雙價陽離子）的狀態。相反地，O則從Ca接收兩個電子，形成增加負電荷的雙價陰離子（O^{2-}）的狀態。如此一來，離子化的原子雖然各自擁有固定的大小（離子半徑），但是媒熔劑的K_2O、Na_2O、CaO、MgO等的K^+、Na^+、Ca^{2+}、Mg^{2+}的離子半徑，比SiO_2中的Si^{4+}，或Al_2O_3中的Al^{3+}大。

由於大的離子與相鄰氧原子的物理距離較遠，與氧的相互作用力變弱，因此CaO中的Ca-O鍵結，會比SiO_2中的O-Si-O鍵結弱。而鍵結較弱會容許更大的振動，於是顯示出較大的熱膨脹。換言之，添加CaO到釉中會增大膨脹和收縮，而添加SiO_2則會抑制膨脹／收縮。

具有讓釉易於熔解作用的媒熔劑元素，會增加釉的膨脹和收縮，而玻璃形成元素的二氧化矽、以及玻璃修復元素的氧化鋁，則能降低膨脹與收縮。

若進一步細分的話，媒熔劑族群可分為鹼族元素（鋰、鈉、鉀）、以及鹼性土類金屬元素（鈣、鎂、鍶、鋇等），其中鹼性的氧化鈉（Na_2O）和氧化鉀（K_2O）呈現最大的膨脹與收縮量。而同樣為鹼性的氧化鋰（Li_2O），在一般使用下的膨脹／收縮也大，若是調整用量，有時膨脹／收

縮量反而會變小。從這點看來，鋰屬於例外的特異媒熔劑。

鹼性土類金屬族群的氧化鈣（CaO）具有最大的膨脹／收縮性，而氧化鎂（MgO）的熱膨脹係數最低。氧化鍶（SrO）、氧化鋇（BaO）、氧化鋅（ZnO）則介於中間值。

氧化鉛（PbO）通常比鹼族元素（Li、Na、K）的熱膨脹係數小，但是Pb離子具有獨特的性質，少量使用於釉中能發揮玻璃形成氧化物的作用，降低釉的膨脹／收縮，但大量使用時，則會變成破壞二氧化矽網狀結構的媒熔功能，使膨脹和後續的收縮大幅度增加。

三氧化二硼（B_2O_3）也具有類似鉛的作用，少量添加到釉中會變成玻璃形成氧化物，大量添加時會產生破壞玻璃結構的媒熔作用。這個時候釉的膨脹／收縮變大，呈現與玻璃形成劑相反的作用。

在所有陶瓷器的原料中，二氧化矽具有最能降低釉的熱膨脹係數的功能，因此在釉中添加矽石就能減少發生開片的機率。三氧化二鋁（Al_2O_3）在降低膨脹／收縮的作用方面是僅次於二氧化矽。

截至目前為止都並非是針對具體的「原料」，而是針對構成原料的「元素」性質加以說明。長石是由三種必要元素（K_2O或Na_2O、SiO_2、Al_2O_3）所構成的原料，那麼長石到底是會增加，抑或降低釉的膨脹／收縮呢？

長石的收縮率並不太大，添加到素坯中並無法防止開片，反而是常促進開片的發生。不過，若像瓷器的素坯在高溫下燒成時，長石會跟其他原料完全熔解融合，長石原本的「結晶」已不復存在，而這種熔融物質在冷卻過程中，會呈現大幅度收縮。因此，在達到這種狀態的素坯上，釉並不會產生開片。由兩種元素（Al_2O_3、SiO_2）形成的高嶺土，則不太會收縮。

提示❷調整粒度

粒度大小會改變膨脹／收縮的程度

即使是相同的原料，通常粒度愈細小，釉的收縮會變得愈大。這是因為當一個粒子分割為兩個時，表面積會增加，而且必然會從相鄰的兩種原料的接觸面，開始產生化學反應，如圖6-5所示。換言之，原料粒子的表面積增大時，會促進化學反應而引起熔化作用，因此才會產生收縮現象。

不過，若將添加到釉中的矽石，以粒度較細的矽石取代的話（例如：以通過300號網目的矽石，取代平常使用通過200號網目的矽石），就經驗上來說會比較不容易發生開片。

經過粉碎的微粒矽石將更容易熔解和形成玻璃，因此能減少由二氧化矽變形生成的石英結晶、以及方矽石結晶。無法完全熔化而殘留的矽酸結晶，在冷卻中的573℃（石英結晶）和220℃左右（方矽石結晶），會呈現急遽收縮，因此減少這些結晶的話，釉冷卻時的收縮率也會變小，能降低開片機率。

圖 6-5 原料粒子變細時，表面積增加

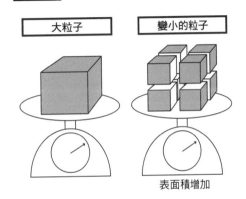

大粒子　　變小的粒子

表面積增加

提示❸素坯的膨脹收縮與燒成方法

與素坯的收縮差是問題所在，因此也必須注意素坯的性質

通常燒成的溫度愈高，素坯的收縮也愈大。然而，過度燒成的素坯是例外。當化學反應過度時，會產生氣體並且起泡，因此素坯會膨脹，體積也會反而增加。

經由調整配方和組成比例，即使不使用很高的溫度燒成，也能形成充分燒結的陶器。因此，除了燒成溫度外，素坯的熔化程度愈充分，通常收縮也愈大。

此外，緩慢地燒成能確保充分化學反應。換句話說，即使用相同的溫度燒成，燒成時間愈長，收縮也會變得愈大，而短時間燒成的陶器有收縮較小的趨向，對開片的影響也會改變。

提示❹石英與方矽石的轉移

素坯中的石英和方矽石的轉移是產生開片的關鍵

釉比素坯容易達到熔融狀態，收縮也較大，因此素坯和釉的熱膨脹率通常不可能完全相同。這麼說來，理論上所有的釉都必然會產生開片，不過實際上也有不會產生開片的釉。這又是為什麼呢？假設釉呈現比素坯更大的收縮，才會產生開片的話，那麼只要讓素坯的收縮變大，就可以減少釉出現開片問題。

然而，實際上在收縮量相當大的素坯上施釉時也會產生開片，但是同樣的釉施加在收縮較少的素坯上，反而不會產生開片。為何會有如此奇特的現象呢？

這是由於開片現象並非僅是釉的收縮比素坯大，這麼單純的原因而已，當然還有其他因素。

其中，尤以素坯中的石英和方矽石的轉移最為關鍵。石英和方矽石屬於二氧化矽的一種形態，不僅天然存在於矽石中，在高嶺土或黏土等其他含有二氧化矽的原料中，也是以游離矽酸[原注12]的形態存在，也就是並非是主結構「矽酸鋁」的一部分，而是個別混入的元素。

請參閱圖6-6，了解素坯中的游離矽酸如何影響釉的開片。圖表中顯示施釉後的兩種素坯，「素坯A」是燒成後殘留許多石英結晶的素坯；「素坯B」是方矽石結晶很多的素坯。請先看素坯A。在窯燒之後溫度逐漸下降時，素坯和釉都會產生收縮。素坯內的石英結晶在燒成中會轉移為 β 型，但溫度降至570℃左右，會再度回歸為 α 型，而此時素坯會呈現特別大的收縮。

即便如此，釉在整個冷卻過程中，都呈現出比素坯更大的收縮量。在這種情況下，釉的尺寸會比素坯小，因而處於被拉扯伸展的狀態，所以會透過產生開片來釋放這種應力。

圖6-6 拉扯伸展狀態下的釉與壓縮狀態下的釉

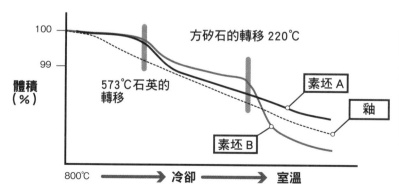

（B）是同時含有石英和方矽石較多的素坯。在溫度降到570℃左右，β石英會逆轉回歸為α石英，此後約220℃左右，β方矽石會回歸轉移為α方矽石，此時會呈現比石英狀態時更大的收縮量。因此，這時素坯的尺寸會比釉小，釉從被拉扯伸展的狀態，轉而變成被壓縮的狀態。理論上，釉無法持續附著在比本身尺寸小的素坯上時，就會從素坯彈飛（剝釉），但陶瓷器作品對於承受「壓縮」的耐力，比承受「拉扯伸展」的耐力高10倍以上（參閱表6-1）。在這種狀況下，通常不會產生開片或剝釉現象。

這種情況又代表什麼意義呢？

舉例來說，有兩種不同配方的素坯土（A和B），出窯時的收縮率都是12％。施加在A土上的釉會產生開片，但施加同樣釉的B土，卻不會產生開片。

這種情況是A土在燒成和冷卻的過程中，一直維持連續性的收縮，B土則是在溫度達到600℃之前，都不會大幅度收縮，根據推測是在後續的冷卻階段（573℃和220℃左右），才產生急遽的不連續收縮。換言之，兩者最終的收縮率都是12％，但是兩種素坯對於釉的適應性卻截然不同。所謂12％的收縮率也可說是「整體收縮」的狀態。在開片方面，當釉無法持續承受拉扯伸展應力時（大約從600℃到室溫為止的區間），在某個特定時間點，就會發生收縮問題，這時就要看素坯會收縮到何種程度。

因此，石英和方矽石含量多的素坯土，在冷卻的最後階段會產生大幅度收縮，所以縱使最終的整體收縮不太大，釉也不會產生開片。例如：施加在瀨戶開片土的釉之所以產生開片，並非一定是因為這種土燒成的收縮較小，而是這種瀨戶開片土在釉開裂的溫度範圍內，並不太收縮的緣故。

提示❺釉的彈性

增加釉的彈性可減少開片

雖然陶器素坯或釉的質地很堅硬，開裂時通常不會產生彎折或扭曲，而是乾脆俐落地裂開，但事實上仍具有些微的彈性。比較各種陶瓷器作品的彈性，最缺乏彈性且不會伸展的是「釉」，其次是「高度玻璃化的瓷器素坯」、「燒結後的陶器素坯」，而素燒的素坯和低溫陶器素坯，則屬於最富有彈性的一類。

用於釉的各種媒熔劑中，有些能增加釉的彈性，有些則反而會降低釉的彈性。彈性愈佳的釉具有較強的開片抵抗性。鉛（PbO）、硼（B_2O_3）、錫（SnO_2）能顯著增加釉的彈性，鎂（MgO）、鋅（ZnO）、鋇（BaO）的作用介於中間程度，鈣（CaO）則會減少釉的彈性。

表6-1 素坯與釉的機械性強度

	素坯		釉
	瓷器	陶器	
耐壓縮的強度（kg／cm²）	5000 - 7000	5800 - 7900	10000
耐拉扯伸展的強度（kg／cm²）	240 - 500	160 - 250	300 - 500

【原注12】游離矽酸：是指在高嶺土、黏土或長石等含有矽酸（二氧化矽、SiO_2）的原料中，不會成為原料結晶結構的一部分，而會以獨立個體的結晶形態，存在於原料中的二氧化矽。例如：高嶺土的主要構成物質是以化學式$Al_2O_3 \cdot 2SiO_2 \cdot 2H_2O$表示的「高嶺石」。在這個化學式中，除了二氧化矽之外，還含有微小的二氧化矽結晶，其中部分為「石英」、「方矽石」、「鱗石英」等二氧化矽結晶。這些物質總稱為「游離矽酸」。若燒成之後，游離矽酸（石英和方矽石）仍然殘留，就會在冷卻過程中引起異常收縮，成為冷卻破裂的問題所在。另一方面，素坯中的游離矽酸具有減少和消除釉開片的作用。

提示❻釉與素坯間的中間層

釉與素坯交界的中間層可減少開片

所謂中間層是指在素坯和釉之間形成的一層物質，如圖6-7所示。用顯微鏡觀察的話，可以看到這層物質朝向兩方形成侵蝕的狀態。這是素坯與釉的接觸面在燒成中，互相引起化學反應所生成的物質。

即使釉與素坯的收縮程度不同，只要中間層確實發揮作用，就能減少開片和剝釉。在同批素坯中，燒成溫度愈高，加上燒成時間愈長，其中間層的生成愈發達。低溫陶器不太會生成中間層，而瓷器這種高溫燒結和玻璃化的作品，中間層可發展到幾乎看不出素坯和釉交界的程度。此外，在素坯土中適度添加石灰石（1～5％）的話，從相當低的溫度開始，便能與矽石產生反應，促進素坯的燒結，並加速中間層的形成。

圖6-7 中間層

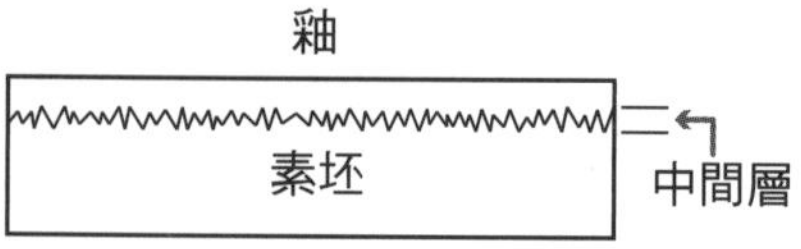

釉

素坯 ——→ 中間層

防止開片的方法

為了減少或防止開片，可採取調整釉藥配方及改變素坯的方法。有以下五種方法。

❶抑制釉的收縮、使其接近素坯的收縮

消除開片最常使用的方法是調整釉藥配方。由於二氧化矽通常會降低膨脹／收縮，因此可以少量增加釉中的矽石量，並相對減少媒熔劑的用量。如此一來，通常會稍微提高釉的熔解溫度，但是原本媒熔劑含量較多的釉，在增加矽石的含量之後，反而能使玻璃形成氧化物（SiO_2），與玻璃破壞氧化物（媒熔劑）之間取得平衡。在這種情況下，釉反而變得容易熔解，因此少量增加矽石並不見得會導致釉的熔解溫度上升。簡言之，兩者之間失去平衡，才會導致釉不易熔解。

另一種有效的解決方法，是更換釉中的媒熔劑。換言之，就是減少或排除膨脹係數大的媒熔劑，換成膨脹／收縮較小的媒熔劑。例如：石灰石（$CaCO_3$）是為了將氧化鈣導入釉內，在高溫釉中也是最

中間層發達的缺點

通常中間層愈發達愈好，但有時候也會衍生問題。在中間層形成的玻璃相中，會生成方矽石（SiO_2）和莫來石（$3Al_2O_3 \cdot 2SiO_2$）的新結晶。

這些新結晶會呈現比釉和素坯等非結晶質更小的收縮，而在釉和素坯逐漸收縮的過程中，無法與這種收縮動態同步的結晶，會變成遭到周圍壓迫的狀態。為了釋放這種被壓迫的應力，結晶會排斥和反彈周圍的組織，使釉和整體作品遭到破壞。不過，若情況不太嚴重，這些結晶的生成能賦予素坯強度。

常使用的原料之一。雖然石灰石具有「承受拉扯伸展」的優點，但鈣是鹼性土類金屬族群元素中，膨脹／收縮率最大，而且彈性也較小（大量使用時例外），因此具有促進開片的作用。在容易產生開片的釉中使用石灰石時，必須減少用量。

此外，在含鎂量較多的釉中，會生成熱膨脹係數非常低的菫青石結晶（$2MgO \cdot 2Al_2O_3 \cdot 5SiO_2$），使釉承受拉伸的耐力變弱，但會增加彈性，整體上具有減少開片的作用。

將鎂導入釉中，可使用碳酸鎂（菱鎂礦）、滑石和白雲石。同樣地，硼和鋅也比其他的媒熔劑，更能實質降低膨脹／收縮，因此應該將石灰石替換成含有B_2O_3或ZnO的原料。B_2O_3從硼系玻璃粉，ZnO則從氧化鋅取得（僅使用氧化鋅時，必須以1200℃左右的氧化焰，預先燒製粉末再使用）。

❷增加釉的彈性

錫（SnO_2）、鋯石（ZrO_2、4％以上）、鈦（TiO_2、2％以上）是能夠增加釉彈性的原料。不過，這些元素具有失透劑的性質，因此同時會使釉變得混濁。含鉛的原料能增加釉的彈性，但不會引起失透作用。

❸增加素坯「冷卻時的收縮」

開片是發生在釉中的問題。不改變釉藥配方而調整素坯，是防止開片經常採用的手法。因此，可在素坯中添加矽石，或根據所添加的量，減少SiO_2低的原料（例如：黏土或長石等）。這是為了在冷卻過程中，特意增加素坯的收縮量。

在釉中添加矽石時，通常釉的收縮會變得更小。那麼為何添加到素坯中的矽石，會產生相反的作用呢？事實上添加到素坯，與添加到釉中，同樣會降低素坯的收縮率，但在某個特定的時間點，會出現特別大的收縮量。

這種做法看似自相矛盾，但同樣的矽石在釉和素坯中之所以產生不同的作用，是由於矽石的熔化程度不同的緣故。釉中的矽石幾乎完全熔解（其結晶結構被破壞），但素坯中的矽石則無法達到完全熔解的程度。矽石是由二氧化矽的結晶所構成，其中一定含有二氧化矽的變型產物「石英」和「方矽石」。直到燒成結束之前，這些物質的一部分仍無法完全熔解，並以原本的結晶形態殘留的話，在冷卻過程中，就會分別在不同的溫度（570℃和220℃左右），急遽地大幅收縮。換言之，在釉處於拉伸狀態（產生開片的狀況）的特定溫度範圍內，剛好會發生素坯收縮，進而改善釉的拉伸狀況，減少開片機率。

重點是這時就算發生大幅度的收縮，高矽酸質素坯的最終收縮率，仍然比低矽酸質素坯小。換句話說，理論上在收縮量小的素坯上，施加收縮量大的釉時，才會發生開片現象，但通常並不僅限於收縮量小的素坯上，才會產生開片。

總結來說，抑制開片的做法不是提高素坯整體的收縮率，而是僅在冷卻過程中的某個時間點，利用增大收縮量來達到降低開片的目的。不過，若是素坯中的矽石過多的話，素坯也會由於石英和方矽石的異常收縮，產生素坯破裂的狀況。這種現象是在素燒後的冷卻時，特別容易產生的問題。

❹發展中間層

在高溫燒成用的黏土中，添加3％左右的石灰石，可促進素坯和釉之間形成中間層。不過，適切的燒成溫度範圍會變窄，當黏土熔化時，黏性會變低，導致素坯變形的風險增加。

通常釉中並不添加水溶性原料，但是特意在容易產生開片的釉中，添加5～10％的硼酸（B_2O_3），在多數的情況下都能發揮消除開片的效果。這是由於硼酸添加到某個程度，就能減少釉的熱膨脹／收縮的緣故。部分溶入釉調配水中的硼酸，在施釉時會和水一起被吸收和轉移到素坯上，使得與釉接觸的部分（素坯）更容易熔解，促進了中間層的發展。

此外，稍微提高燒成溫度、延長燒成

時間，或在最高溫度下延長高溫精煉的過程，也能發揮促進中間層形成的功能。

❺注意釉的厚度

施釉最適切的厚度會因釉的種類而不同。例如：透明釉和黃瀨戶釉的厚度較薄（1 mm左右），青瓷釉稍微厚些（2 mm左右）。根據所追求的釉調與效果，施釉厚度也不盡相同。太薄無法達到釉原本的適切熔融效果；太厚則會增加開片機率。當釉熔解時，素坯也同時熔解而接合。在這個熔接的界面上，釉無法自由移動，因此不會產生開片。相反地，若施釉較厚時，釉離素坯較遠便能自由移動，因而可能導致開片。

開片釉的調製方法

若要特意產生開片的效果，可採取與消除開片相反的方法。換言之，在冷卻時收縮較小的素坯上，施加收縮率較大的釉。除了增加釉的媒熔劑（石灰石或碳酸鍶等）之外，減少高嶺土的用量，就能增大釉的膨脹和收縮。此外，也可增加施釉的厚度。另一方面，可減少矽石用量，因為素坯中的二氧化矽在冷卻過程中會從 β 型方矽石，回歸轉移到 α 型，此時會產生收縮。或者，當無法單獨去除黏土中的矽石時，可增加高嶺土或黏土的用量，以降低矽石的占比。

表6-2是開片釉的配方範例。關鍵在於開片是由於釉與素坯的相互作用產生的效果，但是並非任何黏土施加這種釉，就必然產生開片效果。表6-3是適合開片釉的素坯土配方。

表6-2 開片釉／1210～1230℃用

	No.1（%）	No.2（%）
鉀長石	95	95
石灰石	5	—
碳酸鍶	—	5
合計	100	100

表6-3 開片釉用的素坯例子

原料	（%）
矽石	14
鉀長石	12
高嶺土	24
可塑性黏土	50
合計	100

【剝釉（跳釉）的原因與防止方法】

何謂剝釉（跳釉）

剝釉的原因與開片正好相反

　　這種釉瑕疵會呈薄貝殼片狀，從素坯上剝落飛散，因此稱為「剝釉（跳釉）」現象（照片6-1），但並非和開片一樣頻繁出現。這種瑕疵也跟開片一樣，是發生在窯爐冷卻過程中，其主要原因有兩個。

　　第一個原因是釉中含有較多冷卻中容易縮小的成分（Al_2O_3、SiO_2、ZnO、MgO等）。另一個原因是素坯中會產生大幅度收縮的石英和方矽石的含量過多。換言之，剝釉是由於與開片正好相反的原因所引起。

　　請參閱圖6-8中引起剝釉的機制。在燒成之前，釉當然是牢固地附著在素坯

照片6-1 剝釉

上（A）。在燒成結束的時間點，熔解的釉為高黏度且具有伸縮性的液狀物質，因此能與素坯形成密切貼合的狀態（B）。在後續的冷卻過程中，釉和素坯會同時持續收縮。由於素坯的熔解程度比釉低的緣故，即使出現剝釉的情況，通常釉的收縮狀況會比素坯大。換言之，假設釉能夠自由收縮的話，則釉會如圖6-8的C一般變得更小。然而，釉已經熔解而附著在素

圖6-8 剝釉的機制

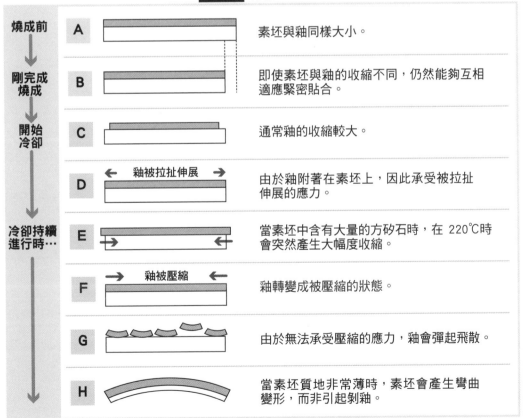

燒成前	A	素坯與釉同樣大小。
剛完成燒成	B	即使素坯與釉的收縮不同，仍然能夠互相適應緊密貼合。
開始冷卻	C	通常釉的收縮較大。
	D　釉被拉扯伸展	由於釉附著在素坯上，因此承受被拉扯伸展的應力。
冷卻持續進行時…	E	當素坯中含有大量的方矽石時，在 220℃時會突然產生大幅度收縮。
	F　釉被壓縮	釉轉變成被壓縮的狀態。
	G	由於無法承受壓縮的應力，釉會彈起飛散。
	H	當素坯質地非常薄時，素坯會產生彎曲變形，而非引起剝釉。

坯上，無法進一步收縮，從結果來說會導致釉以被拉扯伸展的狀態，持續附著貼合在素坯上（D）。

當冷卻持續進行時，假如素坯中含有大量的方矽石，就會在220℃左右大幅度收縮（E）。此時的素坯比釉的尺寸小，因此附著在素坯上的釉，呈現被壓縮的窘迫狀態。換句話說，釉變成承受著擠壓應力的狀態（F）。這個時候的釉已經固體化，無法持續附著在比本身小的素坯上，因此在某個時間點會變成薄薄的貝殼片狀，從素坯彈飛起來（G）。此外，若素坯的質地非常薄，就會產生彎曲變形，而非引起剝釉（H）。

剝釉並非頻繁發生的瑕疵。主要是釉比素坯通常更容易熔解，因此「素坯的收縮比釉大」的情況相當少見。其次是陶瓷器抵抗「壓縮」的耐受性，比抵抗「拉伸」的耐受性高上好幾倍的緣故（參閱 p.197 表 6-1）。

解決剝釉的提示

為了解決剝釉問題，就必須採取與解決開片問題相反的方法。換言之，為了增大釉的收縮率，可增加Na_2O、K_2O、CaO 等媒熔劑。或是減少素坯中矽石的含量，以降低方矽石的冷卻收縮量。已經調製好的土將很難單獨去除某種原料，這時可添加黏土來降低矽石的占比。

【 釉泡和針孔的原因與防止方法 】

釉泡和針孔的原因

照片6-2

釉的釉泡

釉泡是指釉的表面產生氣泡（照片6-2），或呈現類似梨子皮和柳橙皮般粗糙不平的肌理、以及小孔洞（針孔）的現象。造成這種瑕疵主要有兩個原因，其一是所有的素坯和釉，在燒成中都會產生氣體，而這些氣體排出時，會在釉的表面留下類似火山口或隕石坑的痕跡。

其二是與釉的黏度（黏性）有關。縱然所有的陶瓷作品在燒製時都會產生氣體，但釉的黏性適度地低時，就會將類似隕石坑的凹陷填滿，使釉面變得平滑。

不過，嚴格來說，即使表面上看起來平滑，但仔細觀察螢光燈（日光燈）照射下的釉面，通常會看到整個釉面出現無數細微的凹凸痕跡。但使用預先燒成，並釋放出氣體的玻璃粉所製成的釉，就幾乎不會出現這種痕跡。根據所產生的氣體量和大小，外觀也會隨之改變，如表6-4所示。

產生氣體的各種狀況

在燒成過程中，從比較低的溫度升到高溫為止的階段，素坯和釉都會產生氣體（圖6-9）。此外，操作方式和作品形狀等因素，也會衍生出因氣體而產生釉泡的問題。以下針對各種狀況進行說明。

因素坯產生的氣體

從未經素燒的泥土中，高嶺土或黏土所含的結晶水，會變成蒸氣排放出來。（構成各種黏土的黏土礦物也會產生差異。「物理性／化學性結晶水」在150～200℃、「化學性結晶水」在400～600℃會喪失）。不過，通常這並不構成釉產生釉泡和針孔的原因。

黏土中會混入因樹木、小動物、微生物而產生的有機物和碳化物，這些物質在燒成中會轉換為二氧化碳（CO_2）。

此外，混入硫化物雜質的黏土，在燒成初期會分解產生硫化氣體（氧化焰燒成時為SO_3，還原焰燒成時為SO_2）。

素坯表面上布滿許多孔洞，其中充滿

表6-4 氣體的產生與釉的外觀

氣泡大小	釉的外觀	說明
80μm以下	平滑	外觀上沒有變化
80～100μm	混沌不明	透明度變差
100～200μm	蛋殼	產生大量的細微氣泡
200～400μm	梨皮	產生大量的細微氣泡
400～1000μm（1mm）	針孔	出現零星氣體的排放痕跡
1mm～數cm	釉泡	產生大氣泡

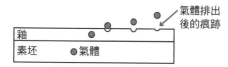

圖6-9 從素坯和釉產生的氣體

氣體排出後的痕跡

釉

素坯　●氣體

了空氣。質地較粗的素坯土，還有許多較大的開放性氣孔。在此種素坯上施釉時，釉會在滲入孔洞的同時，將內部的空氣擠壓出來。若孔洞太深的話，空氣會滯留於深處。在燒成過程中，這些空氣會以氣體形態散發出來，因此釉的表面便會生成針孔。

調製注漿成型的泥漿時，空氣會隨著攪拌而混入泥漿中。若靜置階段未將泥漿的空氣完全排出，注漿成型的作品就會生成針孔。此外，泥漿靜置太長時間，其中增殖的微生物也會產生氣體。

從釉藥配方產生的氣體

釉藥配方中所使用的碳酸化合物，在燒成過程中會分解成氧化物，並產生二氧化碳（CO_2）氣體（參閱 p.80〈碳酸化合物的分解〉）。尤其是碳酸鋇，在釉開始熔解的1200℃左右，會引發最終的分解，因此被封閉在釉中的氣體，便是造成釉面失透的原因。

天然狀態下的長石類原料，本身已經混入 CO_2 等氣體，這些氣體會在溫度達到1150℃以上時散發出去。這類長石會增大釉的黏性，必然使氣體不易排出。

此外，質地較硬的釉（不易熔解的釉），黏性也較大，因此無法填埋釉表面因氣體排出所造成的凹洞，於是會留下凹痕。

三氧化二鐵（Fe_2O_3）以還原焰燒成會變成氧化亞鐵（FeO），並釋放出氧氣。即使用氧化焰燒成，部分的三氧化二鐵仍然會變成氧化亞鐵。

從釉藥調配方法產生的氣體

經由球磨機研磨，使原料的粒度（粒徑）變細，可增加釉熔解時的流動性，也更容易填補氣體排出後的凹痕。因此，僅混合原料而未經球磨機研磨的釉，會比較容易出現針孔。

此外，使用球磨機研磨釉時，空氣會隨著機器的旋轉，被捲入釉液中。因此，調製好的釉以濃稠狀態保管的話，即使經過長時間的靜置，氣泡仍然會殘留其中，並導致施釉時產生針孔。

容易產生針孔的形態

作品的平坦面，例如盤子底部。由於熔解的釉不會流動，因此比垂直面更容易殘留針孔。

作業方法誘發的情況

素坯表面附著灰塵或手上附著油分，也是造成針孔的原因。

此外，施加兩層釉，使釉層變得非常厚的話，氣體會無法順利排出。

施釉之後，立即將仍然潮溼的作品放入窯爐中進行燒成的話，急遽產生的蒸氣也可能成為針孔的肇因。

燒成方法誘發的情況

由於燒成溫度偏低，釉無法充分熔解，就會以高黏性的狀態殘留，因此釉面就可能殘留針孔。此外，在燒成的最終階段，若高溫精煉的時間不足，就可能沒有多餘時間來填補氣體排出後的凹痕。

當燒成溫度過高時，素坯和釉的化學反應進展太快，就會產生大量的氣體。同時由於釉的黏性變低，使氣體無法停留在釉的內部，因此會導致大量的釉泡生成。

釉藥的黏度

照片 6-3 黏度低而流動的釉

照片6-4 黏度高而聚集成凸起的釉

　　釉的黏性（黏度）是指釉朝下方流動時的抵抗力。黏度大的釉不易流動，但黏度小的釉會在熔解的同時，朝下方流動（參閱照片6-3、照片6-4）。

　　當然，同一種釉會由於燒成溫度的差異，而呈現不同的黏度。溫度愈高，黏度愈下降，溫度偏低時，釉會由於熔解不足而無法流動。此外，看起來熔解程度和光澤都相同的兩種釉，也可能出現一種不會流動，另一種卻很容易向下方流動的情況。通常，充分熔解並具有光澤的釉較容易流動，而光澤少的啞光釉則不易流動，不過並不完全都是如此。

　　由於啞光釉的氧化鋁成分少，所以黏度低，因此釉中及釉表面會析出飽和的細微結晶。換言之，根據釉的性質，溫度在燒成結束後開始下降之際，仍然保持液體狀的釉中，某種物質會達到飽和狀態，無法再熔入釉中，於是自然會以結晶的形態析出，進而促進釉的啞光化。此時釉黏度較低的一方，會容易生成和發展出結晶。因此這種類型的啞光釉，經常是容易朝下方流動的釉。此外，結晶釉是黏性最小的釉。（參閱p.136〈啞光釉與結晶釉〉）

釉黏度大的情況

　　黏度太高時，被封閉在釉中的氣體會無法逸出而殘留在內部。若殘留無數細微的氣體，釉會變得渾濁無光澤。縱使氣體全部從釉中逸出，留下的痕跡也會變成針孔或釉泡。

釉黏度小的情況

　　另一方面，黏度小的釉在熔解的同時會向下方流動，使適切的燒成溫度範圍狹窄，而成為難以控制溫度的釉。

　　若是素坯屬於多孔質，黏性低的釉在熔解的同時，會被素坯吸收，導致失去光澤。

　　此外，低黏度的釉會促進結晶生成，使釉的透明度變差。

施釉較厚的情況

　　同一種釉以相同溫度燒成，施釉較厚的釉會比較容易流動。

　　假設釉層是由數層的釉構成，每一層只向下方流動1 mm。由兩層釉構成時，每一層都各自從前一層的位置，向下方流動1 mm，所以總共流動2 mm。若同樣的釉施加五層的厚度，每層都各自向下方流動1 mm的話，總計會變成流動5 mm（圖6-10）。

圖 6-10 同一種釉塗較厚會滴流

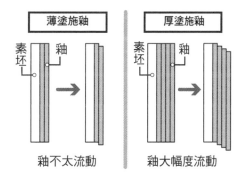

薄塗施釉　　　　　厚塗施釉

素坯　釉　　　　　素坯　釉

釉不太流動　　　　釉大幅度流動

影響釉黏度的元素

在調查釉的黏度時，可如圖6-11所示，製作一個1cm大的圓柱體，放置在傾斜的平台上，透過觀察其流動的狀態，就能大致了解釉的黏度。此外，釉的黏度會受到所使用的原料影響，如表6-5所示。例如：三氧化二鋁（Al_2O_3）和二氧化矽（SiO_2）會增加黏度，鹼族元素則會降低黏度。硼（B_2O_3）在低溫狀態下，有助於製作黏度大的釉，但在高溫釉中反而會降低黏度。在高溫釉中添加少量的鈣能降低黏度，增加用量時反而會增加黏度。

表6-5 影響釉黏度的元素

提高釉黏度的要素	Al_2O_3 SiO_2	ZrO_2 Cr_2O_3 SnO_2
降低釉黏度的要素	NiO TiO_2 MgO SrO CoO	Fe_2O_3 CaO ZnO BaO MnO PbO
使釉的黏度降到最低的要素	K_2O Na_2O Li_2O	

圖6-11 測試釉的黏度

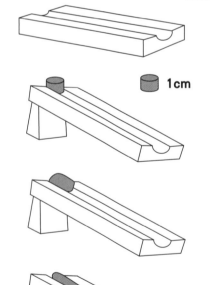

（a）素坯與釉同樣大小。

1cm

（b）以潮溼的釉製作 1cm 大的圓柱，放置在溝槽的上方。

（c）使台座呈現傾斜狀態，以適切的釉熔解溫度（採取平時的燒成溫度）進行燒成。

（d）釉雖充分熔解，但黏度大而不會流動。不易填補氣體產生的痕跡。

（e）釉達到適度的熔解，呈現流動狀態。容易流動的話較不易處理。

縮釉的原因與防止方法

縮釉的原因

縮釉是指釉熔解時因釉收縮，而導致素坯局部呈現沒有釉覆蓋的狀態。從照片6-5，能發現釉朝著單一方向凝聚，凝聚部位可以觀察到釉的邊緣變厚。

在接近燒成的最後階段，釉熔解逐漸熟成時，才會頻繁地發生縮釉現象。在大多數的情況下，縮釉會從作品的邊緣或角落等，釉層結構不連續的部位開始發生。釉的表面張力是造成問題的主因。

何謂「釉的表面張力」呢？若觀察落下的雨水，會發現雨滴是呈圓形，又例如落在毛衣上的水滴，也是聚集成圓形，換句話說，所有液體都具有趨向形成最小表面積形狀（成為球體）的性質。

這種存在於所有液體中的內在力量，稱為「表面張力」。由於液體的性質不同，其表面張力的強度也會隨之改變。釉在熔解成液體狀時，也會呈現這種張力。釉覆蓋素坯的能力，受到這種表面張力的影響。大多數的釉表面張力都不太大，所以能完整覆蓋住素坯。不過有時候表面

照片6-5 表面張力過大造成縮釉現象

張力過大的釉，會趨向收縮為圓形，無法覆蓋住素坯而產生縮釉現象。

檢查是否縮釉

採取如圖6-12的方式，就能了解釉是否容易收縮。

釉形成島狀收縮可以歸結出兩個原因，一是由於表面張力過大，二是取決於「釉的黏度」。釉黏度較小而容易流動時，能夠抑制表面張力所引起的收縮動態，而表面張力和黏度同時都較大的釉，

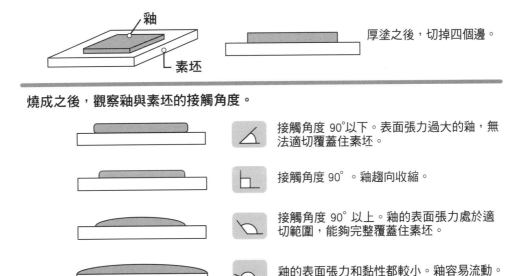

圖6-12 釉的表面張力與覆蓋素坯的能力

釉

素坯

厚塗之後，切掉四個邊。

燒成之後，觀察釉與素坯的接觸角度。

接觸角度 90°以下。表面張力過大的釉，無法適切覆蓋住素坯。

接觸角度 90°。釉趨向收縮。

接觸角度 90° 以上。釉的表面張力處於適切範圍，能夠完整覆蓋住素坯。

釉的表面張力和黏性都較小。釉容易流動。

會出現更頻繁的縮釉現象。如表6-5和表6-6所示，釉的配方成分會決定其「表面張力」和「黏度」。首先，含有鎂成分（滑石、碳酸鎂、白雲石等原料）較多的釉，最容易產生縮釉。其次是含有較多氧化鋁（鋁、高嶺土、長石等原料）成分的釉，產生縮釉的風險也相當大。

表 6-6 影響釉表面張力的元素

釉表面張力變大的要素	Al_2O_3 ZrO_2 SnO_2 SrO	MgO CaO ZnO BaO
中立的要素	SiO_2	TiO_2
降低釉表面張力的要素	B_2O_3 PbO K_2O	Li_2O Na_2O

脫釉的原因與防止方法

脫釉的原因

「縮釉」和「脫釉」都是釉移動所造成的問題。「縮釉」是由於表面張力，使釉收縮聚集在一個地方，但釉還附著在素坯上。「脫釉」則是釉從素坯脫落。發生脫釉時，有時候一部分會殘留在素坯上，其他則呈剝離而向下懸掛的狀態，或是從素坯完全脫落。燒成後的窯爐棚板上，也可能發現脫釉熔化所形成的平板狀釉片。

有時脫釉會發生在燒成初期，也就是釉熔解之前就已經脫落，但通常是在窯燒後期，釉變成熔解狀態之後才會發生。若釉在熔解之前就脫落，這單純只是釉的物理性附著力太弱的緣故。但釉在熔解時脫落，則是因為釉在這個時間點會收縮，同時對於素坯的附著力也較弱的緣故。

所有的釉在熔解時都會產生收縮，表面張力不大的釉也不例外。因此，若釉在熔解之前就沒有牢固地附著在素坯上的話，當釉受到表面張力或一般慣性收縮而移動時，就容易從素坯脫落。釉對於素坯附著力的強弱是關鍵因素。

換言之，「縮釉」是由於表面張力過大，使釉液聚集變成圓形所導致的問題。

而導致「脫釉」的原因，除了一般慣性收縮和表面張力引起的第一原因之外，釉對於素坯的附著力薄弱，容許釉自由流動，是引起問題的第二主因。

值得注意的是，縮釉和脫釉等問題不全是由釉所引起，素坯也可能是問題所在。例如：含有氧化鐵的赤土，在Fe_2O_3分解時會伴隨產生氣體，而含有雜質的硫化物，在高溫分解時也會產生氣體，就可能導致釉層組織結構鬆弛。

此外，即使相同的素坯，也可能產生不同的結果。例如：通常轆轤成形的作品，不會出現縮釉和脫釉，但注漿成型的作品就會產生上述的問題。這是由於注漿成型的作品，其表面粒子非常細微平整，呈現開放性氣孔少的緻密狀態，因此釉層無法滲入坯體之中，能容許釉自由流動。

以下針對釉容易流動的情況，舉例加以說明。

例❶黏土粒度細小時

當釉中添加大量粒子細小、表面積大的黏土時（p.195圖6-5），由於保留了大量的水分，因此乾燥收縮必然變大，在乾燥過程中，釉層就會產生龜裂。通常這種

龜裂在燒成過程中，會隨著釉逐漸熔解而消失，因此不會造成問題。不過，若釉的黏度過大時，雖然釉達到熔解狀態，龜裂狀況也不會消失，因此便引發釉收縮或脫落的現象。

例❷釉中調和天然植物灰

高溫釉中所使用的植物灰，經常會引發縮釉和脫釉的問題。首先，植物灰的粒子比其他原料粒子更大更輕，因此灰釉的釉層很鬆散，釉的組織也沒有足夠的物理性強度。此外，粒子粗大的灰無法充分進入素坯表面的氣孔，因此無法牢固地附著在素坯上。

灰釉還成為引發其他問題的要因。為了獲得植物灰，通常必須在空氣中燃燒木材或稻桿，這時大量的碳素必然無法完全燃燒而殘留下來。使用這種植物灰的釉，在燒成中會產生氣體（CO或CO_2）。當這些氣體散發出去時，會導致釉組織結構鬆散，可能更進一步使釉層欠缺強度。

此外，隨著碳素的燃燒消失，也會引起釉收縮，使釉層產生龜裂。在此種氣孔多、組織鬆散且產生裂縫的素坯上，釉將無法牢固地附著，也無法承受熔解過程中所發生的動態，因而容易收縮和剝落。

例❸釉中調和著色劑和失透劑

在釉中添加氧化金屬類、現成顏料、失透劑（乳濁劑），會改變釉的表面張力、黏度、附著力。

例❹施加化妝土和顏料

在素坯與釉之間，施加耐火度高的化妝土或顏料時，會妨礙素坯與釉之間的適切熔接，允許釉自由伸縮和剝落。此外，即使是耐火度不高的氧化鐵紅（土紅色）等釉下彩顏料，分解時也會產生氣體（例如：Fe_2O_3變成FeO時），導致施加在上面的釉產生收縮或剝落。

例❺施釉過厚時

雙層重疊施釉時，釉層變得太厚，會進一步誘發問題。

例❻施釉後立即進行本燒時

剛完成施釉的作品，立即入窯進行燒成時，從潮溼的素坯中會產生水蒸氣，其壓力會使釉從素坯剝離而浮起。若這種釉又缺乏可塑性原料（黏土或高嶺土）時，由於機械性強度不足的緣故，蒸氣壓力很容易使釉的組織變得鬆散，僅能勉強附著在素坯上。

這種釉隨著熔解時的收縮動態，就會輕易地從素坯剝落。在窯爐內蒸氣集中的地方，有時釉在開始熔解之前，也會突然剝離落下。

例❼還原焰燒成所引起的狀況

進行還原焰燒成時，由於氧氣不足，燃料無法順利燃燒殆盡。若進行強力的還原，一時之間窯爐內的溫度會下降。如此一來，釉表面也會突然冷卻，自然而然引起收縮，釉面因而產生細微的龜裂痕跡。從這時候起，釉開始產生「自然的動態（收縮）」、以及「異常的動態（表面張力過大）」。

因黏土引起釉的異常與其原因

乍看之下，有些問題似乎都是釉引起，但事實上是素坯引發的問題。

黏土中可溶性鹽類引起的問題

例如：黏土中（尤其是赤土）必然含有某些可溶性鹽類。可溶性鹽類中的硫酸鈣（$CaSO_4$）、硫酸鎂（$MgSO_4$）、硫酸鐵（$FeSO_4$）、碳酸氫鈣（$Ca(HCO_3)_2$）、碳酸氫鎂（$Mg(HCO_3)_2$）、氯化鈣（$CaCl_2$）等，都屬於水溶性鹽類。通常肉眼並無法分辨這些水溶性鹽類，因此很難確認它們的存在，而在旋坯成型或注漿成型時，重複使用的石膏模具表面上，也會出現類似白色棉絮般的鹽類結晶。即使沒有呈現上述般明顯的形態，若使用未經精製的天然山土等原料，在乾燥後的作品邊緣，就會看到變色或粗糙的情況。若用舌頭輕舔的話，會感覺到苦澀滋味。

在潮溼的陶土中，這些鹽類會以溶於水中的狀態存在，並擴散到整個土上，因此並不會衍生出大問題。不過，使用這種陶土製作的作品，在進入乾燥加工階段之後，鹽類就會以如下的機制，聚集在作品的邊緣或表面而產生問題。

通常乾燥會先從作品的邊緣或表面開始進行，因此乾燥過程中，溶解鹽類的水分會從器物的中心部分，朝表面呈單向通行移動的狀態。水分到達表面或邊緣時蒸發，而鹽類會殘留在器物的表面或邊緣，並逐漸凝聚。這些凝聚的鹽類在燒成過程中，會由於釉的熔解力而被納入釉中，並妨礙釉進行正常化學反應，誘發釉色和釉調變化、以及縮釉和脫釉等異常狀況。

黏土中的硫磺成分引起的問題

黏土中會混入硫磺成分的雜質，而窯燒的燃料中也含有硫磺成分。如此一來，這些成分就會產生硫化氫的氣體。部分硫化氫氣體會與窯內的溼氣（H_2O）產生反應，首先變成硫酸（H_2SO_4），然後再與釉中的鈣或鎂反應，形成硫酸鈣或硫酸鎂等物質。這些化合物在燒成中不太容易分解，導致釉中的二氧化矽無法順利與媒熔劑融合，釉不能適切地熔化，便會呈現蛋殼狀凸起、不自然的失透、釉泡、表面粗糙和汙垢等無法完全熔融的瑕疵。

第 **7** 章

化妝土

◇化妝土的基本知識
◇調配化妝土
◇施加化妝土的時機
◇有色化妝土
◇有色化妝土的調製配方範例

化妝土的基本知識

幾個世紀以來，人們都在追求白色的陶器。最初使用化妝土的目的是隱藏黏土原本的色彩，使其看起來像白色。不過，現今的化妝土也做為裝飾之用，因此除了白色化妝土之外，也使用各種色彩的化妝土。化妝土的使用方法，也開發出刷毛紋理、雕刻、梳齒痕、鑲嵌、絞胎、彩色蠟筆、滴流紋樣等各種技法，在裝飾領域或藝術表現上都有極為廣泛的應用可能性。

化妝土的原料及其功能

通常要獲得基本的白色化妝土，可使用白色黏土的高嶺土，或者以市售的白色素坯土做為基底加以運用。使用高嶺土的優點是可以獲得非常白的化妝土，但耐火度太高，缺乏附著力，很容易出現從素坯剝落的問題。

另一方面，將素坯用的市售調和白色陶土，當做化妝土使用時，雖然含有可塑性的黏土，較容易附著在素坯上，但相反地無法獲得單獨使用高嶺土時所呈現的白色，因此當做有色化妝土的基底使用時，會出現色調變得暗沉的缺點。

此外，很適合某種素坯的化妝土，使用在別的素坯上，可能會由於素坯與化妝土之間的收縮差而剝落。若出現此種狀況，就必須根據本身使用的素坯，進行化妝土測試，以調製出合適的化妝土。在測試化妝土時，可使用下列原料進行組合搭配。

高嶺土

高嶺土做為主要原料，能覆蓋住素坯的顏色，因此呈現白色。

黏土

黏土能增加化妝土對於素坯的附著力，並在乾燥時賦予化妝土物理性強度。木節黏土（knar clay）、壽山石、球狀黏土等不太會著色的黏土最為適合，若屬於類似皂土的有色黏土類，少量使用則無妨。可塑性黏土的用量過多時，由於原本的粒子極為細微，與體積相比，表面積會相對增加。為使整個表面浸溼，就必須使用大量的水，但這樣會導致乾燥時的收縮變大。

矽石

矽石對於化妝土的作用，是藉由媒熔劑的幫助形成玻璃相，並發揮讓化妝土燒結的功能。同時，還可以降低化妝土燒成時的收縮幅度。

長石、石灰石、滑石、透明釉等

這些原料能發揮媒熔作用，控制矽石的燒結程度。不過，長石、石灰石、滑石的用量過多時，反而會降低媒熔劑的效果。此外，當媒熔劑（包含透明釉在內）的用量過多時，就會產生開片（釉裂）的問題。

輔助原料

二氧化鋯（ZrO_2、熔點2690℃）使用在釉和化妝土上，具有白色失透劑的功能。矽酸鋯（$ZrO_2 \cdot SiO_2$、熔點2550℃）在釉和化妝土中，會形成更為均勻的分散，因此能獲得更確實的失透性、白色度和覆蓋力的效果。此外，市售的多種鋯石系列的玻璃粉，不僅可做為提升白色度之用，也能當做媒熔劑使用。不論氧化焰燒成或還原焰燒成，幾乎都能獲得相同的白色度是鋯石化合物的優點。

金屬氧化物／碳酸化合物

為調製有色化妝土所使用的著色顏料，可使用金屬氧化物／碳酸化合物、以及市售顏料。

優良化妝土的條件

雖然通稱為化妝土，但其實化妝土的種類相當多。例如：某種地板磁磚考量到防滑功能，會特意不施加釉，另一方面，為了防止汙染，會使用稱為「熔化化妝土」這種熔解度相當高的化妝土。在餐具方面，則會在化妝土上施釉，藝術作品有時會使用質感粗糙的化妝土，因此化妝土是根據各種情況，所要求的燒結程度不盡相同。

若要在化妝土上施釉，化妝土的燒結程度要比素坯高，但不需要達到釉的玻璃化程度。依照素坯、化妝土、釉的順序，由低至高增加玻璃化的程度，三者之間比較容易獲得適切的接合。若順序錯誤，就容易產生化妝土剝落或縮釉等問題。

事實上，控制化妝土玻璃化的程度並非易事。在某種意義上也可說是矛盾課題。這是因為「能覆蓋有色素坯的白化妝土」，或「能做為基底材用於添加著色原料製作有色化妝土的白化妝土」，這類化妝土就一定要是白色。換言之，無論如何都要以高嶺土、壽山石、天草陶石等白色度高的陶土做為主體原料，然而這些原料的耐火度都很高，因此常導致燒結程度比素坯差的不良結果。在此種情況下，為維持白色度並兼顧適度的燒結程度，就必須調整玻璃形成原料與媒熔劑原料的組合比例。

化妝土的測試

為了實際上獲得良好的化妝土，最好運用p.102〈根據三角座標的釉藥配方測試〉的方法，以各種原料的組合搭配，進行混合與燒成測試，從中找出適合本身素坯和釉的白化妝土。

例如：在第一個三角形中，配置黏土原料族群（高嶺土：木節黏土的比例為8：2等），第二個三角形中配置玻璃形成原料（矽石），第三個三角形中配置媒熔劑族群（長石等）的原料，並以添加3～5％的輔助原料可增加白色度的方式，針對各種不同調製比例進行測試。

施加化妝土時所使用的測試樣本，必須用自己常用的黏土，或想要使用的黏土。在半乾的狀態下，厚厚地塗上化妝土，然後乾燥或素燒之後，在樣本面積的一半上，施加自己使用的透明釉，再入窯進行燒成。燒成之後，檢查化妝土是否有剝落、以及是否能與釉適切相容等，選出效果最佳的調製配方。若能夠獲得良好的白化妝土，便可做為基底原料，添加著色劑，進行調配有色化妝土測試。

調配化妝土

化妝土的調配方法

化妝土無須研磨就可以使用。可將原料用水混合之後，再通過篩網過濾。

若與釉比較，化妝土中由細微粒子組成的黏土質原料較多，通常不必使用球磨機或研磨缽進行研磨加工。若經過研磨加工使粒子分割更細時，表面積會隨之增加，調配化妝土時就必須增加水量，這樣會導致乾燥時收縮量變大。通常化妝土是施加在已有明顯收縮的「半乾素坯」上，當然不會希望化妝土的乾燥收縮量太大。因此，化妝土無須研磨加工，只要加水充分攪拌，經過60～100號篩網過濾即可。

有色化妝土則必須與負責著色的物質混合後，經過充分研磨加工。若混合不夠充足，就無法獲得均勻的著色效果，在白色的化妝土基底上，會散布著有色的細微斑點（除非是刻意做出這種效果）。

經過調製的化妝土，靜置一段時間後，不僅空氣能順利排出，還能促進微生物的活動，使化妝土成為更加黏稠柔滑的狀態，還能提高與素坯的接著性。

化妝土中添加解膠劑和糊劑

在化妝土中加入添加劑會更容易使用。

在調配化妝土時，為了以少量的水獲得稀釋的流動狀態，可添加極少量的矽酸鈉等稱為「解膠劑」的原料（參閱p.54〈無機物質的解膠劑〉）。調配時先在乾粉狀的化妝土中，添加少量的水，並攪拌成黏稠稍硬的糊狀。接著添加數滴矽酸鈉溶液，進行充分攪拌。若化妝土的樣態沒有變化，就重複進行添加數滴後攪拌的作業。當添加量達到某個程度時，化妝土會突然轉變為滑溜的流動狀態。

此種化妝土具有以下優點。由於化妝土為滑順的液體狀態，用刷子刷塗時很容易延展，能獲得不留刷毛痕跡的均勻化妝層。水量較少代表固體（化妝土）的含量比例高，只要刷塗一次就能生成足夠的厚度。此外，由於往素坯方向轉移的水量較少的緣故，作品被弄溼而變得軟趴趴，或破裂的可能性也會降低。

「乾燥收縮」是指調配化妝土時所添加的「水蒸發量」，因此這種化妝土的乾燥收縮必然較小，與素坯的乾燥收縮差異也小，可增加乾燥時與素坯的貼合性，降低剝落或裂縫生成。

雖然添加解膠劑的化妝土，能改善使用時的性質，但解膠後的黏土有其典型性質，由於黏土粒子彼此之間的摩擦力較小，因此容易向下方流動。換言之，就是變成容易滴流，也較難處理的狀態。為了修正這種過度滑溜的狀態，這時可添加極少量的「凝膠劑」，消除「化妝土解膠後」的缺點。

食用醋是最常用的凝膠劑，可在解膠後的化妝土中，以每次添加幾滴後攪拌的方式混合。如此一來，化妝土會從流動狀態，逐漸轉變為稍硬的糊漿狀態。若達到適當的黏稠狀態，就可以停止添加食用醋。若與只用水調配的化妝土比較，雖然兩者看起來都呈現相同的樣態，但是這種經過解膠後再加以凝膠的化妝土，乾燥收縮的程度較小，並顯示出較不容易弄溼素坯的優良性質。

不過，必須注意不可多次重複進行「解膠」和「凝膠」。換言之，添加過量的醋會使化妝土過度凝固，若再度添加解膠劑的話，化妝土會變成明膠狀但還是固化狀態，因此必須一次完成整個調配作業。經過調配的化妝土必須妥善保存要避免乾燥。

此外，解膠劑無法在赤土等燒成色偏深濃的黏土上發揮作用，因此這種方法只能使用在白化妝土、以及添加了顏料或氧化金屬等著色劑的白化妝土上。

若是可塑性原料含量較少，素坯附著力弱的化妝土，就要事先將CMC糊、阿拉伯膠、黃蓍膠、糊精等有機質的黏著劑，用水溶解後再使用。

施加化妝土的時機

通常化妝土是塗裝在半乾的素坯上，但是也可施加在乾燥素坯或素燒過的素坯上。為了降低乾燥時的收縮量，通常會以壽山石等取代可塑性黏土（木節黏土等）。

化妝土塗裝在半乾的素坯上，或塗裝在乾燥和素燒過的素坯上，有各自的優缺點。

在半乾的狀態下塗裝時，化妝土與素坯的接著良好，並且可施加搔刮、雕刻、梳齒痕等只有作品處於生素坯土時，才能採用的裝飾技法。但缺點是素坯吸收水分後，作品可能產生龜裂。尤其是，由非常細微的黏土粒子所組成的素坯，施加了化妝土的部分，水分不容易向周圍擴散（這是由於經過分割的粒子，比單一大粒子的表面積大的緣故），加上體積的相對表面積增大，吸收水分的面廣，因此塗了化妝土的部分，因吸水引起的膨脹必然變大，而部分膨脹很容易誘發龜裂現象。

在乾燥狀態的作品上，最不適合塗裝化妝土。尤其砂質成分多的素坯，其內部的空隙多，水分會急速滲透到內部，有時會導致作品崩解破裂。雖然在素燒過的素坯上施加化妝土，可能比較保險，但素坯與化妝土無法順利接合，容易發生化妝土剝落的問題。在半乾的素坯上塗裝化妝土時，水分會使素坯表面的黏土稍微變軟，促進化妝土與素坯適切地接合為一體，但素燒過的素坯就無法產生這種狀態。此外，化妝土表面也會產生細小的針孔（參閱p.220〈化妝土的問題與其原因〉）。

化妝土保有本身的水分，而不太會轉移到素坯上的能力稱為「保水性」。可塑性原料（黏度大的黏土）含量多的化妝土，保水性較大，能使向素坯方向急速轉移水分的過程趨緩。讓化妝土失去水分的時間變長，就意味著用畫筆或刷子在素坯上塗刷，較有充分作業時間，因此可以做到均勻塗抹和延展，運筆塗繪也比較流暢。

可塑性原料少的化妝土，保水性也相對較低，因此水分很容易流失，不僅筆刷塗抹和延展無法均勻之外，素坯也會由於急速吸水而膨脹，使破裂的危險性增高。

有色化妝土

調製有色化妝土時，可將金屬化合物或市售（或自製）的顏料，添加到白化妝土中。雖然有色化妝土也可使用與色釉相同的原料，但是必須了解效果上的差異性。

以氧化金屬著色

在釉中，同一種氧化金屬（或金屬的碳酸化合物）可產生截然不同的顏色，但是添加到化妝土中，就無法呈現上述的效果。例如：將氧化銅（CuO）或碳酸銅（$CuCO_3$，加入釉中的為氧化銅CuO）添加到釉中，以氧化焰燒成時會呈現綠色，以高溫還原焰燒成時可獲得紅色，在低～中溫度的環境下，根據條件調整也可呈現土耳其藍。不過，同樣的氧化銅在化妝土中，卻只能呈現帶綠色調的黑色。這種差異來自於銅到底是以何種形式，進入釉和化妝土的結構內。

氧化銅除了屬於一氧化物之外，在釉中也會發揮媒熔作用，並且能夠嵌入二氧化矽的網狀結構「之中」。玻璃（熔化的釉）是以三維方式擴展的網狀結構。氧化銅的元素嵌入此種網目的網孔中，就代表與網狀結構產生連結關係，因此氧化銅可說是「熔入」釉之中。

不過，化妝土的熔解程度沒有釉那麼高（玻璃化的程度低，也就是只形成少量的玻璃相），無法熔入的氧化銅，等於未與網狀結構形成物理性連結，而繼續維持獨立的形態，因此幾乎會以原來的色彩（黑色或帶綠色調的黑色）殘留下來。

以顏料著色

在顏色的呈現方面，有一種是在熔化的玻璃中，本身也熔融時才會呈現「色彩」

的物質，另一種是不熔融也能著色的物質。第一種類型的物質稱為「著色劑」（或染料），後者則稱為「顏料」。以何種形態與二氧化矽的網狀結構產生連結，或者並未產生連結，是區分上述兩者的重要關鍵。例如氧化銅這種物質，就是既能發揮著色劑的作用，又具有顏料的功能。

著色劑是元素嵌入二氧化矽網格內，才能呈現色彩的物質。在「最初的原始狀態」與「燒成的最終狀態」之間，會產生化學變化，因此「原始材料的色彩」與「燒成後的色彩」並不相同。

顏料則相對地保持與二氧化矽的網狀結構，完全沒有關聯性的狀態，以原本細微的粒子狀態，散布在釉中（網狀結構的周圍），因此燒成後仍然保持材料原本的色彩。

總結而言，在化妝土的色彩呈現上，最好使用顏料而非著色劑。換言之，若希望調製綠色的化妝土時，可採用幾乎不會嵌入二氧化矽網格之中，而能維持原本狀態的三氧化鉻（Cr_2O_3），或者使用市售的綠色顏料。

有色化妝土的調製配方

表7-1中舉出有色化妝土經常使用的氧化金屬。這些物質主要是透過顏料著色的機制呈現色彩。

雖然有色化妝土的著色，幾乎都是透過不熔解於釉中的顏料來呈色，但為了獲得範圍寬廣的穩定色調，就必須使用市售的現成顏料。其中通稱為「尖晶石」的顏料族群，在高溫環境下，也不易變色或褪色。換言之，這是兼具高耐火度和化學安定性的最佳顏料。

顏料著色與透過熔融的染料著色不同。為了讓化妝土充分著色，必須添加更

多的顏料。若是100％的白化妝土，藍色尖晶石的鋁酸鈷（$CoO \cdot Al_2O_3$）、綠色尖晶石的錳鉻氧化物（$MnO \cdot Cr_2O_3$）等著色力較強的顏料最低可只添加3％，但是鉻粉紅或釩黃等著色力不太強的顏料，則必須添加10％以上。添加2～8％的尖晶石的鉻酸鐵（$FeO \cdot Cr_2O_3$），或者鐵氧化鎂（$MgO \cdot Fe_2O_3$），可獲得亮茶褐色～濃茶褐色的呈色。

此外，以往紅色在高溫燒成中，並不是穩定的顏料，現在使用德固賽公司（Degussa、德國）、以及旗下的賽爾迪克公司（Cerdec、美國）所生產的顏料，就能獲得紅色化妝土（添加15～20％）。（參閱p.189〈新的紅色顏料〉）。

根據所添加的物質，化妝土的調製配方也必須隨著變更。例如：若添加太多耐火性高的顏料，會導致化妝土無法充分燒結。在此種情況下，必須減少化妝土中的耐火性原料。此外，大量添加顏料，也會導致化妝土的附著力變差。此時可少量增加可塑性原料，或在化妝土中添加CMC糊。

表7-1 有色化妝土用的金屬化合物

有色化妝土的色彩	金屬原料	化學式	針對白化妝土100％的添加量（外加％）	補充說明
濃褐色	三氧化二鐵 + 三氧化鉻	Fe_2O_3 + Cr_2O_3	2 + 3	氧化燒成專用
茶褐色	三氧化二鐵 + 三氧化鉻	Fe_2O_3 + Cr_2O_3	1 + 1	
亮茶褐色	三氧化二鐵 + 三氧化鉻	Fe_2O_3 + Cr_2O_3	1 + 0.3	
淺藍～深藍	鈷化合物	CoO、Co_2O_3、$CoCO_3$	0.3～2	
象牙色～茶褐色	二氧化錳	MnO_2	3～8	
淺灰～土色	鎳化合物	NiO、NiO_2、Ni_2O_3、$NiCO_3$	2～8	
綠	三氧化鉻	Cr_2O_3	5	
黑	石灰石 + 三氧化二鐵 + 二氧化錳 + 氧化鈷	$CaCO_3$ + Fe_2O_3 + MnO_2 + CoO	5 + 12 + 2 + 6	

有色化妝土的調製配方範例

　　表7-2是白化妝土與有色化妝土的調製比例範例。這些化妝土可在1200～1250℃的條件下,適用於半乾燥的素坯,但不能使用在乾燥素坯和素燒過的素坯上。調製配方中的「白黏土」,是指具有可塑性、燒成色調偏白的黏土,可使用木節黏土、蛙目黏土類、以及美國或英國產的球狀黏土。

表7-2 化妝土的調製配方範例

※金屬化合物和添加物的量,採取容易理解的外加百分比表示。由於屬於分別添加的量,合計值會超過100%。

　　以下為上面不覆蓋釉層所使用的藝術性化妝土。若施加透明釉的話,化妝土的顏色會產生變化。

原料	灰色系茶褐化妝土	奶油色系米色化妝土	芥末黃～綠化妝土	灰色系綠化妝土	綠色系黑化妝土	亮茶褐化妝土	粉紅色淡茶褐化妝土
白色化妝土	100	100	100	100	100	100	100
二氧化鈦		10.0					
金紅石							9
三氧化二鐵		1.5	1			5	
三氧化鉻				5			
氧化鎳	5				1.5		1
五氧化二釩	5		9	5	10.0	5	
合計	110	111.5	110	110	111.5	110	110

奶油色系米色化妝土 ------------ ※氧化焰燒成時呈現更明亮的顏色。
芥末黃～綠化妝土 -------------- ※氧化焰燒成時,呈現帶有綠色調的黃色色斑。
　　　　　　　　　　　　　　　　還原焰燒成時,同樣會產生色斑,但是更偏綠色調。
綠色系黑化妝土 ---------------- ※氧化焰燒成時,呈現黯淡的綠褐色(鶯色),還原焰燒成時為綠褐系黑色。
　　　　　　　　　　　　　　　　在色調中自然產生色斑。
亮茶褐化妝土 ------------------ ※氧化焰燒成時,呈現更偏橙色的茶褐色,還原焰燒成時呈現亮茶褐色。

以下為一般施加透明釉所使用的化妝土。

白化妝土（1）	
原料	量（％）
高嶺土	36
白黏土	9
矽石	40
鉀長石	15
合計	100

白化妝土（2）	
原料	量（％）
高嶺土	32.5
白黏土	17.5
矽石	40.0
鋯石系玻璃粉	10.0
合計	100

白化妝土（3）		
原料		量（％）
高嶺土		40
白黏土		20
矽石		30
鉀長石		10
合計		100
添加物	滑石	2
	皂土	2

黑化妝土（1）	
原料	量（％）
白黏土或白色化妝土	100
碳酸鈣	5
三氧化二鐵	12
二氧化錳	2
氧化鈷	6
合計	125

黑化妝土（2）	
原料	量（％）
白黏土	100
三氧化二鐵	7.6
二氧化錳	2.4
氧化鈷	5.4
氧化鎳	2.6
三氧化鉻	2.0
合計	120

亮茶褐色化妝土	
原料	量（％）
白色化妝土	100
三氧化鉻	1
三氧化二鐵	1
合計	102

※ 茶褐色化妝土都屬於氧化焰燒成專用。

深茶褐色化妝土	
原料	量（％）
白色化妝土	100
三氧化鉻	2.5
三氧化二鐵	2.5
合計	105

※ 氧化焰燒成時，呈現黯淡的綠褐色（鶯色），還原焰燒成時為綠褐系的黑色。色調中自然產生色斑。

綠色系茶褐色化妝土	
原料	量（％）
白色化妝土	100
氧化鎳	5
合計	105

※ 以氧化焰燒成為綠色。以還原焰燒成為帶灰色的綠色。

綠化妝土	
原料	量（％）
白色化妝土	100
三氧化鉻	3
合計	103

亮藍色化妝土	
原料	量（％）
白色化妝土	100
氧化鈷	0.3
合計	100.3

深藍色化妝土	
原料	量（％）
白色化妝土	100
氧化鈷	3
合計	103

粉紅色化妝土	
原料	量（％）
白色化妝土	100
鍛燒氧化鋅	3.5
氧化鉻	1.0
氫氧化鋁	4.5
硼酸	1.0
合計	110

※ 添加到化妝土中的原料，必須在乾粉狀態下，用研磨缽研磨之後，以1100℃左右的溫度（氧化焰）燒結，然後再度研磨後 添加10%到白色化妝土中。可用2.9%的氧化鋁，替換掉4.5%的氫氧化鋁。

化妝土的問題及其原因

化妝土的剝落（剝離）

不論化妝土上有施釉，或無施釉，都會頻繁地發生化妝土剝離的問題。化妝土從素坯剝離的現象，其原因不盡相同。

在乾燥中剝落

●乾燥時附著力弱，機械性強度也低時就容易發生

可塑性黏土含量少的化妝土，缺乏適度的附著力，因此很容易剝落。有色化妝土中添加過量的著色劑，也會導致對於素坯的附著力減弱。針對上述兩種情況，必須增加可塑性原料，或添加預先用水溶解的CMC糊。

●素坯與化妝土的乾燥收縮有差異時就容易發生

隨著乾燥過程的進行，素坯與化妝土的收縮出現差距時，化妝土就會在乾燥過程中剝落。伴隨著乾燥的進行，剛剛刷塗過的化妝土，會比半乾燥狀態的素坯更容易產生收縮。因此，為了減少化妝土的乾燥收縮，可減少可塑性黏土，或如同化妝土的調配方法中所說明的方式，使用水量較少的解膠化妝土。

在乾燥中或燒成中剝落

●邊緣凝聚可溶性鹽類時就容易發生

僅有作品的邊緣發生化妝土剝落的情況，可能是素坯或化妝土所含的鹽類，在邊緣部位濃縮凝聚的緣故。由於這是使用可溶性鹽類含量高的黏土所引起的問題，因此必須替換成品質較佳的另一種黏土。這種類型的剝落問題，在乾燥中和燒成中都會發生（關於可溶性鹽類的凝聚機制，請參閱p.210〈因黏土引起釉的異常與其原因〉）。

●重複刷塗的各層化妝土之間，接合力差時就容易發生

為了獲得必要的厚度，不得不多次重複刷塗化妝土時，必須讓前一個化妝土層，與後面重疊的化妝土層，形成連續性的結構。訣竅在於，當前一個化妝土層，尚未完全乾燥之前，就必須刷塗下一個塗層，否則就很容易剝落。尤其是可塑性原料較少的化妝土，各層之間的附著力會更薄弱。

在燒成時剝落

●素坯與化妝土的燒成收縮差異大時就容易發生

在燒成過程中，化妝土的收縮量與素坯並不相同，因此可能發生化妝土無法附著在素坯上而剝落的狀況。在這種情況下，必須觀察何者的收縮量較大。若化妝土的收縮量比素坯大時，就增加矽石的比例，反之就減少矽石的含量，或者增加媒熔劑的量。

● 表面張力大的釉容易誘發化妝土剝離

這是由於表面張力較大的釉收縮時，化妝土跟著一起收縮所引起的現象，問題的癥結出在釉。尤其是多層的化妝土在燒結或玻璃化的程度不充分時，就會隨著釉的收縮，輕易地被掀起（圖7-1）。

圖7-1 在表面張力大的釉部分，出現化妝土剝離

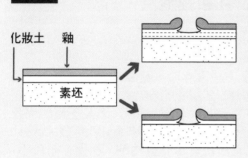

刷塗三次化妝土以達到適切的厚度。施加在化妝土上的釉，表面張力大。各層化妝土之間的附著力不足，因此會隨著釉的收縮，使第三層的化妝土一起被掀開，所以可以看到第二層化妝土。

只刷塗一層化妝土。表面張力大的釉，將化妝土掀起收縮，使下方的素坯暴露在外。

● 空氣混入化妝土時就容易剝落

在燒成過程中，化妝土的碎片從素坯彈飛出去，掉落在該部位的附近。這是重複刷塗多層化妝土時，空氣的氣泡被封閉在積層之間，並在燒成過程中爆裂所引起的狀況（圖7-2）。

圖7-2 積層間混入空氣導致化妝土彈飛

化妝土的積層之間混入空氣。

燒成中空氣泡爆裂，將化妝土和釉一起噴飛。

化妝土的裂縫

● 乾燥過程中引起的裂縫

化妝土中若含有大量的可塑性黏土，調製加工時就必須添加大量的水。在乾燥過程中隨著水分的散發，會引起大幅度的收縮而產生裂縫。這種情況下，必須減少可塑性黏土的含量。此外，化妝土過度研磨時，粒子會被切割很細，使表面積相對增加，調配時就必須增加更多水量，因此必然會引起大幅度收縮。

在乾燥過程中出現裂縫時，若在完全乾燥的素坯，或經過素燒的素坯上刷塗化妝土，裂縫會進一步擴大。此外，藝術作品等也會刻意追求這種裂痕效果的外觀，這時可在化妝土中使用乾燥收縮較大的原料（可塑性高的黏土，

或美國的EPK高嶺土等），並且厚塗在乾燥素坯上。

●燒成中產生的裂縫

當化妝土的燒結程度比素坯高時，收縮量就會超過素坯，因此很容易產生裂縫。基於相同的理由，化妝土施加在收縮量較小的粗糙素坯上，也經常會產生裂縫。

不論何種情況，當化妝土的塗層太厚時，在乾燥和燒成的過程中，裂縫的情況會更加惡化。

化妝土的針孔和釉泡

●刷塗時產生的針孔和釉泡

將乾粉狀的原料放入容器內，從上方注入水時，隨著水分的滲透會噗咕噗咕地產生氣泡。這是因為原料粒子與粒子之間充滿空氣的緣故。因此，在調配化妝土時，必須以少量的水調配成流動性低的奶油狀。若調配後的糊狀化妝土，未經充分靜置就使用的話，殘留其中的氣泡會導致針孔生成。此外，為增加附著力而在化妝土中添加糊漿或澱粉質等有機物時，在儲存階段中，會因微生物繁殖而產生氣體。因此，這些氣體從化妝土積層中排出就變成針孔生成的原因。

在此種情況下，可少量添加酒精、苯酚或家用含氯漂白劑，以延緩發酵進程。

作品表面若沾染灰塵或油脂也會導致針孔生成。不過，無論如何，在乾燥和素燒過的素坯上刷塗化妝土，才是造成針孔的最主要原因。若仔細觀察這種狀況，會發現針孔不是在刷塗過程中產生，而是刷塗完後不久，才出現在化妝土表面。這是由於化妝土進入作品表面的開放性氣孔裡，將其中的空氣推擠出來的緣故。因此，氣孔較多的粗糙素坯上，更容易生成針孔。在最初階段中，可薄薄地刷塗水狀的化妝土，讓化妝土順利地滲入氣孔中，接著才刷塗一般的化妝土。若是素燒過的素坯，則可稍微用水沾溼後再刷塗化妝土，便能減少針孔問題。

●燒成中產生的針孔和釉泡

當化妝土中的可塑性黏土含量少時，保水力就會變弱，使素坯急速地吸收化妝土中的水分，瞬間在素坯表面形成乾燥的化妝土層。如此一來，化妝土從原本水分含量多的流動狀態，急遽轉變為不含水分的乾燥狀態，在尚未滲透進入素坯表面的開放性氣孔內部深處，就已經乾燥了。

殘留在素坯氣孔深處的空氣，會在後續燒成過程中散發出來，導致針孔生成。為了防止這種狀況發生，可採取前面所說的方式，先刷塗稀釋的水狀化妝土。訣竅在於當第一層化妝土尚未完全乾燥之前，就必須刷塗第二層化妝土。

此外，媒熔劑含量過多，或熔解階段黏性太高的化妝土，也會產生針孔和釉泡。

黏土的解膠機制

黏土的解膠機制是透過將原本附著在板狀黏土礦物粒子側面的陽離子，與解膠劑的陽離子交換，使側面正電荷變強的解膠現象。以下說明矽酸鈉附著的Na離子，為何會導致正電荷增大的原因。本章節是進階程度的內容，請先閱讀p.34〈黏土礦物的結晶結構〉及p.52〈黏土的解膠機制〉的內容才比較容易理解。

構成黏土礦物的各原子進行離子化

從構成黏土的各種黏土礦物中舉一個例子加以說明，這裡舉高嶺石。高嶺石的單一粒子屬於「層狀結構」，換言之，是由許多薄層堆積重疊而成，而且每個薄層又由兩層具有開孔的薄板網狀結構所構成。其中一個網狀結構如圖8-1所示，是由矽原子與氧原子（Si-O）連結而成的網狀結構，另一個則是由鋁原子、氧原子、氫氧基（Al-O-OH）所構成的網狀結構。

若詳細檢視這個網狀結構，會發現Si-O網狀結構是由四面體（底邊為三角形的金字塔）做為最小單位連結而成，Al-O-OH網狀結構是由八面體（底邊由兩個四角形的金字塔，做為底面所構成的形狀）做為最小單位連結而成。

做為最小單位的一個Si-O四面體，其四個頂點有氧原子，中心有矽原子，形成一個矽原子被四個氧原子包圍的形態。四個氧原子中的三個構成三角形的底邊，而第四個氧原子則位於四面體下方頂點的位置（頂點朝向下方的倒立四面體）。底邊的三個氧原子由相鄰的四面體所共有，然後構成多個四面體彼此相連結的大型網狀結構。而位於倒立頂點的氧原子，又與八面體連結。換句話說，第四個氧原子由四面體及八面體兩個結構所共有。

這裡所敘述的情況，是一個四面體看起來是由四個氧原子和一個矽原子所構成。但是，相鄰的網狀結構會共用氧原子，因此整體的Si與O比例實際為1：2（一個Si對兩個O）。同樣的情況也適用於有六個頂點的八面體。換言之，相對於一個鋁原子，氧原子和氫氧基看起來合計為六個，但是鋁原子（Al）與氧和氫氧基（O+OH）的比例並非1：6，而是1：3。也就是（Al）：（O+OH）=1：3。

高嶺石的兩個最小單位擁有Si-O四面體與Al⁻（O+OH）八面體所構成的嚴謹結構。當這個最小單位重複無數次的連結時，就會形成大型的網狀結構，而此種結構體稱為「結晶」。換句話說，黏土礦物就是結晶。

所謂的「結晶」，主要是以「離子鍵結」相連結的方式形成。這是相鄰的兩個原子之間，彼此將自己的電子給予對方，或接受對方的電子，互相進行電子交換的機制。換言之，存在著「喪失電子的原子」和「接受電子的原子」。由於電子帶有負電荷的緣故，某個原子若失去本身的一個電子，就會變成帶有正1的電荷。相反地，接受一個電子就會變成帶負電荷。因

圖8-1 二層黏土礦物的結晶構造

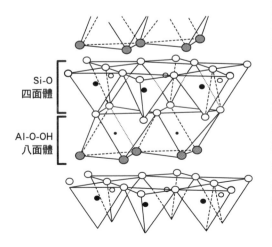

○ 氧（O）　● 氫氧基（OH）
●○ 矽（Si）　● 鋁（Al）

Si-O 四面體

Al-O-OH 八面體

圖 8-2 氧原子的電子軌道

圖 8-3 氧原子／矽原子之間，透過電子交換形成離子化

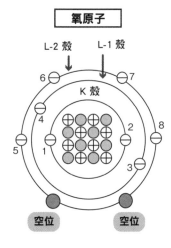

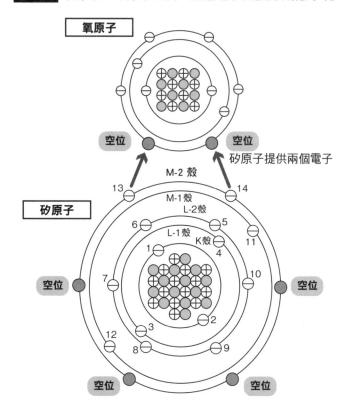

矽原子提供兩個電子

此，原子（或分子）成為帶正或負電荷的狀態稱為「離子」，而帶正電荷的稱為「陽離子」，帶負電荷的稱為「陰離子」。

高嶺石中由四面體和八面體結構形成的原子，也是透過此種離子鍵結的方式連結在一起（除了共有結合之外，還有其他的結合要素，但此處省略之），其構成原子會形成離子化的狀態。

接著說明四面體中的氧原子和矽原子，進行電子交換以形成離子化的機制。

圖 8-2 為氧原子離子化的模式圖。氧原子的原子核中，擁有八個帶正電荷的質子及八個無電荷（中性）的中子，其周圍的軌道上圍繞著八個電子（實際上並非如圖所示的圓形軌道，而是類似螺旋槳狀的軌道，但此處簡化為圓形軌道）。

由於八個質子（正電荷）和八個電子（負電荷）形成平衡的狀態，因此通常氧原子本身屬於中性。此外，八個電子則位

於相異的軌道上。最內側的軌道稱為「K殼」，圖中顯示 1、2 有兩個電子，這是由於這個殼內只容納兩個電子。

外圍的殼稱為「L殼」，是由兩個軌道（內側為 L-1、外側為 L-2）所構成。內側的殼擁有兩個能容納電子的位子，圖中顯示 3 和 4 有兩個電子進入其中。剩餘的四個電子進入 L-2 的軌道。不過，L-2 是能夠容納六個電子的軌道，所以還留下兩個空位。

接著來看高嶺石的四面體中的矽原子如何形成離子化。

如圖 8-3 所示，矽原子擁有十四個電子，依照各個軌道所擁有的位子，從內側的軌道依序進入各個軌道中，最後的兩個電子則進入 M-2 殼。不過，M-2 殼有六個空位，因此這個軌道的四個位子成為空位。

最外殼也都填滿電子的狀態（安定狀態）是原子具有的性質。

因此，氧原子最外殼的兩個空位，會從矽原子奪取兩個電子，以形成填滿狀態。另一方面，矽原子最外殼只充填了兩個電子，還剩下四個空位，這種情況下與其從別的地方取得四個電子，不如放棄現有的兩個電子，讓內側的殼變成全部填滿的狀態，會是比較理想的選擇。

如此一來，氧原子由於增加兩個電子，而成為二價負電荷（O^{2-}），矽原子則由於失去兩個電子，而變成二價正電荷（Si^{2+}）。

不過，Si-O四面體的矽原子與氧原子的比例為1：2。換言之，一個矽原子對上兩個氧原子。因此，一個氧原子從矽原子奪取兩個電子之後，實際上另一個氧原子還需要兩個電子。而另一個氧原子要從哪裡調度電子呢？和前面的方法一樣，會採取再度釋放出電子的方式。換言之，這次採取釋放出M-1殼的兩個電子，選擇讓M殼成為完全沒有電子的安定狀態，最終矽原子成為正四價電荷。

總結來說，高嶺石的Si-O四面體中，O^{2-}、O^{2-}、SiO^{4+}為兩個負二價電荷的氧原子、以及正四價電荷的矽原子，因此四面體的整體電荷為中性。Si-O四面體中的Si原子和O原子，為了追求更安定的狀態，彼此之間互相進行電子交換，就形成離子化（電離）。換言之，引起彼此之間獲得或喪失電子的離子化現象，最終會導致原子或分子處於離子的狀態。高嶺石不僅在Si-O四面體，在構成Al-O-OH八面體的原子之間，同樣也會引起電子交換，形成Al^{3+}、O^{2-}、OH^-的離子化現象。

所謂Si-O四面體與Al-O-OH八面體的離子化，是指黏土粒子整體上也形成離子化的狀態。重點是高嶺石的八面體有一部分並不完整（Al缺少原子），因此部分的離子化不完全（電子交換未達均衡狀態），如p.56圖2-8所示。為了讓該部分的正、負電荷趨於零的狀態，就必須吸

附帶有正電荷或負電荷的某種外部物質。例如：高嶺石吸附了鈣陽離子（Ca^+），而鈣陽離子與解膠劑的陽離子交換就是所謂的解膠現象。

接著說明高嶺石吸附陽離子的機制。

被高嶺石粒子吸附的外部離子

觀察由一片四面體和一片八面體網狀結構，所構成的「一片薄片」的高嶺石粒子，可知四面體側邊的表面有帶負二價電荷的氧原子，八面體側邊表面則是負電荷的（OH^-）氫氧基（這些負電荷是與四面體和八面體中的其他構成原子之間，進行電子交換的結果），如圖8-4所示。如前面所述，平板狀的高嶺石粒子是由多層的「薄片」重疊堆積而成，因此整體的上下面經常帶負電荷。

此外，若觀察板狀粒子的側面，暴露在該處「邊緣的四面體」和「邊緣的八面體」中，存在著提供電子的矽原子、以及無法找到鋁原子的氧原子和氫氧基。換言之，氧原子從負二價電荷轉變為負一價電荷（O^-）的狀態，氫氧基則從負一價電荷，轉變為負0.5價電荷的狀態（$OH^{0.5-}$）。為了消除這種不完整的離子化狀態，達到O^{2-}和OH^-的安定狀態，彼此之間會互相爭奪對方的電子，因此黏土粒子的側面會處於化學的活性狀態。

此外，高嶺石粒子的兩個表面（此處指「上下兩個面」），化學上的「活性度」較低。這是由於暴露在表面上的多數氧原子和氫氧基，從內部的矽原子和鋁原子爭奪電子的活動已經終止的緣故。如此一來，在一個高嶺石粒子中，上下面與側面邊緣的電子活性度會產生差距。

那麼離子化不完全的側面邊緣，要從何處補足不足的電子呢？檢視高嶺土或黏土的化學分析值，會發現經常混入鈣、鎂、鉀、鐵等雜質，這些雜質會進入黏土礦物內的各個場所。其中一個場所是在四面體和八面體中，原本應該有矽原子

圖 8-4 高嶺石的結構與表面電荷

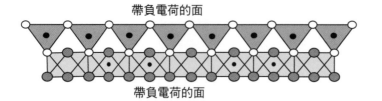
由四面體與八面體構成的一片薄層

Si-O 四面體

Al-O-OH 八面體

帶負電荷的面

帶負電荷的面

○ 氧原子（O）、通常帶負二價電荷　　● 矽原子（Si）、正四價電荷

● 氫氧基（OH）、通常帶負一價電荷　　· 鋁原子（Al）、正三價電荷

位於邊緣的四面體和八面體中的氧原子和氫氧基，處於離子化不完全的狀態。

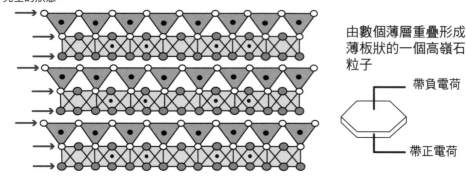

由數個薄層重疊形成薄板狀的一個高嶺石粒子

帶負電荷

帶正電荷

或鋁原子的場所，被替換為鈣或鎂原子。

第二個場所在薄片與薄片之間，也就是在「四面體-八面體薄片」與下一個「四面體-八面體薄片」之間（二層黏土礦物時），或者在「四面體-八面體-四面體薄片」與「四面體-八面體-四面體薄片」之間（三層黏土礦物時）。在薄片與薄片之間有稱為凡得瓦力（p.39【原注5】）的微弱力量互相牽引，這是由於薄片之間存在著空隙的緣故，如圖8-4所示。

第三個場所是黏土粒子的側面邊緣。換言之，含有不純物質的雜質，會被這個場所的電離吸引力所吸附。由於側面邊緣處於不完全離子化的狀態，O^- 或 $OH^{0.5-}$ 會吸附 Ca、Mg、K 等不純物質，並從中獲得電子，因此 Ca、Mg、K、Na 等會變成 Ca^{2+}、Mg^{2+}、K^+、Na^+ 等帶正電荷離子化。

在黏土粒子電離活躍的區域（邊緣），為了獲得電離的中性化，會呈現類似磁

鐵般的性質，吸附相反電荷的離子。這些黏土粒子的側面經常吸附著某種陽離子，並與矽酸鈉進行離子交換而產生解膠作用。

不過，黏土與水混合的時候，水分子也會被黏土化學性地吸附。這是因為一個水分子具有電離上的「雙極性」，其中一側為帶正電荷的氫原子（H^+），另一側則為帶負電荷的氫氧基（OH^-）。因此，類似於鈣、鎂、鐵等雜質一樣，水分子也會

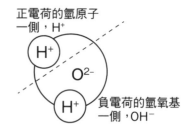

正電荷的氫原子一側，H^+

H^+

O^{2-}

H^+

負電荷的氫氧基一側，OH^-

圖 8-5 水分子的兩極性

被吸附到黏土粒子的邊緣（圖8-5）。

接下來要進一步仔細觀察，吸附著雜質和水的黏土礦物，其側面邊緣的狀態。圖8-6顯示高嶺石二層黏土礦物粒子側面邊緣的狀態。第一列為邊緣最後一個Si-O四面體和Al-O-OH八面體。仔細觀察四面體時，會發現右端有一個離子化不完全的氧陰離子（為O^-而非O^{2-}）。這個負一價的氧離子因為具有電離性質，因此會吸附周圍的水分子。一個水分子擁有負電荷側（OH^-）和正電荷側（H^+），而正電荷側會吸附O^-（列-2）。水的負電荷側，會與其他水分子的正電荷側再度互相吸附（列-3）。

回頭檢視第一列的Al-O-OH八面體時，會發現有兩個離子化不完全的氫氧基（為$OH^{0.5-}$，而非OH^-）。負0.5價電荷的氫氧基，還欠缺另一個0.5價的負電荷（一個電子的一半），因此兩個氫氧基會吸引一個鈣原子（Ca），共同分享鈣的一個電子。因此鈣原子變成正一價的陽離子（Ca^+）（列-2）。這個鈣陽離子會吸附水分子負電荷的側面邊緣（列-3）。

當黏土粒子的側面邊緣吸附著各種粒子時，第二列的原子就可被視為「黏土」。第三列的水分子並不屬於黏土粒子的構成成分，而是化學性吸附在黏土粒子上，與第四列的自由水（流動水）不同，屬於不流動的「固態水」。這種現象稱為「與黏土粒子的水合作用」。

正如截至目前為止所看到的情況，黏土粒子邊緣最外側（列-2、吸附著鈣陽離子等的場所）為正電荷，另一個內側（列-1、存在著離子化不完全的O原子和帶有OH的場所）為負電荷。這個場所的原子可以被移除，或是與其他原子交換，因此解膠時矽酸鈉可以進入這兩個場所進行離子交換。接著說明這種離子交換的過程。

圖8-7說明解膠劑如何與黏土粒子產生作用。

黏土粒子的側面是由透過吸附著某種陽離子（Ca^{2+}、K^+等）成為帶正電荷的最外側（圖8-6列-2）、以及透過離子化不完全的氧和氫氧基，成為帶負電荷的一個內側（列-1），形成電離上相異的二層結構。

此外，矽酸鈉（Na_2SiO_3）在水中會分解為帶正電荷的鈉（Na^+、Na^+）、以及帶負電荷的三氧化矽（SiO_3^{2-}）。

矽酸鈉添加到黏土中，陰離子的SiO_3^{2-}（負二價）會進入內側層中，取代位於該處的氫氧基（$OH^{0.5-}$、負0.5價的未填滿狀態）。換言之，就是引起離子交換。因此，這個場所的電荷會形成增大為負1.5價的未填滿狀態。其次，矽酸鈉的Na^+陽離子會將原本附著在最外側的Ca^{2+}、Mg^{2+}、K^+等陽離子或水分子，從所在的場所排除，並占據這些位置。

關鍵是，在一個內側層，透過氫氧基（$OH^{0.5-}$）取代SiO_3^{2-}，使負電荷增大，因此其外層會比以往更能吸附陽離子，如此一來便導致粒子側面的正電荷增大的結果。（比較圖8-6與圖8-7的列-2，會更容易理解）。基於上述的情況，黏土粒子側面邊緣顯示出比當初更強的排斥力，並由於黏土粒子彼此之間的排斥，才能形成注漿成型的泥漿。

此外，黏土粒子側面吸附的矽酸鈉的Na^+陽離子，並非單獨存在，因為電離的性質而吸引周圍的水分子，因此一個水分子的負電荷側，會吸附正電荷的鈉離子。在此種情況下，鈉陽離子被視為「處於水合狀態」。根據陽離子的種類，吸附自身周圍的水的厚度也各不相同。鈉離子（Na^+、分子量30、離子半徑0.95Å〈埃格斯特朗〉），比鈣離子（Ca^{2+}）等更重（40.1）、更大（0.99Å）的其他離子，擁有更厚的水膜。因此，以源自矽酸鈉的鈉離子交換自然吸附的離子（Ca^{2+}等）的黏土粒子，因具有厚層水膜的緣故，不僅更增加彼此之間的距離，也會促進液化的進展。

如此一來，粒子之間由於電離的排斥

圖 8-6 黏土粒子側面吸著的離子

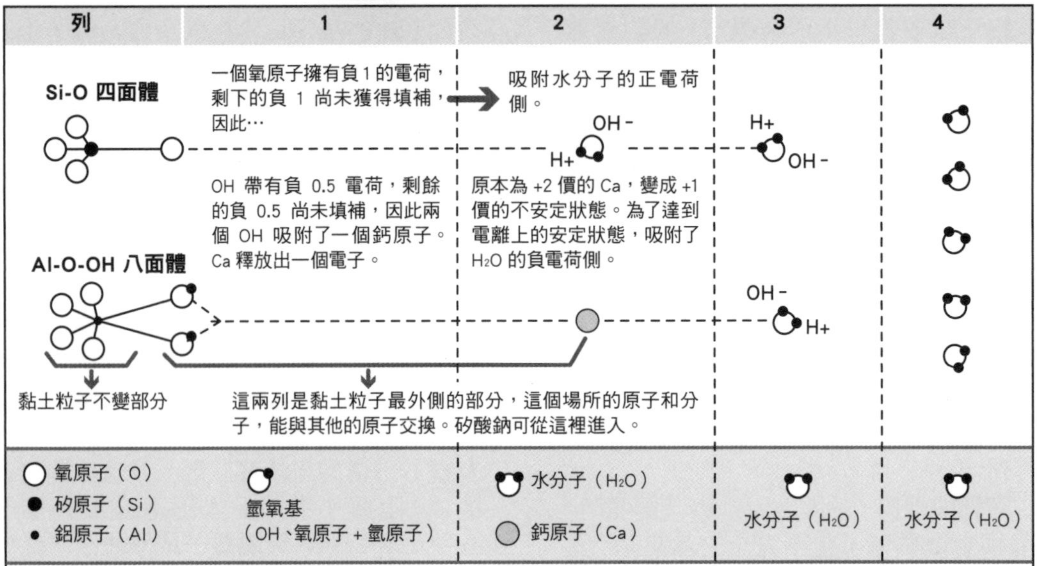

列	1	2	3	4
Si-O 四面體	一個氧原子擁有負1的電荷，剩下的負1尚未獲得填補，因此… →	吸附水分子的正電荷側。		
	OH 帶有負 0.5 電荷，剩餘的負 0.5 尚未填補，因此兩個 OH 吸附了一個鈣原子。Ca 釋放出一個電子。	原本為 +2 價的 Ca，變成 +1 價的不安定狀態。為了達到電離上的安定狀態，吸附了 H_2O 的負電荷側。		
Al-O-OH 八面體				
黏土粒子不變部分	這兩列是黏土粒子最外側的部分，這個場所的原子和分子，能與其他的原子交換。矽酸鈉可從這裡進入。			

圖例：
○ 氧原子（O）
● 矽原子（Si）
· 鋁原子（Al）
氫氧基（OH、氧原子＋氫原子）
水分子（H_2O）
○ 鈣原子（Ca）
水分子（H_2O）
水分子（H_2O）

這個部分的原子已經完成離子化，也就是處於安定狀態。	這個部分中還有離子價尚未填滿的原子。氧原子的穩定狀態是 -2 價，而不是 -1 價，因此它會吸引正電原子。	這個場所的水分子，會吸附在一個內側場所中的氧原子的正電荷側。鈣原子向內側場所中的氫氧基提供電子而離子化。	此處有吸附的水分子。這種水是不流動的固態水（吸著水）。	不參與黏土粒子離子化的自由水（流動水）。

作用而拒絕接觸的黏土，即使沒有太多的水進入，也呈現很大的流動性，成為適合注漿成型用的泥漿。總而言之，解膠劑就是透過電離的排斥力，阻止黏土粒子負電荷的表面，與正電荷的側面自然吸附和結合的物質。呈現這種狀態的黏土稱為「處於解膠中」（黏土礦物種類很多，每個粒子邊緣的正電荷變強的方式，或強弱程度各有差異。此外，除了矽酸鈉之外，尚有以不同機制產生解膠作用的解膠劑）。

矽酸鈉加入泥漿中所引起的反應，有「陰離子交換」（以 SiO_3^{2-} 交換 OH^-）和「陽離子交換」（以 Na^+ 交換 Ca^{2+} 等）兩種反應。碳酸鈉（純鹼、Na_2CO_3）是只進行陽離子交換的解膠劑，Na_2CO_3 的鹼性陽離子（Na^+），只跟自然吸附在黏土粒子的陽離子（Ca^{2+}、Mg^{2+}、K^+等）進行交換。此時 Ca^{2+} 或 Mg^{2+} 等陽離子的位置，會進入兩個 Na^+。由於帶有厚實的水合膜，因此黏土粒子之間的距離變大（變成容易流動）。Ca^{2+} 離子被排除在外之後，合成了碳酸鈣（$CaCO_3$）。由於這是非水溶性的物質，因此會如下列的化學模式，在泥漿中沉澱。這種類型的解膠效果較弱，通常會與前述類型的解膠劑搭配組合使用。

不論哪種類型的解膠劑，都必須與原本吸附在黏土粒子側面的陽離子，全部完成替換時，黏土才會達到最高的解膠度，泥漿的流動性也會達到最高狀態。若解膠劑的用量超過這種程度，泥漿會呈現凝膠現象，喪失流動性並成為黏稠的明膠樣態。這是由於剩餘的鈉陽離子（Na^+），填滿了黏土粒子之間原本應該保持距離的空間，導致彼此的距離縮短而非增加。

圖8-7 黏土粒子側面的離子交換

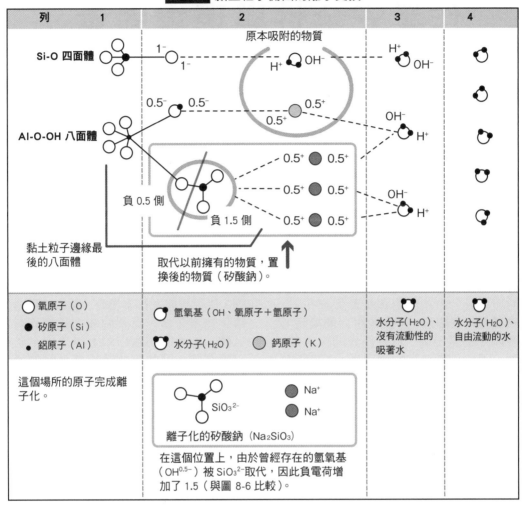

列	1	2	3	4

Si-O 四面體

1^- 1^-

原本吸附的物質

H^+ OH^-　　H^+ OH^-

AI-O-OH 八面體

0.5^- 0.5^-
0.5^+
0.5^+
OH^- H^+

0.5^+ 0.5^+
0.5^+ 0.5^+　OH^-
0.5^+ 0.5^+　H^+

負 0.5 側
負 1.5 側

黏土粒子邊緣最後的八面體

取代以前擁有的物質，置換後的物質（矽酸鈉）。

○ 氧原子（O）　　　　　◐ 氫氧基（OH、氧原子＋氫原子）

● 矽原子（Si）

· 鋁原子（AI）　　　　　🐻 水分子（H₂O）　　　　◉ 鈣原子（K）

水分子(H₂O)、沒有流動性的吸著水

水分子(H₂O)、自由流動的水

這個場所的原子完成離子化。

$SiO_3{}^{2-}$　　　◉ Na^+　　◉ Na^+

離子化的矽酸鈉（Na_2SiO_3）

在這個位置上，由於曾經存在的氫氧基（$OH^{0.5-}$）被 $SiO_3{}^{2-}$ 取代，因此負電荷增加了 1.5（與圖 8-6 比較）。

$$(\text{Ca}^{2+}／黏土粒子／\text{Ca}^{2+}) + 2\text{Na}_2\text{CO}_3 \rightarrow (\text{Na}^+、\text{Na}^+／黏土粒子\text{Na}^+、\text{Na}^+) + 2\text{CaCO}_3 \downarrow$$

Ca2+是原本吸附在側面的黏土粒子

若添加碳酸鈉的話

黏土粒子的側面會吸附Na+

產生的碳酸鈣會沉澱

作業安全性與環境考量

在陶瓷器的製作過程中，有時候必須處理具有毒性的原料。因此，了解操作時必須注意哪些事項非常重要。

具有毒性的原料除了以塵埃形態吸入鼻內，或附著在手上進入口腔之外，在施釉時也可能通過皮膚滲入體內，或在燒成時，吸入部分揮發的氣體。在極少的情況下，食物中的酸性物質或油脂接觸到陶器表面時，可能就會溶出鉛等具有毒性的重金屬。

此外，根據研究報告指出，窯爐內壁或封條所使用的陶瓷纖維，對人體有致癌的可能性。由於陶瓷纖維類似棉花般柔軟蓬鬆，在切割、撕裂或用力觸摸時，就會產生細微粉塵，具有極大的吸入危險性。因此，在平常的操作或大量處理時，必須配戴防塵口罩，穿著不易吸附塵埃的作業服等。

鉛與鎘

在製陶工藝所使用的原料中，鉛和鎘的毒性最高。「鉛丹」、「一氧化鉛」、「鉛白（唐の土）」等原料中都含有鉛。通常不會直接使用這些原料，而是添加在釉上彩的顏料，或是低溫用的釉中。鎘也是如此，雖然不是購買後直接使用，但可能存在於紅色和黃色的釉上彩顏料，及釉下彩顏料之中。

須注意的原料

具有中等程度毒性的原料，包括氧化銻、硒化合物、鈷化合物、鉻化合物、錳化合物、鎳化合物、釩化合物、鋅化合物等。這些化合物除了通稱為「氧化○○」之外，也稱為「碳酸○○」或「硫化○○」等。

此外，處理無毒原料時，也必須加以注意。二氧化矽（SiO_2）在矽石、長石、黏土、高嶺土中含量很高，若大量吸入就有引發肺部病變的疑慮。其中黏土的粒子遠比其他原料的粒子細小，很容易以塵埃形態漂浮於空氣中，因此在陶器工房裡，屬於吸入可能性極大的原料，必須特別注意防範。

有毒氣體

在進行還原焰燒成的過程中，窯爐內產生的一氧化碳氣體，具有致命毒性。此外，使用電窯進行素燒時，黏土中所含的硫化物會分解，而產生硫化氣體等有毒氣體。普通的防塵口罩並無法完全防範有毒氣體，因此燒成時維持良好的通風和換氣非常重要。

作業基本原則包括必須擁有正確知識、經常清掃環境、確保通風，及維持沒有塵埃的工作場所等。此外，在工作場所不可飲水或用餐。

原料的廢棄處理方法

妥善處理廢棄的原料也很重要。陶藝的原料種類很多，其中多數的釉藥原料成分較為沉重，比較容易沉澱。此外，黏土類原料的粒子較小，在水中會保持懸浮狀態。賦予釉色彩的釉下彩和釉上彩顏料，內含具有毒性的金屬類原料。通常這些性質各異的多種原料，不會直接排放到下水道，而是會先將所有廢水儲存在大型沉澱槽內，讓重的粒子沉澱，然後只倒掉上方清澈的水，剩餘的沉澱物則依照規定的方式定期清理。這就是處理陶藝加工廢棄物的基本概念。

小型陶藝工坊可在流理台旁，放置一個裝水的大型塑膠桶，將道具、黏土、施

釉容器等相關物件，先放入水桶內浸泡，並大致清洗一下，然後拿到流理台沖洗乾淨。塑膠桶必須定期清掉上層的水並清洗內部，石膏缽或其他物件則經過某種程度的脫水後，依照各地機關相關規定進行廢棄處理。

此外，處理廢棄的釉時，可裝入不再使用的容器內，一起放進窯爐內燒結後再拋棄。這種處理方式可有效抑制有害金屬類溶出。用心妥善處理廢棄物，才能保護我們的環境和地球，這部分需要大家共同配合。

05 / 石膏的處理方法

石膏並非直接使用的陶瓷材料，但對於會使用石膏模具的人而言，是常見的材料。石膏有各式各樣的種類，石膏模具所使用的粉末狀石膏（$CaSO_4 \cdot 0.5H_2O$），有「燒石膏」、「α型石膏」、「半水石膏」等稱呼。上述的石膏基本上屬於同樣的物質，「半水石膏」的名稱來自於其化學式中的 $0.5H_2O$。

石膏與水混合時，會產生水合／硬化的化學反應，並在硬化的同時變成具有吸水性的石膏（硫化石膏），如下列化學式所示。

$$CaSO_4 \cdot 1.5H_2O + 0.5H_2O \rightarrow CaSO_4 \cdot 2H_2O$$

若將這種反應過程所生成的奶油狀石膏液體，直接倒入下水道，就會因硬化而堵塞水管，因此使用過的石膏容器，切勿直接在水槽內清洗，必須依照下列方法進行處理。

首先，準備一個容器或水桶用來盛裝廢棄的石膏。用大塊布料覆蓋水桶的開口，然後用繩索綑綁固定，使布料呈繃緊狀態。此時可稍微調整一下鬆緊度。當布料受到石膏的下壓重量，就可能掉入容器內，因此一定要綁緊確保不會鬆脫。

接著先將沾染石膏的容器，放入裝有少量水的其他容器中進行洗滌，並把洗滌後的髒水，倒入覆蓋於水桶上方的布料上。當水分向下滴落後，布料表面會殘留類似乳酪的塊狀石膏。經過某種程度的乾燥之後，就可依照各地機關的相關規定，進行塊狀石膏的廢棄處理。滴落到水桶內的水可以放心排入水槽。

中文	日文
CMC 糊	CMC 糊
一氧化物	一酸化物
一氧化硫	イオウガス
一氧化鉛	リサージ
二氧化矽	二酸化ケイ素
二氧化硫	二酸化イオウ
二氧化鈦	二酸化チタン
二氧化碳	炭酸ガス
二氧化鋯	二酸化ジルコニウム
二氧化錫	二酸化スズ
二氧化錳	二酸化マンガン
三氧化二硼	三酸化ホウ素、酸化ホウ素
三氧化二鈷	三酸化コバルト
三氧化二銻	三酸化アンチモン
三氧化二鋁	三酸化アルミニウム
三氧化二錳	三酸化マンガン
三氧化二鐵	酸化第二鉄
三氧化物	三酸化物
三氧化鉻	三酸化クロム
三氧化鋁	三酸化 アルミニウム
凡得瓦力	ファンデルワールス
土耳其藍啞光釉	トルコ青マット釉
土耳其藍透明釉	トルコ青透明釉
四劃	
中性焰	中性炎
五氧化二釩	五酸化バナジウム
五氧化二磷	五酸化リン
六偏磷酸鈉	ヘクサメタリン酸ソーダ
分散相	分散相
分散媒	分散媒
方矽石	クリストバライト

中文	日文
木灰	木灰（土灰）
木質素	リグニン
水合現象	水和
水玻璃	水ガラス
火砂	シャモット
五劃	
丙烯酸鈉	アクリル酸ソーダ
半消光釉	半つや消し釉
卡屋結構	カードハウス構造
四氧化三鈷	四酸化コバルト
四氧化三鉛	四三酸化鉛
四氧化三錳	四三酸化マンガン
四氧化三鐵	四三酸化鉄
四氧化物	四酸化物
四硼酸鈉	ボラックス
正長石	正長石
民藝青瓷釉	民芸青磁釉
民藝青釉	民芸青釉
白色半啞光釉	白半マット釉
白色啞光釉	白マット釉
白雲母	モスコバイト
白雲石	ドロマイト
石灰石	石灰石
石灰釉	石灰釉
禾樂石	ハロイサイト
六劃	
伊利石	イライト
伊羅保～灰釉風格	イラボ～灰釉風
共熔反應	共融反応
尖晶石	スピネル
灰白啞光釉	灰白マット釉
灰長石	灰長石
灰藍色釉	灰青色釉
灰藍乳濁釉	灰青乳濁釉
米色半光澤釉	ベージュ半光沢釉
米色啞光釉	ベージュマット釉

米色結晶啞光釉	ベージュ結晶マット釉

七劃

克氏溫度絕對零度	ケルビン零度
志野釉	志野釉
狄克石	デッカイト
皂土	ベントナイト
皂石	ステアタイト
赤紫均窯釉	赤紫均窯釉
赤鐵礦	ヘマタイト

八劃

乳化	エマルジョン（乳化）
乳白色光澤釉	乳白光沢釉
刷毛紋理	刷毛目
固相	固相
明膠	ゼラチン
松節油	テレピンオイル
油滴天目釉	油滴天目釉
波美	ボーメ
矽石	ケイ石
矽灰石	ウォラストナイト、ケイ灰石
矽酸	ケイ酸
矽酸化合物	ケイ酸化合物
矽酸石灰鎂	ケイ酸石灰マグネシウム
矽酸鈉	ケイ酸ソーダ
矽酸鈣	ケイ酸カルシウム
矽酸鈦鈣	ケイ酸チタンカルシウム
矽酸鈷	ケイ酸コバルト
矽酸鋁	ケイ酸アルミニウム
矽酸鋅	ケイ酸亜鉛
矽酸鋯	ジルコン、ケイ酸ジルコニウム
矽酸錫鈣	ケイ酸スズカルシウム
矽酸鐵	ケイ酸鉄
矽鋅礦	ウィレマイト
矽藻土	ケイ藻土

金紅石	ルチル
金茶結晶釉	金茶結晶釉
金彩結晶釉	金彩結晶釉
金彩釉	金彩釉
金屬光澤釉	金属メタリック釉
長石質釉	長石質釉
阿拉伯膠	アラビアゴム
青瓷釉	青磁釉
青綠金屬釉	青緑メタリック釉
青銅綠釉	ブロンズ緑釉
非晶質	アモルファス

九劃

亮褐啞光釉	明茶マット釉
枯草／黃褐啞光釉	枯れ草／黄茶マット釉
柿／鐵紅釉	柿／鉄赤釉
柿紅釉	柿赤釉
氟	フッ素
流釉	釉流れ
玻璃相	ガラス相
玻璃粉	フリット
珍珠光彩釉	真珠光彩釉
珍珠釉	真珠釉
相分離	分相
紅丹	赤色酸化鉛
紅酒紅釉	ワイン赤釉
苯酚	フェノール
重鉻酸鉀	重クロム酸カリ
風門	ドラフト
風簾	エアカーテン

十劃

倒焰式	倒焰式
剝釉	釉ハゼ
原輝石	プロエンスタタイト
埃格斯特朗	オングストローム
栗色斑點啞光釉	栗色まだらマット釉
梳齒痕	クシ目

氧化亞銅	酸化第二銅	殺黏劑	殺粘剤
氧化亞鐵	酸化第一鉄	氫氧化鋁	水酸化アルミニウム
氧化焰燒成	酸化炎焼成	氫氧化鐵	水酸化鉄
氧化鈉	酸化ナトリウム	氫氧基	水酸基
氧化鈣	酸化カルシウム	淡土耳其藍啞光釉	淡トルコ青マット釉
氧化鈷	酸化コバルト	淡土耳其藍透明釉	淡トルコ青透明釉
氧化鉀	酸化カリウム	淡水藍色均窯釉	淡水色均窯釉
氧化鉛	酸化鉛	淡青海鼠釉	薄青なまこ釉
氧化銅	酸化銅	淡青啞光釉	薄青マット釉
氧化鋁	アルミナ(酸化アルミニウム)	淡粉紅釉	淡ピンク釉
氧化鋰	酸化リチウム	淡紫均窯釉	薄紫均窯釉
氧化鎂	酸化マグネシウム	淡紫啞光釉	薄紫マット釉
氧化鎳	酸化ニッケル	淡鈷青釉	淡コバルト青釉
氧化鐵	酸化鉄	淤泥	シルト
氧化鐵紅	ベンガラ	深青綠啞光釉	深青緑マット釉
海軍藍色釉	マリンブルー釉	深祖母綠青啞光釉	深エメラルド青マット釉
海鼠釉(海參釉)	なまこ釉	深綠青釉	深緑青釉
純鹼	ソーダ灰	球狀黏土	ボールクレイ
素胚	素地	硃砂釉	辰砂釉
針孔	ピンホール	硒	セレニウム
馬腳	ツク	硫化物	硫化物
骨灰	骨灰	硫化鐵	硫化鉄
骨瓷	ボーンチャイナ	硫酸鈣	硫酸カルシウム
高溫精煉	ねらし	硫酸鋇	硫酸バリウム
高嶺土	カオリン	硫酸鎂	硫酸マグネシウム
高嶺石	カオリナイト	硫酸鐵	硫酸鉄
十一劃		硫磺	イオウ
偉晶岩	ペグマタイト	脫釉	釉ハゲ
偏高嶺土	メタカオリン	莫來石	ムライト
偏釩酸銨	メタバナジン酸 アンモン	透輝石	ディオプサイト
偏硼酸鈉	メタホウ酸ナトリウム	釩	バナジウム
啞光釉	マット釉	釩黃	バナジウムイエロー
菫青石	コーディエライト	陶泥	ケーキ
彩色蠟筆	クレヨン	陶瓷器	セラミックス
排煙閥板	ダンパー板	**十二劃**	
曹長石	曹長石	單寧酸化合物	タンニン酸化合物

單寧酸鈉	タンニン酸ソーダ
棚板	棚板
氮	窒素
氯	塩素
氯化鈉	塩化ナトリウム
氯化鈣	塩化カルシウム
氯化銨	塩化アンモニウム
氯化鋇	塩化バリウム
氯化鎂	塩化マグネシウム
游離矽酸	游離ケイ酸
無水硼砂	無水ホウ砂
無水硼酸	無水ホウ酸
焦油	タール
硬硼鈣石	コレマナイト
紫丁香紫啞光釉	ライラック紫マット釉
紫均窯釉	紫均窯釉
紫鋰輝石	スポデュメン
絞胎	練り込み
菱鎂礦	マグネサイト
鈉	ナトリウム
鈉長石	ソーダ長石
鈣	カルシウム
鈦鐵礦	イルミナイト
開片（釉裂）	貫入
黃色金屬光澤釉	黄色メタリック釉
黃色鉛	黄色鉛
黃金光澤釉	黄金色ラスター釉
黃綠金屬釉	黄緑メタリック釉
黃綠斑紋釉	黄緑斑紋釉
黃蓍樹膠	トラガカントゴム
黃褐／青斑紋釉	黄茶／青斑紋釉
黃鐵礦	ピライト
黑天目釉	黒天目釉
黑色半光澤釉	黒半光沢釉
黑色光澤〜啞光釉	黒光沢〜マット釉
黑色光澤釉	黒光沢釉

黑色啞光釉	黒マット釉
十三劃	
塞格式釉方	ゼーゲル式
搔刮	引っかき
極淡綠白半啞光釉	極薄緑白半マット釉
滑石	タルク
煙塵	スス
硼砂	ホウ砂
硼酸	ホウ酸、オルトホウ酸
硼酸鈣	ホウ酸カルシウム
硼酸釉	ホウ酸釉
硼酸鋅	ホウ酸亜鉛
硼酸鋇	ホウ酸バリウム
絹雲母	セリサイト
群青啞光釉	群青マット釉
羧甲基纖維素	カルボキシメチルセルロース
葉長石	葉長石
葉蠟石	パイロフィライト
釉上彩	上絵
釉下彩	下絵
釉泡	ブク
鈷／粉紅結晶釉	コバルト／ピンク結晶釉
鈷結晶釉	コバルト結晶釉
鈾	ウラン
鉀	カリウム
鉀長石	カリ長石
鉍	ビスマス
鉛丹	鉛丹
鉛白	亜鉛華
鉛釉	鉛釉
頑火輝石	エンスタタイト
飴釉	アメ釉
十四劃	
壽山石	ロウ石
嫩草綠釉	若草緑釉

滴流紋様	流し模様
熔融硼砂	熔融ホウ砂
瑠璃青釉	ルリ青釉
碳酸化合物	炭酸化合物
碳酸氫鈣	重炭酸カルシウム
碳酸氫鎂	重炭酸マグネシウム
碳酸鈉	炭酸ソーダ
碳酸鈣	炭酸カルシウム
碳酸鉛	炭酸鉛
碳酸銅	炭酸銅
碳酸鋇	炭酸バリウム
碳酸鋰	炭酸リチウム
碳酸鍶	炭酸ストロンチウム
碳酸鎂	炭酸マグネシウム
碳酸鎳	炭酸ニッケル
磁鐵礦	マグネタイト
綠／青斑紋釉	緑／青斑紋釉
綠青半啞光釉	緑青半マット釉
綠青啞光釉	緑青マット釉
綠褐斑紋釉	緑茶斑紋釉
翡翠青釉	ひすい青釉
聚丙烯酸鈉	ポリアクリル酸ソーダ
腐植酸	フミン酸
蒙脫石	モンモリロナイト
鉻青瓷釉	クロム青磁釉
鉻紅釉	クロム赤釉
鉻粉紅釉	クロムピンク釉
鉻綠釉	クロム緑釉
鉻酸鐵	クロム酸鉄
銀綠光澤釉	銀緑色ラスター釉
銅紅釉	銅赤釉
銅綠青瓷釉	銅緑青磁釉

十五劃

熱梯度	熱勾配
稻草灰	藁灰
稻殼灰	モミガラ灰

糊精	デキストリン
練土	練り土
膠體	コロイド
褐色光澤釉	茶色ラスター釉
褐鐵礦	リモナイト
銻	アンチモン
鋁酸鈷	アルミン酸コバルト
鋁酸鋅尖晶石	アルミン酸亜鉛スピネル
鋅白	亜鉛華
鋅尖晶石	ガーナイト
鋅鈦結晶釉	亜鉛チタン結晶釉
鋅鎳結晶釉	亜鉛ニッケル結晶釉
鋇長石	セルジアン
鋯石玻璃粉	ジルコンフリット
鋰長石	ペタライト
鋰雲母	レピドライト
鋰輝石	リチア輝石
鋰磷鋁石	アンブリゴナイト

十六劃

橙黃色光澤釉	だいだい色光沢釉
濃土耳其藍啞光釉	濃トルコ青マット釉
濃土耳其藍透明釉	濃トルコ青透明釉
濃青綠啞光釉	濃青緑マット釉
濃鈷青釉	濃コバルト青釉
濃褐啞光釉	濃茶マット釉
燃燒器	バーナー
燒結	焼結
錳鉻氧化物	クロム酸マンガン

十七劃

鍛燒氧化鋅	酸化亜鉛（焼）
壓濾機	フィルタープレス
磷灰石	リン灰石、アパタイト
磷酸鈣	リン酸カルシウム
縮釉	釉ちぢれ
還原焰燒成	還元炎焼成
鍛燒氧化鋅	酸化亜鉛（焼）

鎂	マグネシウム
霞石正長岩	ネフェリン・サイネイト
十八劃以上	
織部釉	織部釉
藍灰色啞光釉	青灰色マット釉
藍灰色斑紋啞光釉	青灰色まだらマット釉
鎘	カドミウム
離子	イオン
離子呈色	イオン呈色
藤色乳濁釉	藤色乳濁釉
蘋果色釉	リンゴ色釉
觸變性	チクソトロピー
霰石	アラゴナイト
鐵砂釉	鉄砂釉
鐵紅結晶釉	鉄赤結晶釉
鐵氧化鎂	鉄酸マグネシウム
鱗石英	トリジマイト
鱗雲母	リチア雲母
鹼式碳酸鉛	唐の土
鹼性	アルカリ
鹼性土類金屬	アルカリ土類系
鹼性族群	アルカリグループ
鹼基	塩基
鹼液	灰汁
鹼釉	アルカリ釉
鹽滷	ニガリ
鑲嵌	象眼

參考文獻

・社團法人窯業協會『セラミック化学』社團法人窯業協會、第5版、1980年
・無機化學手冊編輯委員會『無機化学ハンドブック』技法堂出版、第2版、1979年
・素木洋一『わかりやすい工業用陶磁器』技法堂出版、1982年
・素木洋一『セラミックス手帳』技法堂出版、1972年
・加藤悦三『釉調合の基本』窯技社、第6版、1980年
・白水晴雄『粘土鉱物学 －粘土科学の基礎－ 』朝倉書店、1988 年
・柳田博明『セラミックスの科学』技法堂出版、第 2 版、1993年
・FRANK AND JANET HAMER『THE POTTERS DICTIONARY OF MATERIALS AND TECHNIQUES』A & B BLACK LTD・35 BEDFORD ROW，LONDON 第6版、2015年
・『ACTUAL TECNOLOGIA EN LA INDUSTRIA CERAMICA』SOCIEDAD MEXICANA DE CERAMICA ZONA CENTRO A.C. 1992 年
・Jorge Fernandez Chiti『Diccionario de Ceramica』Condorhuasi(阿根廷)1984年
・Raymond Chang『Qui′mica』McGraw-Hill(墨西哥)第10版、2010年

國家圖書館出版品預行編目資料

陶藝科學 / 樋口 わかな著; 朱炳樹譯. -- 初版. -- 臺北市：易博士文化,
城邦文化出版：家庭傳媒城邦分公司發行, 2024.02　240面；　19×26公分
譯自：やきものの科学：粘土・焼成・釉薬の基礎と化学的メカニズムを知る
ISBN 978-986-480-348-4　（平裝）
1.CST: 陶瓷工藝 2.CST: 陶土 3.CST: 釉
464.1　　　　　　　　　　　　　　　　　　　　　112021843

陶藝科學

原 著 書 名／やきものの科学：粘土・焼成・釉薬の基礎と化学的メカニズムを知る
原 出 版 社／株式会社誠文堂新光社
作　　　　者／樋口 わかな
編　　　　集／野田耕一
譯　　　　者／朱炳樹
選 　書 　人／蕭麗媛
主　　　　編／鄭雁聿

行 銷 業 務／施蘋鄉
總 編 輯／蕭麗媛
發 行 人／何飛鵬
出　　　　版／易博士文化
　　　　　　　城邦文化事業股份有限公司
　　　　　　　台北市中山區民生東路二段 141 號 8 樓
　　　　　　　電話：(02) 2500-7008 傳真：(02) 2502-7676
　　　　　　　E-mail：ct_easybooks@hmg.com.tw
發　　　　行／英屬蓋曼群島商家庭傳媒股份有限公司城邦分公司
　　　　　　　台北市中山區民生東路二段 141 號 2 樓
　　　　　　　書虫客服服務專線：(02)2500-7718、2500-7719
　　　　　　　服務時間：週一至週五上午 09:30-12:00；下午 13:30-17:00
　　　　　　　24 小時傳真服務：(02) 2500-1990、2500-1991
　　　　　　　讀者服務信箱：service@readingclub.com.tw
　　　　　　　劃撥帳號：19863813
　　　　　　　戶名：書虫股份有限公司
香 港 發 行 所／城邦（香港）出版集團有限公司
　　　　　　　香港九龍九龍城土瓜灣道 86 號順聯工業大廈 6 樓 A 室
　　　　　　　電話：(852) 2508-6231　傳真：(852) 2578-9337
　　　　　　　E-mail：hkcite@biznetvigator.com
馬 新 發 行 所／城邦（馬新）出版集團 [Cite (M) Sdn. Bhd.]
　　　　　　　41, Jalan Radin Anum, Bandar Baru Sri Petaling,
　　　　　　　57000 Kuala Lumpur, Malaysia.
　　　　　　　電話：(603)9056-3833　傳真：(603)9057-6622
　　　　　　　E-mail：services@cite.my
製 版 印 刷／卡樂彩色製版印刷有限公司

視 覺 總 監　陳栩椿

Original Japanese title: YAKIMONO NO KAGAKU
@ Wakana Higuchi 2021
Original Japanese edition published by Seibundo Shinkosha Publishing Co., Ltd.
Traditional Chinese translation rights arranged with Seibundo Shinkosha Publishing Co., Ltd.
through The English Agency (Japan) Ltd. and AMANN CO., LTD.

■ 2024 年 02 月 02 日 初版 1 刷
Printed in Taiwan
ISBN　978-986-480-348-4

定價 2000 元　HK$667

城邦讀書花園
www.cite.com.tw